高等学校数字媒体专业系列教材

数字媒体技术导论

（第3版）

丁向民　主编

清华大学出版社

北京

内 容 简 介

全书共13章,分为两部分:第1~4章系统地介绍计算机的基本原理、硬件知识、软件知识以及网络知识,是数字媒体技术的基础;第5~13章主要介绍数字媒体技术的相关概念、理论体系和相关领域的技术知识,主要涉及数字动画、数字游戏、数字影音、数字出版、数字学习、数字展示和数字媒体服务技术。

本书知识全面,系统性强,可作为高等学校相关专业的入门级课程教材和教学参考书,也可供从事数字媒体开发工作的技术人员参考。

图书在版编目(CIP)数据

数字媒体技术导论/丁向民主编. —3版. —北京:清华大学出版社,2021.8(2024.8重印)
高等学校数字媒体专业系列教材
ISBN 978-7-302-58299-1

Ⅰ.①数… Ⅱ.①丁… Ⅲ.①数字技术-多媒体技术-高等学校-教材 Ⅳ.①TP37

中国版本图书馆 CIP 数据核字(2021)第 107323 号

责任编辑:郭 赛 战晓雷
封面设计:何凤霞
责任校对:焦丽丽
责任印制:沈 露

出版发行:清华大学出版社
      网 址:https://www.tup.com.cn, https://www.wqxuetang.com
      地 址:北京清华大学学研大厦 A 座   邮 编:100084
      社 总 机:010-83470000   邮 购:010-62786544
      投稿与读者服务:010-62776969, c-service@tup.tsinghua.edu.cn
      质量反馈:010-62772015, zhiliang@tup.tsinghua.edu.cn
      课件下载:https://www.tup.com.cn, 010-83470236
印 装 者:三河市龙大印装有限公司
经 销:全国新华书店
开 本:185mm×260mm   印 张:21.25   字 数:503 千字
版 次:2012 年 12 月第 1 版 2021 年 8 月第 3 版   印 次:2024 年 8 月第 9 次印刷
定 价:69.00 元

产品编号:091444-01

前言

　　党的二十大报告提出"实施科教兴国战略，强化现代化建设人才支撑"。深入实施人才强国战略，培养造就大批德才兼备的高素质人才，是国家和民族长远发展的大计。为贯彻落实党的二十大精神，筑牢政治思想之魂，编者在牢牢把握这个原则的基础上编写了本书。

　　数字媒体技术的发展日新月异。本书第2版于2016年出版，经过短短4年的时间，很多新技术已经由原来的实验室阶段进入了公众的视野，而有些技术也已经慢慢淡出了人们的视野。为了能够更好地服务广大师生，很有必要对第2版进行修订。

　　本书修订的内容主要包括三个方面：

　　(1) 增加了新技术，特别是案例部分。数字媒体技术的理论部分变化较小，但是应用的案例和技术发展迅猛。本次重点修订的内容主要有：第1章中的量子计算机，第2章中的计算机外设部分，第8章中游戏引擎部分和华为公司的鸿蒙操作系统，第11章中的数字学习平台，第12章中的增强现实和混合现实。

　　(2) 删除了一些已经过时的或者已经为大众所熟知的内容，这些内容主要包括：第1章中的第五代计算机技术，第2章中的MP系列播放器，以及手机和平板电脑等技术。

　　(3) 修订了一些最新的科技信息，这些内容包括：第2章中的龙芯CPU，第6章中的基于内容的图像检索系统，第9章中的个人动态影集制作，第10章中的数字出版，第11章中的慕课平台和数字通信技术等。

　　在本次修订的过程中，作者得到了张德成、张祖芹等老师的热情帮助，在此表示感谢。另外，感谢贲依婷同学帮我校正和整理习题答案。

　　本书难免有不足之处，恳请广大读者和同行批评指正。

丁向民

2023年7月

目录

第1章 计算机基础概述

1.1 计算机技术概述

电子计算机的产生和迅速发展是当代科学技术最伟大的成就之一。世界上第一台电子计算机于 1946 年 2 月在美国宾夕法尼亚大学诞生，取名为 ENIAC（Electronic Numerical Integrator And Calculator，电子数值积分机和计算机）。自计算机诞生以来，在 70 余年的时间里，计算机的发展取得了令人瞩目的成就，已经在科学研究、工农业生产、国防建设以及社会各个领域发挥了越来越重要的作用。

1.1.1 计算机发展简史

电子计算机的发展阶段通常以构成计算机的电子元器件来划分，至今已经历了 4 代，目前正在向第五代过渡。每一个发展阶段在技术上都是一次新的突破，在性能上都是一次质的飞跃。

1. 第一代（1946—1957 年）：电子管计算机

第一代计算机（见图 1-1）主要采用电子管（见图 1-2(a)）作为元器件。电子管不仅体积庞大、耗电量高，而且可靠性差，维护困难。但第一代计算机的出现开了电子计算机的先河，使信息处理技术进入了一个崭新的时代。其主要特征如下：

（1）运算速度一般为每秒 1000～10 000 次。

（2）使用机器语言，没有系统软件。

图 1-1 第一代计算机

(a) 电子管　　　(b) 晶体管

图 1-2 电子管和晶体管

（3）采用磁鼓、小磁芯作为存储器，存储空间有限。

（4）输入输出设备简单，采用穿孔纸带或卡片。

（5）主要用于军事研究和科学计算。

2. 第二代（1958—1964 年）：晶体管计算机

第二代计算机（见图 1-3）采用的主要元器件是晶体管（见图 1-2（b））。在该阶段，计算机软件也有了较大发展，采用了监控程序，这是操作系统的雏形。其主要特征如下：

（1）采用晶体管作为计算机的元器件，体积大为缩小，可靠性增强，寿命延长。

（2）运算速度加快，达到每秒几万次到几十万次。

（3）提出了操作系统的概念，开始出现了汇编语言，产生了 FORTRAN 和 COBOL 等高级程序设计语言和批处理系统。

（4）普遍采用磁芯作为内存储器，采用磁盘、磁带作为外存储器，容量大大提高。

图 1-3　第二代计算机

（5）计算机应用领域扩大，从军事研究、科学计算扩大到数据处理和实时过程控制等领域，并开始进入市场。

3. 第三代（1965—1973 年）：中小规模集成电路计算机

20 世纪 60 年代中期，随着半导体工艺的发展，已制造出了集成电路元器件。集成电路可在几平方毫米的单晶硅片上集成十几个甚至上百个电子元器件，如图 1-4 所示。计算机开始采用中小规模集成电路元器件，这一代计算机比晶体管计算机体积更小，耗电更少，功能更强，寿命更长，综合性能也得到了进一步提高。其主要特征如下：

（1）采用中小规模集成电路元器件，体积进一步缩小，寿命更长。

（2）内存储器使用半导体存储器，性能优越，运算速度加快，每秒可达几百万次。

（3）外围设备开始多样化。

（4）高级语言进一步发展。操作系统的出现使计算机功能更强。人们提出了结构化程序的设计思想。

（5）计算机应用范围扩大到企业管理和辅助设计等领域。

4. 第四代（1974 年至今）：大规模和超大规模集成电路计算机

随着 20 世纪 70 年代初集成电路制造技术的飞速发展，产生了大规模集成电路元器件，如图 1-5 所示，使计算机进入了新的时代，即大规模和超大规模集成电路计算机时代。

图 1-4　中小规模集成电路元器件　　　　　　　　图 1-5　大规模集成电路元器件

这一代计算机的体积、重量、功耗进一步减少,运算速度、存储容量、可靠性有了大幅度的提高。其主要特征如下:

(1)采用大规模和超大规模集成电路元器件,体积与第三代计算机相比进一步缩小,可靠性更高,寿命更长。

(2)运算速度加快,每秒可达几千万次到几十亿次。

(3)系统软件和应用软件获得了巨大的发展,软件配置丰富,程序设计实现了部分自动化。

(4)计算机网络技术、多媒体技术、分布式处理技术有了很大的发展,微型计算机大量进入家庭,产品更新速度加快。

(5)计算机在办公自动化、数据库管理、图像处理、语言识别和专家系统等各个领域得到应用,电子商务开始进入家庭,计算机的发展进入了新的时期。

案例 1-1 量子计算机。

2019 年 10 月底,谷歌公司宣布研制成功名为 Sycamore 的 53 位量子芯片,该芯片已经成功实现了"量子优越性",可以在 200s 内完成世界上最快的超级计算机 IBM Summit 需要 10 000 年才能完成的计算。2020 年 6 月和 8 月,霍尼韦尔、IBM 这两家科技巨头先后宣布其 64 量子体积的量子计算机性能全球第一。2021 年 5 月,中国科学家成功研制出 62 比特的超导量子计算原型机"祖冲之号"(如图 1-6 所示),其超导量子比特数量当前居全球首位,并在此基础上实现了可编程的二维量子行走。

图 1-6 "祖冲之号"超导量子计算原型机

当越来越多的量子计算机即将成为现实,可以肯定地说,21 世纪将成为"量子计算"的世纪。那么,什么是量子计算机呢?

量子计算机是基于量子力学原理构建的计算机,主要基于量子态叠加原理制成。量子态叠加原理可以用物理学家薛定谔的思想实验"薛定谔的猫"来理解,即和镭、氰化物关在一个箱子里的猫在观察者打开箱子之前既不能说是存活也不能说是死亡,而是存活和死亡的叠加态。量子态叠加原理使得量子计算机每个量子比特(qubit)能够同时表示二进制中的 0 和 1,从而使计算机的算力爆发式增长,形成"量子优越性"。

经典计算机以晶体管的开闭状态分别表示 0 和 1,而量子计算机使用两态量子系统(比如电子的自旋、光的偏振等)作为量子比特。量子比特较比特具有更多信息,且以幂指数级别增加。以 4 位的计算机为例,一台 4 位经典计算机一次表示一种状态,一台 4 位量子计算机一次表示 16 种状态。理论上，一台 n 位的量子计算机算力与 2^n 台 n 位的经典计算机的算力相当。

1.1.2　计算机的应用

进入 21 世纪以来，计算机技术作为科技的先导技术之一得到了飞速发展，超级并行计算机技术、高速网络技术、多媒体技术、人工智能技术、物联网技术等相互渗透，改变了人们使用计算机的方式，从而使计算机渗透到人类生产和生活的各个领域，对各行各业都有极其重要的影响，而且也改变了人们的生活方式。计算机的应用范围归纳起来主要有以下 6 个方面。

1. 科学计算

科学计算又称数值计算，是指用计算机完成科学研究和工程技术中的数学问题。计算机作为一种计算工具，科学计算是它最早的应用领域，也是它最重要的应用之一。在科学技术和工程设计中存在着大量的各类数字计算，如求解几百乃至上千阶的线性方程组、大型矩阵运算等。这些问题广泛出现在导弹实验、卫星发射、灾情预测等领域，其特点是数据量大、计算工作复杂。在数学、物理学、化学、天文等众多学科的科学研究中，经常遇到许多数学问题，这些问题用传统的计算工具是难以完成的，有时人工计算需要几个月、几年，而且不能保证计算准确；使用计算机则只需要几天、几小时甚至几分钟就可以精确地解决。所以，计算机是发展现代尖端科学技术必不可少的重要工具。

2. 数据处理

数据处理又称信息处理，是信息的收集、分类、整理、加工、存储等一系列活动的总称。所谓信息是指可被人类感受的声音、图像、文字、符号、语言等。数据处理还可以在计算机上完成非科技工程方面的计算，管理和操纵任何形式的数据资料。其特点是：要处理的原始数据量大，而运算比较简单，有大量的逻辑与判断运算。

据统计，目前在计算机应用中，数据处理所占的比重最大，其应用领域十分广泛，如人口统计、办公自动化、企业管理、邮政业务、机票订购、情报检索、图书管理、医疗诊断等。

3. 计算机辅助技术、制造和教学

(1) 计算机辅助设计（Computer Aided Design，CAD）是指使用计算机的计算、逻辑判断等功能，帮助人们进行产品和工程设计。它能使设计过程自动化，使设计合理化、科学化、标准化，大大缩短设计周期，以增强产品在市场上的竞争力。CAD 技术已广泛应用于建筑工程设计、服装设计、机械制造设计、船舶设计等行业。使用 CAD 技术可以提高设计质量，缩短设计周期，提高设计自动化水平。

(2) 计算机辅助制造（Computer Aided Manufacturing，CAM）是指利用计算机通过各种数值控制生产设备，完成产品的加工、装配、检测、包装等生产过程的技术。将 CAD 进一步集成，就形成了计算机集成制造系统（Computer Integrated Manufactuing System，CIMS），从而实现生产自动化。利用 CAM 可提高产品质量，降低成本和劳动强度。

(3) 计算机辅助教学（Computer Aided Instruction，CAI）是指将教学内容、教学方法以及学生的学习情况等存储在计算机中，帮助学生轻松地学习知识。它在现代教育技术中起着相当重要的作用。

除了上述计算机辅助技术外,计算机还有其他的辅助功能,如计算机辅助出版、辅助管理、辅助绘制和辅助排版等。

4. 过程控制

过程控制又称实时控制,是用计算机及时采集数据,按最佳值迅速对控制对象进行自动控制或自动调节。利用计算机进行过程控制,不仅大大提高了控制的自动化水平,而且大大提高了控制的及时性和准确性。

过程控制的特点是及时收集并检测数据,按最佳值调节控制对象。在电力、机械制造、化工、冶金、交通等部门采用过程控制,可以提高生产效率、产品质量、自动化水平和控制精确度,减少生产成本,减轻劳动强度。在军事上,可使用计算机实时控制导弹,根据目标的移动情况修正飞行姿态,准确击中目标。

5. 人工智能

人工智能(Artificial Intelligence,AI)是用计算机模拟人类的智能活动,如判断、理解、学习、图像识别、问题求解等。它涉及计算机科学、信息论、仿生学、神经学和心理学等诸多学科。在人工智能中,最具代表性、应用最成功的两个领域是专家系统和机器人。

计算机专家系统是具有大量专门知识的计算机程序系统。它总结了某个领域的专家知识,构建了知识库。根据这些知识,系统可以对输入的原始数据进行推理,做出判断和决策,以回答用户的咨询,这是人工智能的一个成功的方向。

机器人是人工智能技术的另一个重要应用。目前,世界上有许多机器人工作在各种恶劣环境下,如高温、高辐射、剧毒等。机器人的应用前景非常广阔,现在有很多国家正在研制机器人。

1.1.3 电子计算机的分类

一般情况下,电子计算机有多种分类方法,但在通常情况下采用以下3种分类标准。

1. 按处理的对象分类

电子计算机按处理的对象可分为电子模拟计算机、电子数字计算机和混合计算机。

电子模拟计算机所处理的电信号在时间上是连续的(称为模拟量),采用的是模拟技术。

电子数字计算机所处理的电信号在时间上是离散的(称为数字量),采用的是数字技术。计算机将信息数字化之后具有易保存、易表示、易计算、方便硬件实现等优点,所以电子数字计算机已成为信息处理的主流。通常所说的计算机都是指电子数字计算机。

混合计算机是将数字技术和模拟技术相结合的计算机。

2. 按性能规模分类

电子计算机按性能规模可分为巨型机、大型机、小型机和微型机。

研究巨型机是现代科学技术,尤其是国防尖端技术发展的需要。巨型机的特点是运算速度快、存储容量大。目前世界上只有少数国家能生产巨型机,主要用于核武器、空间技术、大范围天气预报、石油勘探等领域。

大型机的特点表现在通用性强、具有很强的综合处理能力、性能覆盖面广等,主要应用在公司、银行、政府部门、社会管理机构和制造厂家等,通常人们称大型机为企业计算机。大型机在未来将被赋予更多的使命，如大型事务处理、企业内部的信息管理与安全保护、科学计算等。

小型机规模小，结构简单，设计周期短，便于及时采用先进工艺。这类计算机可靠性高，对运行环境要求低，易于操作且便于维护。小型机符合部门级要求，为中小型企事业单位所常用，具有规模较小、成本低、维护方便等优点。

微型机又称个人计算机（Personal Computer，PC），它是日常生活中使用最多、最普遍的计算机，具有价格低廉、性能强、体积小、功耗低等特点。微型机已进入千家万户，成为人们工作、生活的重要工具。

3. 按功能和用途分类

电子计算机按功能和用途可分为通用计算机和专用计算机。

通用计算机具有功能强、兼容性强、应用面广、操作方便等优点。在工作和生活中，通常使用的计算机都是通用计算机。

专用计算机是专为解决某一特定问题而设计并制造的电子计算机，一般功能单一，操作复杂，用于完成特定的工作任务，如控制轧钢过程的轧钢控制计算机、计算导弹弹道的专用计算机等。

1.2 数字技术基础

计算机是以二进制进行各类运算的。所谓二进制就是利用 0 和 1 这两个数来表示现实生活中的所有数字。如果大于 1 则进位，如二进制的 10 代表十进制的 2。由此可以引进数制的概念，所谓数制是指一组固定的数字符号和一套统一的规则来表示数字的方法。目前跟计算机紧密相关的还有八进制和十六进制，其中，八进制采用 0～7 这 8 个数来表示数字，十六进制采用 0～9 和 A～F 这 16 个数字来表示数字。

案例 1-2　十进制的来源。

《周易·系辞下》记载："上古结绳而治，后世圣人易之以书契。"说的就是中国早期的记数方式，即上古时候人们用绳上打结的方法来记数，后改为用刀具在竹木等材料上刻画，以刻痕多少记数。图 1-7 展示了一些早期的记数方式。

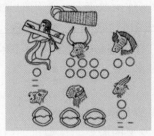

(a) 古滇人铜片记数　　　　(b) 独龙族结绳记数　　　　(c) 商代甲骨记数

图 1-7　早期的记数方式

无论结绳还是书契，都难以记录较大的数目，于是逐渐出现了进位制记数法。中国古代使用的是十进制记数法，即每满 10 个数目就进一个单位，例如，10 个 1 进为 10，10

个 10 进为 100,等等。中国古代的十进制记数方法实际包括了"十进制"和"位值制"两种记数方法。位值制就是以位置定数目,如 22,同样是两个 2,第一个 2 因位于十位上,故代表 20;第二个 2 因位于个位上,故代表 2。使用了位值制,就可以很简捷地记录较大的数目。

中国是世界上第一个同时使用"十进制"和"位值制"的国家。古埃及、古希腊和古罗马都没有发明位值制。古代美洲玛雅人和两河流域的古巴比伦人虽然发明了位值制,却分别使用的是二十进制和六十进制记数法。

1.2.1 计算机中的数据

经过收集、整理和组织起来的数据能成为有用的信息。数据是指能够输入计算机并被计算机处理的数字、字母和符号的集合。平常所看到的事物,都可以用数据来描述。可以说,只要计算机能够接收的信息都可叫作数据。

1. 计算机中数据的单位

在计算机内部,数据都是以二进制的形式存储和运算的。计算机数据的表示经常用到以下几个概念。

1) 位

二进制数据中的一个位(bit,b),是计算机存储数据的最小单位。一个二进制位只能表示 0 和 1 两种状态;要表示更多的信息,就要把多个位组合成一个整体。一般以 8 位二进制组成一个基本单位。

2) 字节

字节(byte,B)是计算机数据处理的基本单位。计算机主要以字节为单位解释信息。规定一字节为 8 位,即 1B=8b。一字节由 8 个二进制位组成。一般情况下,一个 ASCII 码字符占用一字节,一个汉字国际码字符占用两字节。

3) 字

一个字通常由一个或若干字节组成。字(word)是计算机进行数据处理时一次存取、加工和传送的数据长度。由于字长是计算机一次所能处理信息的实际位数,所以它决定了计算机数据处理的速度,是衡量计算机性能的一个重要指标,字长越大,性能越好。

4) 数据的换算关系

计算机中的数据的换算都以字节为基本单位,以 $2^{10}=1024$ 为数量级。常见的计算机数据单位及换算关系如表 1-1 所示。

表 1-1 常见计算机数据单位及换算关系

单位	KB	MB	GB	TB	PB
邻级换算关系	1KB=1024B	1MB=1024KB	1GB=1024MB	1TB=1024GB	1PB=1024TB
说明	千字节	兆字节	吉字节	太字节	拍字节

2. 计算机使用二进制的原因

虽然二进制不符合人们的日常习惯,但是计算机内部却采用二进制表示信息,其主要原因有如下 4 点。

（1）电路简单。在计算机中，若采用十进制，则要求处理 10 种电路状态，这对于两种状态的电路来说是很复杂的。而用二进制表示，则逻辑电路的通、断只有两种状态，例如开关的接通与断开、电平的高与低等。这两种状态正好用二进制的 0 和 1 来表示。

（2）工作可靠。在计算机中，用两个状态代表两个数据，数字传输和处理方便、简单，不容易出错，因而电路更加可靠。

（3）简化运算。在计算机中，二进制运算法则很简单。例如，求积规则有 3 个，求和规则也只有 3 个。

（4）逻辑性强。二进制只有两个数码，正好代表逻辑代数中的"真"与"假"。而计算机的工作原理是建立在逻辑运算基础上的，逻辑代数是逻辑运算的理论依据。用二进制计算具有很强的逻辑性。

1.2.2　计算机中常用的几种记数制

用若干数位（由数码表示）的组合表示一个数时，各个数位之间的关系，即逢"几"进位，这就是进位记数制的问题，简称数制问题。数制是人们利用数字符号按进位原则进行数值计算的方法。在计算机中，通常使用的数制有十进制、二进制、八进制和十六进制。

在计算机的数制中，要掌握 3 个概念，即数码、基数和位权。

- 数码：一个数制中表示基本数值大小的不同数字符号。
- 基数：一个数制所使用的数码个数。
- 位权：一个数制中某一位上的 1 所表示的数值大小。

1. 十进制（decimal notation）

十进制可描述如下：

（1）有 10 个数码：0、1、2、3、4、5、6、7、8、9。

（2）基数：10。

（3）逢十进一（加法运算），借一当十（减法运算）。

（4）十进制数的标志是尾部加 D（可省略）。

（5）按权展开式。对于任意一个 n 位整数和 m 位小数的十进制数 D，均可按权展开为

$$D = D_{n-1} \times 10^{n-1} + D_{n-2} \times 10^{n-2} + \cdots + D_1 \times 10^1 + D_0 \times 10^0$$
$$+ D_{-1} \times 10^{-1} + D_{-2} \times 10^{-2} + \cdots + D_{-m} \times 10^{-m}$$

例如，将十进制数 456.24 写成按权展开式形式为

$$456.24 = 4 \times 10^2 + 5 \times 10^1 + 6 \times 10^0 + 2 \times 10^{-1} + 4 \times 10^{-2}$$

2. 二进制（binary notation）

二进制可描述如下：

（1）有两个数码：0、1。

（2）基数：2。

（3）逢二进一（加法运算），借一当二（减法运算）。

（4）二进制数的标志是尾部加 B。

（5）按权展开式。对于任意一个 n 位整数和 m 位小数的二进制数 D，均可按权展开为

$$D = B_{n-1} \times 2^{n-1} + B_{n-2} \times 2^{n-2} + \cdots + B_1 \times 2^1 + B_0 \times 2^0$$
$$+ B_{-1} \times 2^{-1} + B_{-2} \times 2^{-2} + \cdots + B_{-m} \times 2^{-m}$$

3. 八进制（octal notation）

八进制可描述如下：

（1）有 8 个数码：0、1、2、3、4、5、6、7。

（2）基数：8。

（3）逢八进一（加法运算），借一当八（减法运算）。

（4）八进制数的标志是尾部加 Q。

（5）按权展开式。对于任意一个 n 位整数和 m 位小数的八进制数 D，均可按权展开为

$$D = Q_{n-1} \times 8^{n-1} + Q_{n-2} \times 8^{n-2} + \cdots + Q_1 \times 8^1 + Q_0 \times 8^0$$
$$+ Q_{-1} \times 8^{-1} + Q_{-2} \times 8^{-2} + \cdots + Q_{-m} \times 8^{-m}$$

4. 十六进制（hexadecimal notation）

十六制可描述如下：

（1）有 16 个数码：0、1、2、3、4、5、6、7、8、9、A、B、C、D、E、F。

（2）基数：16。

（3）逢十六进一（加法运算），借一当十六（减法运算）。

（4）十六进制数的标志是尾部加 H。

（5）按权展开式。对于任意一 n 位整数和 m 位小数的十六进制数 D，均可按权展开为

$$D = H_{n-1} \times 16^{n-1} + H_{n-2} \times 16^{n-2} + \cdots + H_1 \times 16^1 + H_0 \times 16^0$$
$$+ H_{-1} \times 16^{-1} + H_{-2} \times 16^{-2} + \cdots + H_{-m} \times 16^{-m}$$

在 16 个数码中，A、B、C、D、E 和 F 这 6 个数码分别代表十进制的 10、11、12、13、14 和 15，这是国际上通用的表示法。

表 1-2 列出了数字 0～15 的十进制、二进制、八进制和十六进制之间的换算关系。

表 1-2　几种常用进制之间的换算关系

十进制	二进制	八进制	十六进制	十进制	二进制	八进制	十六进制
0	0000	0	0	8	1000	10	8
1	0001	1	1	9	1001	11	9
2	0010	2	2	10	1010	12	A
3	0011	3	3	11	1011	13	B
4	0100	4	4	12	1100	14	C
5	0101	5	5	13	1101	15	D
6	0110	6	6	14	1110	16	E
7	0111	7	7	15	1111	17	F

1.2.3 几种数制之间的转换

不同数进制之间进行转换应遵循的转换原则是：两个有理数如果相等，则有理数的整数部分和分数部分一定分别相等。也就是说，若转换前两数相等，转换后仍必须相等。数制的转换要遵循一定的规律。

1. 二、八、十六进制数转换为十进制数

1）二进制数转换为十进制数

将二进制数转换为十进制数，只要将二进制数用记数制通用形式表示出来，计算出结果，便得到相应的十进制数。例如：

$$(1101100.111)_2 = 1\times 2^6 + 1\times 2^5 + 1\times 2^3 + 1\times 2^2 + 1\times 2^{-1} + 1\times 2^{-2} + 1\times 2^{-3}$$
$$= 64 + 32 + 8 + 4 + 0.5 + 0.25 + 0.125$$
$$= (108.875)_{10}$$

2）八进制数转换为十进制数

将八进制数转换成十进制数，以 8 为基数按权展开并相加。

例如，将 $(652.34)_8$ 转换成十进制数：

$$(652.34)_8 = 6\times 8^2 + 5\times 8^1 + 2\times 8^0 + 3\times 8^{-1} + 4\times 8^{-2}$$
$$= 384 + 40 + 2 + 0.375 + 0.0625$$
$$= (426.4375)_{10}$$

3）十六进制数转换为十进制数

将十六进制数转换为十进制数，以 16 为基数按权展开并相加。

例如，将 $(19BC.8)_{16}$ 转换成十进制数：

$$(19BC.8)_{16} = 1\times 16^3 + 9\times 16^2 + B\times 16^1 + C\times 16^0 + 8\times 16^{-1}$$
$$= 4096 + 2304 + 176 + 12 + 0.5$$
$$= (6588.5)_{10}$$

2. 十进制数转换为二进制数

十进制数转换为二进制数时，整数部分和小数部分的转换方法不同。

1）整数部分的转换

整数部分的转换采用的是除 2 取余法。其转换原则是：将该十进制数除以 2，得到一个商和余数（K_0）；再将商除以 2，又得到一个新商和余数（K_1）；如此反复，直至得到的商是 0 时得到余数（K_{n-1}）。然后，以最后一个余数为最高位，以第一个余数为最低位，将得到的各位余数依次排列，即 $K_{n-1}K_{n-2}\cdots K_1K_0$，这就是该十进制数对应的二进制数。这种方法又称为"倒序法"。

例如，将 $(126)_{10}$ 转换为二进制数：

$$
\begin{array}{r|l}
2 & 126 \quad\cdots\cdots\cdots\cdots\cdots \text{余 } 0(K_0) \\
2 & 63 \quad\cdots\cdots\cdots\cdots\cdots \text{余 } 1(K_1) \\
2 & 31 \quad\cdots\cdots\cdots\cdots\cdots \text{余 } 1(K_2) \\
2 & 15 \quad\cdots\cdots\cdots\cdots\cdots \text{余 } 1(K_3) \\
2 & 7 \quad\cdots\cdots\cdots\cdots\cdots \text{余 } 1(K_4) \\
2 & 3 \quad\cdots\cdots\cdots\cdots\cdots \text{余 } 1(K_5) \\
2 & 1 \quad\cdots\cdots\cdots\cdots\cdots \text{余 } 1(K_6) \\
& 0
\end{array}
$$

低 ↑ 高

结果为 $(126)_{10} = (1111110)_2$。

2）小数部分的转换

小数部分的转换采用乘 2 取整法。其转换原则是：将十进制数的小数乘以 2，取乘积中的整数部分作为相应二进制数小数点后最高位 K_{-1}，反复乘以 2，依次得到 K_{-2}，K_{-3}，…，K_{-m}，直到乘积的小数部分为 0 或位数达到精确度要求为止。然后把每次乘积的整数部分由高到低依次排列起来（$K_{-1}K_{-2}\cdots K_{-m}$），即是所求的二进制数。这种方法又称为"顺序法"。

例如，将十进制数 $(0.534)_{10}$ 转换为相应的二进制数：

$$
\begin{array}{r}
0.534 \\
\times \quad 2 \\
\hline
1.068 \cdots\cdots\cdots\cdots 1(K_{-1}) \\
\times \quad 2 \\
\hline
0.136 \cdots\cdots\cdots\cdots 0(K_{-2}) \\
\times \quad 2 \\
\hline
0.272 \cdots\cdots\cdots\cdots 0(K_{-3}) \\
\times \quad 2 \\
\hline
0.544 \cdots\cdots\cdots\cdots 0(K_{-4}) \\
\times \quad 2 \\
\hline
1.088 \cdots\cdots\cdots\cdots 1(K_{-5})
\end{array}
$$

高 ↓ 低

结果为 $(0.534)_{10} = (0.10001)_2$。

例如，将 $(50.25)_{10}$ 转换为二进制数。对于这种既有整数部分又有小数部分的十进制数，可将其整数部分和小数部分分别转换为二进制数，然后再把两者连接起来即可。

因为 $(50)_{10} = (110010)_2$，$(0.25)_{10} = (0.01)_2$，所以 $(50.25)_{10} = (110010.01)_2$。

3. 八进制数与二进制数之间的转换

1）八进制数转换为二进制数

八进制数转换为二进制数的转换原则是"一位拆 3 位"，即把一位八进制数对应于 3 位二进制数，然后按顺序连接即可。

例如，将 $(64.54)_8$ 转换为二进制数：

6	4	.	5	4
↓	↓		↓	↓
110	100	.	101	100

结果为 $(64.54)_8 = (110100.101100)_2$。

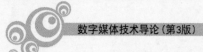

2）二进制数转换为八进制数

二进制数转换为八进制数可概括为"3位并一位",即从小数点开始向左右两边以每3位为一组,不足3位时补0,然后每组改成等值的一位八进制数即可。

例如:将$(110111.11011)_2$转换成八进制数。

110	111	.	110	110
↓	↓		↓	↓
6	7	.	6	6

结果为$(110111.11011)_2 = (67.66)_8$。

4. 二进制数与十六进制数的相互转换

1）二进制数转换为十六进制数

二进制数转换为十六进制数的转换原则是"4位并一位",即以小数点为界分别转换。整数部分从右向左每4位为一组,若最后一组不足4位,则在最高位前面添0补足4位,然后从左边第一组起,将每组中的二进制数按权数相加得到对应的十六进制数,并依次写出即可;小数部分从左向右每4位为一组,最后一组不足4位时,尾部用0补足4位,然后按顺序写出每组二进制数对应的十六进制数。

例如,将$(1111101100.0001101)_2$转换成十六进制数:

0011	1110	1100	.	0001	1010
↓	↓	↓		↓	↓
3	E	C	.	1	A

结果为$(1111101100.0001101)_2 = (3EC.1A)_{16}$。

2）十六进制数转换为二进制数

十六进制数转换为二进制数的转换原则是"一位拆4位",即把一位十六进制数写成对应的4位二进制数,然后按顺序连接即可。

例如,将$(C41.BA7)_{16}$转换为二进制数:

C	4	1	.	B	A	7
↓	↓	↓		↓	↓	↓
1100	0100	0001	.	1011	1010	0111

结果为$(C41.BA7)_{16} = (110001000001.101110100111)_2$。

在程序设计中,为了区分不同进制,常在数字后加一个英文字母作为后缀以示区别。

- 十进制数,在数字后面加字母 D(不加字母也可以),如 6659D 或(6659)。
- 二进制数,在数字后面加字母 B,如 1101101B。
- 八进制数,在数字后面加字母 Q,如 1275Q。
- 十六进制数,在数字后面加字母 H,如 CFE7BH。

1.2.4　二进制数的运算

二进制数的运算包括算术运算和逻辑运算。

1. 二进制数的算术运算

二进制数的算术运算包括加法、减法、乘法和除法运算。

1）二进制数的加法运算

二进制数的加法运算法则是：$0+0=0,0+1=1+0=1,1+1=10$（逢二进一）。

例如，求 $(101101.10001)_2+(1011.11001)_2$ 的值：

$$
\begin{array}{r}
101101.10001 \\
+\quad 1011.11001 \\
\hline
111001.01010
\end{array}
$$

结果为 $(101101.10001)_2+(1011.11001)_2=(111001.01010)_2$。

从以上加法运算的过程可知，当两个二进制数相加时，每一位是 3 个数相加，即把被加数、加数和来自低位的进位相加（进位可能是 0，也可能是 1）。

2）二进制数的减法运算

二进制数的减法运算法则是：$0-0=1-1=0,1-0=1,0-1=1$（借一当二）。

例如，求 $(110000.11)_2-(001011.01)_2$ 的值：

$$
\begin{array}{r}
110000.11 \\
-\quad 001011.01 \\
\hline
100101.10
\end{array}
$$

结果为 $(110000.11)_2-(001011.01)_2=(100101.10)_2$。

从以上运算过程可知，当两数相减时，有的位会发生不够减的情况，要向相邻的高位借一当二。所以，在做减法时，除了每位相减外，还要考虑借位情况，实际上每位有 3 个数参加运算。

3）二进制数的乘法运算

二进制数的乘法运算法则是：$0\times0=0,0\times1=1\times0=0,1\times1=1$。

例如，求 $(1010)_2\times(1011)_2$ 的值：

$$
\begin{array}{r}
1010 \\
\times\quad 1011 \\
\hline
1010 \\
1010\quad \\
0000\quad\quad \\
+\;1010\quad\quad\quad \\
\hline
1101110
\end{array}
$$

结果为 $(1010)_2\times(1011)_2=(1101110)_2$。

从以上运算过程可知，当两数相乘时，每个部分积都取决于乘数。乘数的相应位为 1 时，部分积等于被乘数；为 0 时，部分积为 0。每次的部分积依次左移一位，将各部分积相加，就得到了最终结果。

4）二进制数的除法运算

二进制数除法运算规则是：$0\div0=0,0\div1=0$（$1\div0$ 无意义），$1\div1=1$。

例如，求 $(111101)_2\div(1100)_2$ 的值：

$$
\begin{array}{r}
101 \\
1100\,)\,\overline{\,111101\,} \\
-1100 \\
\hline
1101 \\
-1100 \\
\hline
1
\end{array}
$$

运算结果商为101，余数为1。

在计算机内部，二进制的加法是基本运算，利用加法可以实现二进制数的减法、乘法和除法运算。在计算机的运算过程中，应用了补码进行运算。

2．二进制数的逻辑运算

在计算机中，除了能表示正负、大小的"数量数"以及相应的加、减、乘、除等基本算术运算外，还能表示事物逻辑判断，即"真""假""是""非"等"逻辑数"的运算。能表示这种数的变量称为逻辑变量。在逻辑运算中，都是用"1"或"0"来表示"真"或"假"，由此可见，逻辑运算是以二进制数为基础的。

计算机的逻辑运算区别于算术运算的主要特点是：逻辑运算是按位进行的，位与位之间不像加减运算那样有进位或借位的关系。

逻辑运算主要有逻辑与运算、逻辑或运算、逻辑非运算和逻辑异或运算。逻辑与运算规则如表1-3所示。

表1-3　逻辑运算规则

A	B	$A \wedge B$	$A \vee B$	$\overline{A}$	$A \oplus B$
0	0	0	0	1	0
0	1	0	1	1	1
1	0	0	1	0	1
1	1	1	1	0	0

1）逻辑与运算

逻辑与运算（也称逻辑乘法运算）常用符号 $\times$、$\wedge$ 或 $\&$ 来表示。如果 A、B、C 为逻辑变量，则 A 和 B 的逻辑与可表示成 $A \times B = C$、$A \wedge B = C$ 或 $A \& B = C$，读作"A 与 B 等于 C"。

进行逻辑与运算时，只有当参与运算的逻辑变量都取值为 1 时，其逻辑乘积才等于1，即一假必假，两真才真。

逻辑与运算在实际生活中有许多应用。例如，计算机的电源要想接通，必须把实验室的电源总闸、接线板电源开关以及计算机机箱的电源开关都接通才行。这些开关是串在一起的，它们按照逻辑与关系接通。为了书写方便，逻辑与运算的符号可以略去不写（在不致混淆的情况下），即 $A \times B = A \wedge B = AB$。

例如，设 $A = 1110011$，$B = 1010101$，求 $A \wedge B$。

$$
\begin{array}{r}
1110011 \\
\wedge\ 1010101 \\
\hline
1010001
\end{array}
$$

结果为 $A \wedge B = 1010001$。

2) 逻辑或运算

逻辑或运算(也称逻辑加法运算)通常用符号＋或 $\vee$ 来表示。如果 A、B、C 为逻辑变量，则 A 和 B 的逻辑或可表示成 $A + B = C$ 或 $A \vee B = C$，读作"A 或 B 等于 C"。

进行逻辑或运算时，在给定的逻辑变量中，A 或 B 只要有一个为 1，其逻辑或的值就为 1；只有当两者都为 0 时，逻辑或的值才为 0。即一真必真，两假才假。

这种逻辑或运算在实际生活中有许多应用，例如，房间里有一盏灯，装了两个开关，这两个开关是并联的。显然，任何一个开关接通或两个开关同时接通，电灯都会亮。

例如，设 $A = 11001110$，$B = 10011011$，求 $A \vee B$。

$$
\begin{array}{r}
1\,1\,0\,0\,1\,1\,1\,0 \\
\vee \quad 1\,0\,0\,1\,1\,0\,1\,1 \\
\hline
1\,1\,0\,1\,1\,1\,1\,1
\end{array}
$$

结果为 $A \vee B = 11011111$。

3) 逻辑非运算

设 A 为逻辑变量，则 A 的逻辑非运算(也称逻辑否定或逻辑求反运算)记作 $\overline{A}$。逻辑非运算的规则为：如果不是 0，则唯一的可能性就是 1；反之亦然。

例如，设 $A = 111011001$，$B = 110111101$，求 $\overline{A}$、$\overline{B}$。

$$\overline{A} = 000100110, \quad \overline{B} = 001000010$$

4) 逻辑异或运算

逻辑异或运算(也称半加运算)用 $\oplus$ 来表示。如果 A、B、C 为逻辑变量，则 A 和 B 的逻辑异或可表示成 $A \oplus B = C$，读作"A 异或 B 等于 C"。

给定两个逻辑变量，两个逻辑变量取值相同，异或运算的结果为 0；取值不同，结果为 1。即，一样时为 0，不一样时为 1。

例如，设 $A = 11010011$，$B = 10110111$，求 $A \oplus B$。

$$
\begin{array}{r}
1\,1\,0\,1\,0\,0\,1\,1 \\
\oplus \quad 1\,0\,1\,1\,0\,1\,1\,1 \\
\hline
0\,1\,1\,0\,0\,1\,0\,0
\end{array}
$$

结果为 $A \oplus B = 01100100$。

当两个变量进行逻辑运算时，只在对应位按上述规则进行逻辑运算，不同位之间没有任何关系，当然也就不存在算术运算中的进位或借位问题。

1.3 计算机中数据的表示

1.3.1 数值数据的表示

1. 机器数和真值

在计算机中使用的二进制数只有 0 和 1 两种值。一个数在计算机中的表示形式称为机器数。机器数所对应的原来的数值称为真值。由于采用二进制必须把符号数字化，通常是用机器数的最高位作为符号位，仅用来表示数符。若该位为0，则表示正数；若该位为1，则表示负数。机器数也有不同的表示法，常用的有3种：原码、补码和反码。

整数机器数的表示法：用机器数的最高位表示数符（若为0，则代表正数；若为1，则代表负数），其数值位为真值的绝对值。用8位二进制数表示一个数的示例如图1-8所示。

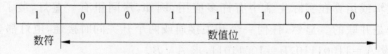

1	0	0	1	1	1	0	0

数符　　　　　　　　　　　　数值位

图1-8　用8位二进制数表示整数的示例

在数的表示中，机器数与真值的区别是：真值带符号，如−0011100；机器数以最高位表示数符，如10011100，其中最高位1代表负号。

例如，真值数为−0111001，其对应的机器数为10111001，其中最高位为1，表示该数为负数。

浮点数机器数的表示法：浮点数的表示要复杂一点，要存储数符、阶符、阶码和尾数4部分，数符和阶符各占1位，阶码占3位，尾数占11位，尾数最高位为1。假设用16位二进制数表示一个浮点数，真值为−0.010011，其机器数表示如图1-9所示。

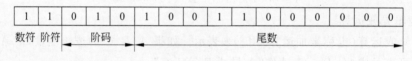

1	1	0	1	0	1	0	0	1	1	0	0	0	0	0	0

数符　阶符　　阶码　　　　　　　　　　尾数

图1-9　用16位二进制数表示浮点数的示例

2. 原码、反码、补码的表示

在计算机中，符号位和数值位都用0和1表示。在对机器数进行处理时，必须考虑符号位的处理，也就是符号和数值的编码方法。常见的编码方法有原码、反码和补码3种。下面分别讨论这3种方法的使用。

1) 原码的表示

数X的原码表示：符号位用0表示正，用1表示负；数值部分为X的绝对值的二进制形式。记X的原码表示为$[X]_原$。

例如：

- 当$X=+1100001$时，则$[X]_原=01100001$。
- 当$X=-1110101$时，则$[X]_原=11110101$。

在原码中，0有两种表示形式：

- 当$X=+0000000$时，$[X]_原=00000000$。
- 当$X=-0000000$时，$[X]_原=10000000$。

原码的特点是与真值转换容易，但做加减运算不太方便。

2) 反码的表示

数X的反码表示：若X为正数，则其反码和原码相同；若X为负数，在原码的基础上，符号位保持不变，数值位各位取反。记X的反码表示为$[X]_反$。

例如：

- 当 $X=+1100001$ 时，则$[X]_原=01100001$，$[X]_反=01100001$。
- 当 $X=-1100001$ 时，则$[X]_原=11100001$，$[X]_反=10011110$。

在反码中，0 也有两种表示形式：

- 当 $X=+0$ 时，则$[X]_反=00000000$。
- 当 $X=-0$ 时，则$[X]_反=11111111$。

反码弥补了原码加减运算的不足。例如，$X_1=97$，$X_2=-97$，则 $X_1+X_2=0$。利用二进制原码运算：

$$[X_1]_原=01100001,\quad [X_2]_原=11100001$$

则$[X_1]_原+[X_1]_原$为

```
      01100001
+     11100001
1     01000010
```

虚框内为溢出码。

结果转换为十进制数为 66，显然不对。

利用反码进行运算：

$$[X_1]_反=01100001,\quad [X_2]_反=10011110$$

则$[X_1]_反+[X_2]_反$为

```
      01100001
+     10011110
      11111111
```

该结果为负数。将此负数由反码转换回原码，其结果为 1000 0000，即负 0。

虽然反码解决了加减运算问题，但由于并没有解决 0 有两种表示方法（正 0 和负 0）的问题，现在已经较少使用了。

3）补码的表示

数 X 的补码表示：当 X 为正数时，则 X 的补码与 X 的原码相同；当 X 为负数时，则 X 的补码的符号位与原码相同，其数值位取反加 1。记 X 的补码表示为$[X]_补$。

例如：

- 当 $X=+1110001$ 时，$[X]_原=01110001$，$[X]_补=01110001$。
- 当 $X=-1110001$ 时，$[X]_原=11110001$，$[X]_补=10001111$。

0 在补码中的表示是唯一的，即无论 X 是正 0 还是负 0，其补码都是一个，$[X]_补=00000000$。在原码中，表示负 0 的编码 10000000 在补码中表示的是 -128 的补码。

补码不仅解决了加减运算问题，而且 0 的表示也是唯一的。接着上述反码的例子，如果利用补码进行运算：

$$[X_1]_补=01100001,\quad [X_2]_补=10011111$$

则$[X_1]_补+[X_2]_补$为

```
      01100001
+     10011111
1     00000000
```

17

该结果为 0,并且没有正 0 和负 0 之分。

补码比原码、反码的表示范围略宽。一字节（8 位）的有符号整数表示的范围为 $-128\sim127$,而原码和反码都只能表示 $-127\sim127$。所以,补码目前被广泛用于计算机的数制表示中。

案例 1-3　补码表示的原理。

在计算机系统中,数值一律是由补码来表示和存储的。使用补码不仅可以将符号位和其他位统一进行处理,而且可以将减法运算当作加法运算来处理。那么补码是如何起到这种神奇作用的呢？首先看一下补码的定义。

任意一个数 X 的补码为 $[X]_{\text{补}}$,可以用该数加上其模 M 来表示,即 $[X]_{\text{补}}=X+M$。

那么什么是模呢？模是指一个计量系统的计量范围的大小。典型的例子是时钟,时钟的小时计量范围是 $0\sim11$,其模为 12。模实质上是计量器产生溢出的量。对于时钟来说,如果当前是 6 点,经过 12 个小时后仍然是 6 点。模还可以把减法运算当作加法运算来处理,如果当前时针指向 10 点,而准确时间是 6 点,以下两种调整时间的方法是等同的：一种是倒拨 4 小时,即 $10-4=6$；另一种是顺拨 8 小时,即 $10+8=12+6=6$。在以 12 为模的系统中,加 8 和减 4 效果是一样的,因此凡是减 4 运算,都可以用加 8 运算来代替。

对于计算机中的数,其概念和方法完全一样。计算机中表示的数也都有一个范围,例如,8 位无符号整数表示的范围为 $0\sim11111111B$,即 $0\sim255$,其模为 256。在这样的计算机系统中,减 5 运算等价于加 251 运算。这就是补码的将减法运算当作加法运算来处理的原理。

3. BCD 码

在计算机中,用户和计算机之间的输入和输出要进行十进制和二进制的转换,这项工作由计算机完成。在计算机中采用了输入输出转换的二-十进制编码,即 BCD（Binary-Coded Decimal）码。

在二-十进制的转换中,采用 4 位二进制数表示一位十进制数的编码方法。最常用的是 8421BCD 码。8421 的含义是指 4 位二进制数从左到右每位对应的权是 8、4、2、1。BCD 码和十进制数的对应关系如表 1-4 所示。

表 1-4　BCD 码和十进制数的对应关系

十进制数	0	1	2	3	4	5	6	7	8	9
BCD 码	0000	0001	0010	0011	0100	0101	0110	0111	1000	1001

例如,十进制数 765 用 BCD 码表示为 0111 0110 0101。

1.3.2　非数值数据的表示

计算机中使用的数据有数值数据和非数值数据两大类。数值数据用于表示数量意义；非数值数据又称为符号数据,包括字母和符号等。计算机除处理数值数据外,大量处理的是非数值数据。例如,将用高级语言编写的程序输入到计算机时,人与计算机通信时所用的语言就不是数值数据,而是字符数据。由于计算机中只能存储二进制数,所以就需要对字符进行编码,建立字符数据与二进制数之间的对应关系,以便计算机识别、存储和处理。这里介绍两种字符数据的表示。

1. ASCII 字符数据的表示

计算机中用得最多的字符数据是字符,它是用户和计算机之间沟通的桥梁。用户使用计算机的输入设备——键盘向计算机输入命令和数据,计算机把处理后的结果也以字符的形式输出到屏幕或打印机等输出设备上。字符的编码方案有很多种,使用最广泛的是 ASCII 码(American Standard Code for Information Interchange,美国信息交换标准代码)。ASCII 码后来被采纳为国际通用的信息交换标准代码。

ASCII 码由 0~9 这 10 个数符、52 个大小写英文字母、32 个符号及 34 个计算机通用控制符组成,共有 128 个字符,用二进制编码表示需要 7 位。任意一个字符由 7 位二进制数表示,0000000~1111111 共有 128 种编码,可用来表示 128 个不同的字符。ASCII 码表的查表方式是:先查列(高 3 位),后查行(低 4 位),然后按从左到右的书写顺序完成,如 B 的 ASCII 码为 1000010。在 ASCII 码进行存放时,由于它的编码是 7 位,因一字节(8 位)是计算机中的常用单位,故仍以一字节来存放一个 ASCII 字符,每个字节中多余的最高位取 0。ASCII 字符码表如表 1-5 所示。

表 1-5 ASCII 字符编码表

$d_3 d_2 d_1 d_0$ ＼ $d_6 d_5 d_4$	000	001	010	011	100	101	110	111
0000	NUL	DEL	SP	0	@	P	`	p
0001	SOH	DC1	!	1	A	Q	a	q
0010	STX	DC2	"	2	B	R	b	r
0011	EXT	DC3	#	3	C	S	c	s
0100	EOT	DC4	$	4	D	T	d	t
0101	ENQ	NAK	％	5	E	U	e	u
0110	ACK	SYN	&	6	F	V	f	v
0111	BEL	ETB	'	7	G	W	g	w
1000	BS	CAN	(	8	H	X	h	x
1001	HT	EM	)	9	I	Y	i	y
1010	LF	SUB	*	:	J	Z	j	z
1011	VT	ESC	+	;	K	〔	k	〈
1100	FF	FS	,	<	L	\	l	⊥
1101	CR	GS	—	=	M	〕	m	〉
1110	SD	RS	.	>	N	∧	n	～
1111	SI	US	/	?	O	_	o	DEL

ASCII 字符可分为两大类:

(1) 可打印字符。即从键盘输入并显示的 95 个字符。数字 0~9 这 10 个数字字符的高 3 位为 011,低 4 位为 0000~1001。当去掉高 3 位时,低 4 位正好是二进制形式的 0~9。

（2）不可打印字符：共 33 个,其编码值为 0000000~0011111 和 1111111。不可打印字符通常为控制符,用于计算机通信控制或对设备的功能控制。例如,编码值为 127 (1111111) 的 ASCII 字符是删除符（DEL）,用于删除光标之后的字符。

ASCII 字符的码值可用 7 位二进制数或两位十六进制数来表示。例如,字母 D 的 ASCII 码值为 1000100 或 84H,数字 4 的 ASCII 码值为 0110100 或 34H。

2. 汉字的存储与编码

英文字母用一字节表示就足够了。汉字是象形文字,并且汉字有一万多个,常用的也有 6000 多个,所以汉字的计算机处理技术比英文字母复杂得多。汉字的编码处理需要解决汉字的输入、汉字的计算机内部存储以及汉字的显示 3 个问题,所以相应存在 3 种编码方式。

1）汉字输入码

汉字输入码也叫外码,是为了通过键盘把汉字输入计算机而设计的一种编码。

输入英文时,想输入哪个字符便按哪个键,输入码和内码是一致的。而汉字输入规则不同,可能要按几个键才能输入一个汉字。汉字和键盘字符组合的对应方式称为汉字输入编码方案。汉字外码是针对不同汉字输入法而言的,通过键盘按某种输入法进行汉字输入时,人与计算机进行信息交换所用的编码称为汉字外码。对于同一汉字而言,输入法不同,其外码也是不同的。例如,对于汉字"啊",在区位码输入法中的外码是 1601,在拼音输入法中的外码是 a,而在五笔字型输入法中的外码是 KBSK。汉字的输入码种类繁多,大致有 4 种类型,即音码、形码、数字码和音形码。

2）汉字机内码

汉字机内码又称内码或汉字存储码。其作用是统一各种汉字输入码在计算机内的表示。汉字机内码是计算机内部存储、处理的代码。

要想完全掌握机内码的计算,必须先了解区位码和国标码的概念。

1980 年颁布的 GB 2312—1980《信息交换用汉字编码字符集基本集》规定的国家标准汉字编码简称国标码。国标 GB 2312—1980 规定,所有的国际汉字和符号组成一个 94×94 的矩阵。在该矩阵中,一行称为一个区,一列称为一个位,这样就形成了 94 个区号 (01~94) 和 94 个位号（01~94）的汉字字符集。国标码中有 6763 个汉字和 682 个图形字符,共计 7445 个字符。其中规定：一级汉字 3755 个,二级汉字 3008 个。一个汉字所在的区号与位号简单地组合在一起就构成了该汉字的区位码。在汉字区位码中,高两位为区号,低两位为位号。因此,区位码与汉字是一一对应的。一个汉字由两字节代码表示。区位码的两字节分别转换为十六进制后加 20H 得到对应的国标码。例如,"国"字在码表中的 25 行 90 列,其区位码是 2590,国标码是 397AH 。

计算机既要处理汉字,又要处理英文,所以必须能区别汉字字符和英文字符。英文字符的机内码是最高位为 0 的 8 位 ASCII 码。为了区分,把国标码每个字节的最高位由 0 改为 1、其余位不变的编码作为汉字的机内码,即国标码的两字节分别加 80H 得到对应的机内码。

3）汉字字形码

汉字在显示和打印输出时,是以汉字字形信息表示的,即以点阵的方式形成汉字图

形。汉字字形码是指确定一个汉字字形点阵的代码。

目前普遍使用的汉字字形码是用点阵方式表示的,称为点阵字模码。所谓点阵字模码,就是将汉字像图像一样置于网状方格上,每格是存储器中的一位,16×16 点阵是在纵向 16 点、横向 16 点的网状方格上写一个汉字,有笔画的格对应 1,无笔画的格对应 0。这种用点阵形式存储的汉字字形信息的集合称为汉字字模库,简称汉字字库。

通常汉字显示使用 16×16 点阵,而汉字打印可选用 24×24 点阵、32×32 点阵、64×64 点阵等。汉字字形点阵中的每个点对应一个二进制位,1 字节又等于 8 个二进制位,所以 16×16 点阵字形的字要使用 32B(16×16÷8)存储,64×64 点阵的字形要使用 512B。

在 16×16 点阵字库中的每一个汉字以 32B 存放,存储一、二级汉字及符号共 8836 个,需要 282.5KB 磁盘空间。而用户的文档假定有 10 万个汉字,却只需要 200KB 的磁盘空间,这是因为用户文档中存储的只是每个汉字在汉字库中的地址(内码)。

1.4 计算机系统

现在,计算机已发展为一个庞大的家族,其中的每个成员,尽管在规模、性能、结构和应用等方面存在着很大的差别,但是它们的基本结构是相同的。一个完整的计算机系统包括硬件系统和软件系统两部分。

1.4.1 硬件系统概述

硬件系统是构成计算机的物理装置,是指在计算机中看得见、摸得着的有形实体。

在计算机的硬件体系结构上做出杰出贡献的是著名应用数学家冯·诺依曼。在 1945 年,冯·诺依曼等为了改进 ENIAC,提出了一个全新的存储程序的通用电子计算机方案。这个方案规定了计算机由 5 部分组成:运算器、控制器、存储器、输入设备和输出设备,如图 1-10 所示。这个方案的提出被视为计算机发展史上的一个里程碑,计算机的存储程序和程序控制原理由此被称为冯·诺依曼原理,按照上述原理设计制造的计算机也被称为冯·诺依曼机。

概括起来,冯·诺依曼体系结构有 3 条重要的设计思想:

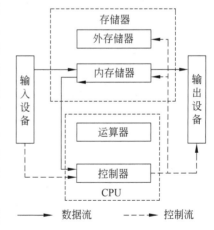

图 1-10 计算机硬件的组成

(1) 计算机应由运算器、控制器、存储器、输入设备和输出设备 5 部分组成,每个部分都有各自的功能。

(2) 以二进制的形式表示数据和指令,二进制是计算机的基本语言。

(3) 程序预先存入存储器中,使计算机在工作中能自动地从存储器中取出程序指令并加以执行。

硬件是计算机运行的物质基础，计算机的性能，如运算速度、存储容量、计算可靠性等，很大程度上取决于硬件的配置。仅有硬件而没有任何软件支持的计算机称为裸机，在裸机上只能运行机器语言程序，使用很不方便，效率也低，所以早期只有少数专业人员才能使用计算机。

案例1-4　"计算机之父"冯·诺依曼。

要说到冯·诺依曼（见图1-11）在计算机方面的成就，首先就要提到第一台电子计算机的诞生。在第二次世界大战期间，美国军方要求弹道研究实验室每天为陆军炮弹部队提供6张火力表，以便对导弹的研制进行技术鉴定。按当时的计算工具，实验室即使雇用200多名计算员加班加点工作，也需要2个多月的时间才能算完一张火力表。为了改变这种不利的状况，当时任职于宾夕法尼亚大学莫尔电机工程学院的莫希利（John Mauchly）于1942年提出了试制第一台电子计算机的初始设想——《高速电子管计算装置的使用》，期望用电子管代替继电器以提高机器的计算速度。美国军方得知这一设想，马上拨款大力支持，成立了一个以莫希利、埃克特（John Presper Eckert）为首的研制小组开始研制工作，预算经费为15万美元。但最后的总投资高达48万美元，这在当时是一笔巨款。

图1-11　冯·诺依曼

1946年2月14日，世界上第一台电子计算机ENIAC在美国宾夕法尼亚大学正式诞生，不过，ENIAC本身存在两大缺点：一是没有存储器；二是它用布线电路板进行控制，甚至要搭接几天，计算速度也就被这一工作抵消了。

1944年夏季的一天，冯·诺依曼在火车站候车时巧遇戈尔斯坦中尉（当时是美国弹道实验室的军方负责人），并同他进行了短暂的交谈，知道了美国军方正在研制ENIAC计算机。具有远见卓识的冯·诺依曼立即意识到这项工作的深远意义，并加入了研究团队。

1945年，他们在共同讨论的基础上，发表了一个全新的存储程序通用电子计算机方案——EDVAC（Electronic Discrete Variable Automatic Computer，电子离散变量自动计算机）。冯·诺依曼以《关于EDVAC的报告草案》为题，起草了长达101页的总结报告，广泛而具体地介绍了制造电子计算机和程序设计的新思想。这份报告是计算机发展史上一个划时代的文献，它向世界宣告：电子计算机的时代开始了。EDVAC方案明确奠定了计算机由5部分组成，包括运算器、逻辑控制装置、存储器、输入设备和输出设备，并描述了这5部分的职能和相互关系。在该报告中，冯·诺依曼提出了两大设计思想：一是以二进制的形式表示数据和指令，二是存储程序和程序控制。

70多年过去了，计算机发生了翻天覆地的变化，但冯·诺依曼提出的计算机体系结构和设计思想一直沿用至今。冯·诺依曼由于在计算机领域内的卓越贡献被尊称为"计算机之父"。

1.4.2　软件系统概述

软件系统是指在计算机上运行的全部程序的总称。软件是计算机的灵魂,是发挥计算机功能的关键。有了软件,人们可以不必过多地了解计算机本身的结构与原理,可以方便灵活地使用计算机,从而使计算机有效地为人类工作、服务。

随着计算机应用的不断发展,计算机软件在不断积累和完善的过程中,形成了极为宝贵的软件资源。它在用户和计算机之间架起了桥梁,给用户的操作带来极大的方便。

在计算机的应用过程中,软件开发是个艰苦的脑力劳动过程,软件生产的自动化水平还很低。所以,许多国家投入大量人力从事软件开发工作。正是有了内容丰富、种类繁多的软件,使用户面对的不仅是一部实实在在的计算机,而且包含许多由软件实现的抽象的逻辑计算机(称之为虚拟机),这样,人们就可以采用更加灵活、方便、有效的手段使用计算机。从这个意义上说,软件是用户与计算机的接口。

在计算机系统中,硬件和软件之间并没有一条明确的分界线。一般来说,任何一个由软件完成的操作也可以直接由硬件来实现,而任何一个由硬件执行的指令也能够用软件来完成。硬件和软件有一定的等价性,例如,图像的解压,十几年前用硬件解压,现在的微机则用软件来实现。

软件和硬件之间的界线是经常变化的。要从价格、速度、性能、可靠性等多种因素综合考虑,以确定哪些功能由硬件实现合适,哪些功能由软件实现合适。

案例1-5　网络就是计算机。

20世纪90年代初,Sun公司的创建者之一约翰·盖奇(John Gage)就提出了著名的“网络就是计算机”的口号。当时对此能深刻理解的人还为数不多,大多数人仅仅把它当作Sun公司的宣传策略。随着计算机的迅速普及和网络的迅猛发展,不但证明了约翰·盖奇的高瞻远瞩,更为这句著名的口号做了最好的诠释。

那么,什么是网络呢?网络就是指将地理位置不同的具有独立功能的多台计算机及其外部设备通过通信线路连接起来,在网络操作系统、网络管理软件及网络通信协议的管理和协调下,实现资源共享和信息传递的计算机系统。从这个概念可以看出,网络就是一个计算机系统。

对大多数非专业的计算机用户来说,网络还只是计算机的一个别名;即使对一些专业人士来说,网络也只是一些抽象的概念。现在单位和家庭都拥有计算机,如果能把计算机与网络连接起来,那么不仅可以利用共享的硬件资源(如打印机、硬盘等),还可以利用共享的软件和数据资源,这样,使用网络上的硬件和软件资源就像使用自己的计算机一样方便。

思考与练习

1. 填空题

(1) 微型计算机中使用的数据库属于_____方面的计算机应用。

（2）用一字节表示有符号整数，其最大值是十进制数_____。

（3）101101.01B=_____ H=_____ Q。

（4）如果$[X]_原$=10101011，则$[X]_补$=_____。

（5）已知十进制数$A=-53, B=102$，则 A 的补码为_____，逻辑运算 $A \oplus B=$_____。

（6）若要显示或打印汉字，会用到汉字编码中的_____。

（7）一个完整的计算机系统应包括_____。

2. 简答题

（1）计算机内部信息的表示及存储采用二进制的主要原因是什么？

（2）计算机的应用领域主要有哪些？

3. 拓展题

目前计算机主要采用电子元器件作为材料，所以又称为电子计算机。电子计算机的发展非常迅速，但其速度不能无限增长，会遇到速度瓶颈，所以科学家也在不断研究新型计算机，如激光计算机、分子计算机、量子计算机、DNA 计算机、生物计算机等。请查阅有关文献，了解这些计算机类型的基本原理和特点，并填写到表 1-6 中。

表 1-6 新型计算机的基本原理及特点

计算机类型	基　本　原　理	特　　点
激光计算机		
分子计算机		
量子计算机		
DNA 计算机		
生物计算机		

第 2 章 计算机硬件系统

2.1 计算机硬件系统的组成

冯·诺依曼计算机体系结构具有五大部件：运算器、控制器、存储器、输入设备和输出设备，其中运算器和控制器又称为 CPU。冯·诺依曼计算机体系结构的核心是 CPU，其他部件都是通过 CPU 进行通信的。

现代计算机，尤其是小型与微型计算机一般都采用总线连接，形成以总线为中心的计算机硬件系统。这种硬件系统通过总线将 CPU、内存储器、外存储器及输入输出设备连接起来。总线是指能为多个功能部件服务的一组公用信息线，包括地址线、数据线和控制线 3 种，它们分别用于传送地址、数据和控制信号。总线是构成计算机系统的骨架，是多个系统部件之间进行数据传送的公共通路。借助总线连接，计算机在各部件之间实现传送地址、数据和控制信息的操作。计算机硬件系统的组成如图 2-1 所示。

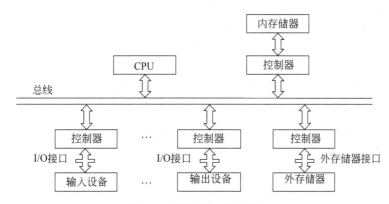

图 2-1　计算机硬件系统的组成

总线技术得到迅速发展的原因概括起来有以下几点：

（1）便于采用模块结构，简化系统设计。

（2）总线标准可以得到厂商的广泛支持，便于生产与之兼容的硬件板卡和软件。

（3）模块结构方式便于系统的扩充和升级，便于故障诊断和维修。

（4）多个厂商的竞争和标准化带来的大规模生产降低了制造成本。

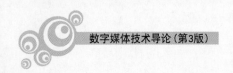
2.1.1 CPU

1. CPU 的逻辑结构

CPU 是计算机的核心部件，它完成计算机的运算和控制功能。CPU 主要由 3 个部分组成：运算器、控制器和寄存器。运算器又称算术逻辑部件（Arithmetical Logic Unit，ALU），主要功能是完成对数据的算术运算、逻辑运算和逻辑判断等操作。控制器（Control Unit，CU）是整个计算机的指挥中心，根据事先给定的命令，发出各种控制信号，指挥计算机各部分工作。寄存器主要用来存放运算所需要的数据。这 3 个部件通过 CPU 总线进行数据和指令的传递。总的工作过程是：控制器从内存储器中取出指令并对指令进行分析与判断，根据指令发出控制信号，使计算机的有关设备有条不紊地协调工作，在程序的作用下，保证计算机能自动、连续地工作。CPU 的逻辑结构如图 2-2 所示。

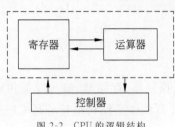

图 2-2　CPU 的逻辑结构

2. CPU 的性能参数

1）主频

主频也叫时钟频率，单位是兆赫（MHz）或吉赫（GHz），用来表示 CPU 的运算、处理数据的速度。CPU 的主频＝外频×倍频系数。其中，外频是 CPU 的基准频率，单位是兆赫，外频决定着整块主板的运行速度。

2）字长

字长是指 CPU 在单位时间内能一次处理的二进制数的位数。能一次处理字长为 8 位的二进制数据的 CPU 通常就叫 8 位 CPU，同理，32 位 CPU 能在单位时间内一次处理字长为 32 位的二进制数据。目前的 CPU 的字长一般为 32 位或者 64 位。

3）缓存

缓存大小也是 CPU 的重要指标之一，而且缓存的结构和大小对 CPU 速度的影响非常大。CPU 内缓存的运行频率极高，一般是和处理器同频运作，工作效率远远高于系统内存和硬盘。在实际工作时，CPU 往往需要重复读取同样的数据块，而增大缓存容量可以大幅度提升 CPU 内部读取数据的命中率，而不用再到内存或者硬盘上寻找，由此提高系统性能。但是，出于 CPU 芯片面积和成本因素的考虑，缓存都很小。

为了优化 CPU 的性能，缓存又分为一级缓存、二级缓存和三级缓存。缓存大小的单位一般是千字节（KB）或者兆字节（MB）。

4）CPU 总线的速度

CPU 处理的数据都是从内存中得到的，所以内存传输数据到 CPU 中的速度直接决定了 CPU 处理数据的速度。现代计算机中内存和 CPU 的运行速度差异较大，为了弥补这种速度差异，在 CPU 内部增加了二级缓存。内存总线速度指的就是 CPU 与二级缓存和内存之间数据交换的速度。

案例 2-1　国产龙芯 CPU。

过去，代表着国际 IT 顶尖技术的 CPU 芯片一直被 Intel、AMD 等国外巨头所垄断，中国企业及消费者为之付出了巨额版权费。2002 年 8 月 10 日,龙芯(Loongson)1 号芯片 X1A50 流片成功,终结了中国无"芯"的历史。2015 年 3 月 31 日,中国发射首枚使用龙芯的北斗卫星。2019 年,龙芯出货量已达到 50 万颗以上,已经应用到低端嵌入式、中端工控、高端桌面和服务器等众多领域。

龙芯 CPU 的研制是在中科院计算所知识创新工程的支持下进行的。从 2002 年龙芯 1 号 CPU 研制成功到现在,龙芯 CPU 一共研制了 3 代,如图 2-3 所示。

图 2-3 龙芯系列 CPU 外观

表 2-1 列出了 3 代龙芯 CPU 的主要性能参数。

表 2-1 3 代龙芯 CPU 的主要性能参数

名 称	字长/b	主 频	缓 存	功率/W	多核
龙芯 1 号 Godson-1	32	266MHz	0～16KB	0.5～1	否
龙芯 2 号 Godson-2	64	300～1000MHz	片内一级指令和数据高速缓存各 64KB	3～5	否
龙芯 3 号 Godson-3	64	900MHz～2GHz	每个处理器核包含指令和数据缓存各 64KB	约 15	4～8 核

2.1.2 存储器

存储器根据是否可以直接和 CPU 交换数据分为内存储器和外存储器两种。内存储器速度较快,可以和 CPU 直接交换数据;而外存储器速度较慢,不能和 CPU 直接交换数据。

1. 内存储器

内存储器是计算机存储信息的"仓库",其中的信息包括计算机系统要处理的数据和程序。内存储器简称内存,也叫随机存取存储器(Random Access Memory,RAM),这种存储器允许按任意指定地址的存储单元随机读出或写入数据。内存条外形如图 2-4 所示,它的特点是存取速度快,可与 CPU 处理速度相匹配,但价格较贵,能存储的信息量较少。

图 2-4 内存条外形

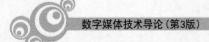

现代计算机中的内存普遍采取半导体器件,按其工作方式不同,可分为动态随机存取存储器(Dynamic RAM,DRAM)、静态随机存取存储器(Static RAM,SRAM)和只读存储器(Read Only Memory,ROM)。对存储器存入信息的操作称为写入(write),从存储器取出信息的操作称为读出(read)。执行读出操作后,内存中原来存放的信息并不改变;只有执行了写入操作,写入的信息才会取代原先存储的内容。所以 RAM 中存放的信息可随机地读出或写入,通常用来存储用户输入的程序和数据等。计算机断电后,RAM 中的内容随之丢失。DRAM 和 SRAM 两者都叫随机存储器,断电后信息都会丢失。不同的是,DRAM 存储的信息要不断刷新,而 SRAM 存储的信息不需要刷新。ROM 中的信息只可读出而不能写入,通常用来存放一些固定不变的程序。计算机断电后,ROM 中的内容保持不变;当计算机重新接通电源后,ROM 中的内容仍可被读出。

为了便于对内存中内存放的信息进行管理,整个内存被划分成许多存储单元,每个存储单元都有一个编号,此编号称为地址(address),通常计算机按字节编址。地址与存储单元为一对一的关系,是存储单元的唯一标志。存储单元的地址、存储单元和存储单元的内容是 3 个不同的概念。地址相当于旅馆的房间编号,存储单元相当于旅馆的房间,存储单元的内容相当于房间中的旅客。内存中存储单元的数量称为内存的容量。例如,容量为 2GB、4GB 的内存的存储单元数量分别为 2^{31} 个和 2^{32} 个。

2. 外存储器

外存储器(简称外存)又称辅助存储器,主要用于保存暂时不用但又需长期保存的程序或数据。U 盘、硬盘、光盘等都是外存储器。存放在外存中的程序必须调入内存才能运行。外存的存取速度相对来说较慢,但外存价格比较便宜,可保存的信息量大。外存通过专门的输入输出接口与主机相连。外存与其他的输入输出设备统称外部设备。硬盘驱动器、打印机、键盘、鼠标都属外部设备。

外存目前使用得最多的是磁表面存储器、光存储器及闪存 3 类。

磁表面存储器是将磁性材料沉积在盘片基体上形成记录介质,并在磁头与记录介质的相对运动中存取信息。现代计算机系统中使用的磁表面存储器有磁盘和磁带两种。

用于计算机系统的光存储器主要是光盘(optical disk),现在通常称为 CD(Compact Disk)。光盘用光学方式读写信息。

闪存(flash memory)是电子可擦除只读存储器(EEPROM)的变种,闪存与传统的 EEPROM 的不同点在于能在字节水平上进行删除和重写,而不是擦写整个芯片,这样闪存就比 EEPROM 的更新速度快。由于其断电时仍能保存数据,闪存早期通常被用来保存设置信息,如计算机中的 BIOS(基本输入输出程序)、PDA(个人数字助理)等。随着技术的发展,闪存的容量不断增大,从 MB 级发展到 GB 级,应用也越来越普及。同光盘相比,闪存存取比较快,无噪音,散热小,容量大。

所有外存的存储介质(盘片或磁带)都必须通过机电装置才能存取信息,这些机电装置称为驱动器,如硬盘驱动器和光盘驱动器等。目前外存的容量不断增大,目前已达到 GB 级和 TB 级。

案例 2-2 硬磁盘的容量计算。

硬磁盘简称硬盘,是外存储器中的一种,它的容量计算主要涉及以下几个概念:盘面、磁头、柱面、磁道、扇区。

硬盘最基本的组成部分是由金属材料制成并涂有磁性材料的盘片,不同容量的硬盘的盘片数不等。每个盘片有两面,称为盘面,都可记录信息。每个盘面都有一个读写磁头,用来读写数据,如图 2-5(a)所示。每个盘面表面以盘片中心为圆心,划分出许多不同半径的同心圆,称为磁道,磁道的编号从 0 开始由外向内编号。每一个盘面又被分成许多扇形的区域,每个区域叫扇区,如图 2-5(b)所示。每个扇区可存储 128×2^N($N=0,1,2,3$)字节信息。在 DOS 中,每个扇区是 $128 \times 22 = 512B$。硬盘通常由重叠的一组盘片构成,每个盘面都被划分为数目相等的磁道。具有相同编号的磁道形成一个圆柱,称为柱面。磁盘的柱面数与一个盘面上的磁道数是相等的。由于每个盘面都有自己的磁头,因此,盘面数等于总的磁头数。只要知道了硬盘的柱面数、磁头数、扇区数这 3 个参数,即可确定硬盘的容量:

$$硬盘的容量 = 柱面数 \times 磁头数 \times 扇区数 \times 512B$$

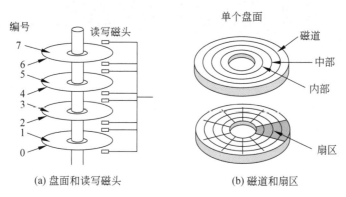

(a) 盘面和读写磁头　　　　　　(b) 磁道和扇区

图 2-5　硬盘内部结构

2.1.3　主板

主板(mainboard)又叫母板(motherboard),如图 2-6 所示。它安装在机箱内,是微机最基本的也是最重要的部件之一。计算机系统中的总线大多被封装在主板内部。

主板一般为矩形的电路板,上面安装了组成计算机的主要电路系统,一般有 BIOS 芯片、I/O 控制芯片、键盘和面板控制开关接口、指示灯插接件、扩充插槽、主板及插卡的直流电源供电接插件等元件。

主板采用了开放式结构。主板上一般有 6～15 个扩展插槽,供 PC 外部设备的控制卡(适配器)插接。通过更换这些卡,可以对微机的相应子系统进行局部升级,使厂家和用户在配置机型方面有更大的灵活性。总之,主板在整个微机系统中扮演着举足轻重的角色。可以说,主板的类型和档次决定了整个微机系统的类型和档次,主板的性能影响整个微机系统的性能。

主板上最重要的部分是主板的芯片组。主板的芯片组一般由北桥芯片和南桥芯片组成。

北桥芯片是主板芯片组中起主导作用的部分,也称为主桥(host bridge)。一般来说,芯片组就是以北桥芯片的名称来命名的,例如 Intel 845E 芯片组的北桥芯片是 82845E。

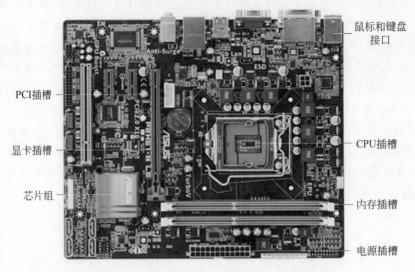

图 2-6　主板

北桥芯片负责与 CPU 的联系并控制内存、AGP 数据在北桥内部传输，提供对 CPU 的类型和主频、系统的前端总线频率、内存的类型（SDRAM、DDR SDRAM 以及 RDRAM 等）和最大容量、AGP 插槽、ECC 纠错等的支持，整合型芯片组的北桥芯片还集成了显示核心。南桥芯片主要负责和 IDE 设备、PCI 设备、声音设备、网络设备以及其他 I/O 设备的沟通。

2.1.4　输入设备

输入设备（input device）指向计算机输入数据和信息的设备，是计算机与用户或其他设备通信的桥梁。输入设备是人或外部设备与计算机进行交互的装置，用于把原始数据和处理这些数据的程序输入到计算机中。

现在的计算机能够接收各种各样的数据，既可以是数值型数据，也可以是各种非数值型数据，图形图像、视频、声音等都可以通过不同类型的输入设备输入到计算机中，进行存储、处理和输出。为了将这些数据输入到计算机中，就需要各种输入设备，这也是输入设备种类繁多的原因。

常见的计算机输入设备按功能可分为下列几类：

（1）字符输入设备：如 键盘、手写板。

（2）光学阅读设备：如光学标记阅读机、光学字符阅读机。

（3）图形输入设备：如鼠标、操纵杆、光笔。

（4）语音图像视频输入设备：如摄像机、数码相机、扫描仪、传真机、录音笔。

（5）模拟输入设备：如语言模数转换识别系统。

2.1.5　输出设备

输出设备（output device）是计算机输出数据和信息的设备。它把各种数据或信息以数字、字符、图像、声音等形式表示出来。常见的输出设备有显示器、打印机、绘图仪、影像输出系统、语音输出系统、磁记录设备等。目前应用比较广泛的触摸屏显示器既是输入设备又是输出设备。

由于输入输出设备大多是机电装置，有机械传动或物理移位等动作过程，相对而言，输入输出设备是计算机系统中运行速度最慢的部件。

2.2　微机的接口

2.2.1　微机接口概述

接口是 CPU 与 I/O 设备的桥梁，它在 CPU 与 I/O 设备之间起着信息转换和匹配的作用。也就是说，接口是处理 CPU 与外部设备之间数据交换的缓冲器，接口通过总线与CPU 相连。由于 CPU 与外部设备的工作方式、工作速度、信号类型等都不相同，必须通过接口的变换作用使两者匹配起来。

1. 接口的作用

接口是微处理器与外部设备的连接部件(电路)，它是 CPU 与外部设备进行信息交换的中转站。例如，原始数据或源程序要通过接口从输入设备进入微机，而运算结果要通过接口送往输出设备，控制命令也是通过接口发出去的，这些来往的信息都是通过接口进行交换与传递的。用户从键盘输入的信息只有通过计算机的处理才能在显示器、打印机中显示或打印。只有通过接口，硬盘等外存才可以极大地扩充计算机的存储空间。

接口的作用就是将计算机以外的信息转换成与计算机匹配的信息，使计算机能够有效地传递和处理。

由于计算机的应用越来越广泛，要与计算机连接的外部设备越来越多，信息的类型也越来越复杂。微机接口本身已不是一些逻辑电路的简单组合，而主要采用硬件与软件相结合的方法，因而接口技术是硬件和软件的综合技术。

2. 总线

总线是连接计算机 CPU、内存、外存、各种输入输出设备的一组物理信号线及相关的控制电路，它是计算机中传输各部件信息的公共通道。

微型计算机系统大都采用总线结构，这种结构的特点是采用一组公共的信号线作为微机各部件之间的通信线。

各类外部设备和存储器都是通过各自的接口电路连接到微机系统总线上的。因此，用户可以根据自己的需要，选用不同类型的外部设备，配置相应的接口电路，把它们连接到总线上，从而构成不同用途、不同规模的系统。

微机系统的总线大致可分为如下几种。

1) 地址总线

地址总线(Address Bus，AB)是微机用来传送地址的信号线。地址总线的数目决定了直接寻址的范围。例如，16 根地址线可以构成 $2^{16}=65\,536$ 个地址，可直接寻址 64KB地址空间，24 根地址线可直接寻址 16MB 地址空间。

2）数据总线

数据总线（Data Bus，DB）是微机用来传送数据和指令代码的总线，一般为双向信号线，可以进行两个方向的数据传送。

数据总线可以将数据从 CPU 送到内存或其他部件，也可以将数据从内存或其他部件送到 CPU。通常，数据总线的位数与微机的字长相等。例如，32 位的 CPU 芯片，其数据总线也是 32 位。

3）控制总线

控制总线（Control Bus，CB）用来传送控制器发出的各种控制信号，其中包括用来实现命令、状态传送、中断请求、存储器存取控制的信号以及供系统使用的时钟信号和复位信号等。

当前微型计算机系统普遍采用总线结构的连接方式，各部分都以同一形式排在总线上，结构简单，易于扩充。

2.2.2 标准接口

微机中提供的接口有标准接口和扩展槽接口。计算机操作系统一般都"认识"标准接口，插上有关的外部设备，马上可以使用，真正做到即插即用。在微机中，标准接口一般有键盘/鼠标接口、显示器接口、并行接口、串行接口和 USB 接口等，如图 2-7 所示。

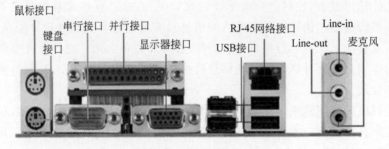

图 2-7　微机标准接口

1. 键盘/鼠标接口与显示器接口

在微型计算机系统中，键盘、鼠标和显示器是必不可少的输入输出设备。微机主板上提供的键盘和鼠标接口有 PS/2 接口和 USB 接口，而显示器的标准接口一般为 VGA 接口。

2. 并行接口

由于现在常用的微机系统均以并行方式处理数据，所以并行接口也是最常用的接口。将一个字符的 n 个数位用 n 条线同时传输的机制称为并行通信。例如，同时传送 8 位、16 位或 32 位，实现并行通信的接口就是并行接口。在实际应用中，凡在 CPU 与外设之间需要两位以上信息传送时，就要采用并行接口。例如，打印机接口、A/D 或 D/A 转换器接口、开关量接口、控制设备接口等都是并行接口。

并行接口具有传输速度快、效率高等优点，适合数据传输率要求较高而传输距离较近的场合。

3. 串行接口

许多 I/O 设备与 CPU 交换信息或计算机之间交换信息时，是通过一对导线或通信通道来传送信息的。这时，每一次只传送一位信息，每一位都占据一个规定长度的时间间隔，这种数据一位一位按顺序传送的通信方式称为串行通信，实现串行通信的接口就是串行接口。

与并行通信相比，串行通信具有传输线少、成本低的特点，特别适合远距离传送。其缺点是速度慢，若并行传送 n 位数据需要的时间为 t，则串行传送需要的时间至少为 nt。

串行通信之所以被广泛采用，一个主要原因是可以使用现有的电话网进行信息传送，即只要增加调制解调器，远程通信就可以在电话线上进行，这不但降低了通信成本，而且免除了架设和维护线路的繁杂工作。

串行接口和并行接口如图 2-8 所示，图中展示了传送同样的 3 字节数据时两者的区别。

微机主板上提供了 COM1 和 COM2 两个串行接口。早期的鼠标、终端就连接在串行接口上，后来流行的 PS/2 鼠标连接在主板的 PS/2 接口上。

图 2-8 串行接口和并行接口传送数据的方式

4. USB 接口

USB(Universal Serial Bus，通用串行总线)是在 20 世纪 90 年代推出的接口标准。随着计算机应用的发展，外设越来越多，使得计算机本身所带的接口不够使用。USB 接口可以简单地解决这一问题，计算机只需通过一个 USB 接口，即可串接多种外设(如数码相机、扫描仪等)。用户现在经常使用的 U 盘(USB flash disk，USB 闪存盘)就是连接在 USB 接口上的。另外，现在的鼠标也大多是连接在 USB 接口上的。

2.2.3 扩展槽接口

操作系统一般"不认识"扩展槽接口，需要安装对应外设的驱动程序。同一种外部设备，在不同的操作系统中有时需要安装不同的驱动程序，该外设才能正常工作。在微机中扩展槽接口一般有显示卡、声卡、网卡、调制解调器卡、视频卡、多功能卡等。

在主板上一般有多个扩展槽，用于插入各种适配器。适配器是为了驱动某种外设而设计的控制电路。通常，适配器插在主板的扩展槽内，通过总线与 CPU 相连。适配器一般做成电路板的形式，所以又称插卡、扩展卡或适配卡。

常见的扩展槽接口有连接显示适配器的 VGA 插槽以及用于连接声卡、网卡等的 PCI 插槽，如图 2-9 所示。

图 2-9　主板扩展槽接口

2.3　计算机外设

2.3.1　键盘

　　键盘是计算机最常用的输入设备之一,其作用是向计算机输入命令、数据和程序。它由一组按阵列方式排列在一起的按键开关组成。按下一个键,相当于接通一个开关电路,把该键的位置码通过接口电路送入计算机。

　　键盘根据按键的触点结构分为机械触点式键盘、电容式键盘和薄膜式键盘几种。

　　机械式键盘内部由导电橡胶和电路板的触点组成。机械式键盘的工作原理是:按键按下时,导电橡胶与触点接触,开关接通;当松开按键时,导电橡胶与触点分开,开关断开。

　　目前,微机上使用的键盘都是标准键盘(101 键、103 键等),键盘分为 4 个键区:功能键区、主键盘区(标准打字键区)、数字键区和控制键区,另外还有状态指示区如图 2-10所示。

　　键盘上各键及其组合所产生的字符和功能在不同的操作系统和软件支持下有所不同。在主键盘区和数字键区上,大部分键面上标有两个字符,这两个字符分别称为该键的上挡符和下挡符。主键盘区第四排左右各有一个称为换挡符的 Shift 键(或箭头符号),用来控制上挡符与下挡符的输入。在按下 Shift 键不放的同时按下有上挡符的某键时,则输入的是该键的上挡符,否则输入的是该键的下挡符。字母的大小写也可由 Shift键控制,例如单按字母键 A 则输入小写字母 a,同时按下 Shift 键和 A 键则输入的是大写字母 A。数字键区上下挡键由 NumLock 键控制。

　　下面列出几个常用键的功能:

　　(1) ←(Backspace)。退格键,光标退回一格,即光标左移一个字符的位置,同时删除原光标左边位置上的字符,用于删除当前行中刚输入的字符。

图 2-10 标准键盘

（2）Enter。回车键，不论光标处在当前行中什么位置，按此键后光标将移至下行行首。该键也表示结束一个数据或命令的输入。

（3）Space。空格键，它是位于主键盘区下方的长条键。按下此键输入一个空格，光标右移一个字符的位置。

（4）Ctrl。控制键，用于与其他键组合成各种复合控制键。

（5）Alt。交替换挡键，用于与其他键组合成特殊功能键或控制键。

（6）Esc。强行退出键，按此键可强行退出程序。

（7）Print Screen。屏幕复制键，在 Windows 系统中按此键可以将当前屏幕内容复制到剪贴板。

（8）Tab。制表键。当按下制表键时，光标不是移动一个字符或者是固定的几个字符，而是向右移动 $8n+1$ 个字符的位置（n 为自然数），这对绘制没有表线的表格很有用。在 Windows 中，制表键被赋予了全新的功能，通常用于在不同的可视对象间跳转和移动光标或焦点。

2.3.2 鼠标

鼠标（mouse）的标准名称是鼠标器。鼠标的作用是代替键盘烦琐的指令，使计算机的操作更加简便。鼠标由于使用方便，与键盘具有同等重要的地位。

鼠标根据工作原理分为机械式鼠标和光电式鼠标。

鼠标有 3 个按键或两个按键。各按键的功能可以由软件来定义，在不同的软件中使用鼠标，其按键的作用可能不相同。一般情况下，最左边的按键定义为拾取。使用鼠标时，通常是先移动鼠标，使屏幕上的指针固定在某一位置上，然后再通过鼠标上的按键来确定所选项目或完成指定的功能。

2.3.3 打印机

打印机是计算机最主要的输出设备之一。它能将计算机的信息以单色和彩色字符、表格、图像等形式打印在纸上。随着科学技术的发展，各种新型的打印机也应运而生。

目前最常见的有针式打印机、喷墨打印机和激光打印机等，如图 2-11 所示。

(a) 针式打印机　　　　　(b) 喷墨打印机　　　　　(c) 激光打印机

图 2-11　常用打印机类型

针式打印机由打印头、字车机构、色带机构、输纸机构和控制电路等组成。它利用机械和电路驱动原理，使打印针撞击色带和打印介质，进而打印出点阵字符或图形来完成打印任务。市场上主要有 9 针式和 24 针式打印机。9 针式打印机不配汉字库，其基本功能是打印字母和数字符号；当有汉字输出时一般用 24 针式打印机。针式打印机技术成熟，性价比高，结构简单，消耗低，但其噪声较高且分辨率较低。针式打印机是银行、财务及条形码打印等应用领域的首选产品。

喷墨打印机通过向打印纸的相应位置喷射墨水点来实现图像和文字的输出。早期的喷墨打印机和当前大幅面喷墨打印机采用的都是连续喷墨技术。由于随机喷墨技术比连续喷墨技术成本低、可靠性高且结构简单，因此目前喷墨打印机大多数采用的是随机喷墨技术，其特点是价格低、打印质量高、噪声低、速度快，但打印用墨水较贵，纸质耗材价格较高，是与视觉设计有关的行业的首选打印产品。

激光打印机利用电子成像技术进行打印。其核心部件是一个可以感光的硒鼓。当调制激光束在硒鼓下沿轴向进行扫描时，按点阵组字的原理，使鼓面感光，构成负电荷阴影；当鼓面经过带正电荷的墨粉时，感光部分就吸附墨粉，然后将墨粉转印到纸上；纸上的墨粉经加热熔化形成永久性的字符和图形。它的特点是速度快、无噪声、分辨率高、打印质量高，但价格高，是办公、家用的首选打印产品。

2.3.4　扫描仪

扫描仪是利用光学扫描原理将照片、书刊上的文字、影像或图片等信息采集下来，转化为数字信号，并以图片文件的形式送入计算机的一种设备。

光电转换器件是扫描仪的核心部件。根据扫描仪使用的光电转换器件，可以将扫描仪分为滚筒式扫描仪和平板式扫描仪两大类，如图 2-12 所示。

滚筒式扫描仪使用一种叫作光学倍增管(PMT)的技术。扫描时，滚筒上的传感器将从放置在上面的文档反射的光拆分成 3 束光，每一束光通过一个滤色镜进入光电倍增管将光信号转化成电信号，再经过 A/D 转换系统将光电倍增管输出的模拟信号转换成数字信号输送给计算机。其优点是光学分辨率很高(2500～8000dpi)，高色深(30～48b)，动态范围宽，能处理大幅面的图像；速度快，生产率高；其缺点是占地面积大，造价非常昂贵(是平板扫描仪的 5～50 倍)，市场上很少见到。

平板扫描仪工作时，从光源发出的光线从扫描原件上反射后，通过反射镜的几次反

| (a) 滚筒式扫描仪 | (b) 平板式扫描仪 |

图 2-12　扫描仪

射导向电荷耦合器件(Charge Coupled Device,CCD)线性阵列。CCD 将光信号转换为电信号,再经 A/D 转换后送给计算机。有些平板扫描仪可以将上盖板换为带光源的而用于透明材料的扫描。其优点是占地面积小、价格低。

2.3.5　数码相机

数码相机又称为数字相机,是集光、电、机技术丁一体的科技产品。根据不同的标准,数码相机可以分成不同的类型。例如,按使用档次可分为专业型、准专业型以及非专业型 3 种;按使用的影像传感器可分为 CCD 型和 CMOS 型两种;按镜头可否变化可分为定焦型和变焦型两种;按结构不同可以分为轻便型、单反型和后背型(如图 2-13 所示)。另外,还有一些特殊形式的数码相机,如 3D 数字相机、红外数字相机、X 光数字相机等。

| (a) 轻便型相机 | (b) 单反型相机 | (c) 后背型相机 |

图 2-13　轻便型、单反型和后背型数码相机

轻便型数码相机采用电子取景器或旁轴取景器加电子取景的方式,具有外观时尚、小巧轻便、价格低廉、操作便捷等优势。但镜头不可更换,参数调节范围有限。

单反型数码相机采用单镜反取景的方式(所见即所拍)。它具有镜头可拆换、快门挡位多、参数调节范围广、拍摄质量高、可用附件多、应用范围广等特点,均为专业型的数码相机。但其价格较贵,操作要求高。

后背型数码相机简称"数字后背"。它把 CCD、A/D 转换器存储卡接口等都集成在一起,利用 CF 卡或者火线接口连入计算机作为存储介质。中幅相机或大型相机加上"数字后背"即成为高档的数字相机。它可以改装传统/数字两用型的相机,但价格相当昂贵。

不论哪一类型的相机,一般都是由镜头、影像传感器(CCD 或 CMOS)、A/D 转换器件、数据信号处理系统、内置存储器、液晶显示器、PC 卡(可移动存储器)和接口(计算机接口、电视机接口)等部分组成。其工作的过程也基本类似:镜头将外界景物成像在影像传感器表面,影像传感器将光信号转化为与景物明暗对应的电信号,经过 A/D 转换器件将电信号转化为数字信号,数字信号处理系统再对数字信号进行处理,处理后的信号可存储、呈现或输出,如图 2-14 所示。

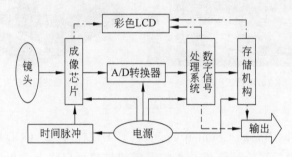

图 2-14　数码相机的工作过程

2.3.6　数码摄像机

数码摄像机(Digital Video camera,DV)是指信号的采集、处理及记录等全部过程均使用数字信号完成的摄像机,是摄取图像信号和音频信号并将其以数字信号存储的设备。与传统的模拟摄像机相比,数码摄像机具有清晰度高、音质好、信噪比高、与计算机交换信息能力强、数字特技效果多、调整使用方便、色彩纯正、体积小、重量轻等特点,所以备受广大用户青睐。

DV 用途广泛,种类繁多。例如,按用途分广播级、专业级、家用级、特殊用途摄像机;按光电转换器件分 CCD 型和 CMOS 型;按存储介质分磁带类、硬盘类、光盘类和闪存类,如图 2-15 所示;按摄像器件数量分单片机、双片机、三片机、四片机;按清晰度分标清(SDTV)、高清(HDTV)。

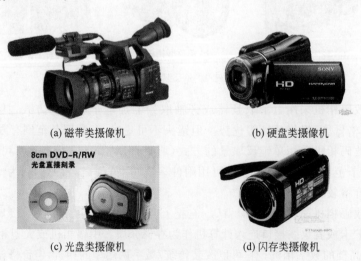

(a) 磁带类摄像机　　　　　　　　　　(b) 硬盘类摄像机

(c) 光盘类摄像机　　　　　　　　　　(d) 闪存类摄像机

图 2-15　数码摄像机类型

各种数字摄像机一般都由摄像系统、录像系统、电子寻像器、传声器和电源等部件组成。其基本工作是实现光-电-数字信号的转换与传输,即通过感光元件(CCD 或 CMOS)将光信号转成电流,由 A/D 转换器将模拟电信号转换成数字信号,再经过处理和过滤,就可以得到视频信息。

案例 2-3 摄像机之最。

(1) 最重的摄像机——超正析摄像管摄像机。

1960 年,日本开始彩色电视广播时使用了超正析摄像管摄像机,其清晰度和灵敏度都比较高,但体积过大,过于笨重(机重约 500kg),耗电达 3000W,不便于在演播室以外的场所使用。

(2) 最贵的摄像机——索尼 HDCAM。

Sony HDCAM(见图 2-16(a))记录格式采用了优异的压缩算法,其记录码率高达140Mb/s(录像带上的数码率为 185Mb/s),视频画面非常出色;但价格不菲,高达 48 万元人民币。它主要用于数字电影、电视剧、广告、新闻及专题片的拍摄。其丰富的产品系列能够为不同层面的用户提供服务。

(a) 索尼HDCAM　　　　　　　(b) 索尼NEX-VG20

(c) 宝达DV8　　　　　　　(d) 松下SDR-S71GK

图 2-16　几款有特色的数码摄像机

(3) 像素最高的摄像机——索尼 NEX-VG20。

2011 年 10 月 18 日,索尼(中国)有限公司宣布推出新一代可更换镜头高清数码摄像机 NEX-VG20(见图 2-16(b))。该款摄像机,具有非常出色的拍摄水准,配备了 1670 万像素的 CMOS 传感器,并且支持 1080p 全高清视频摄录,拍摄画质非常细腻清晰,被视为拍摄高质量浅景深视频的创作利器。

(4) 最便宜的摄像机——宝达 DV8。

2012 年,网上推出最便宜的摄像机——宝达(PROTAX)DV8(见图 2-16(c)),售价仅为 388 元。该摄像机拥有 500 万像素 CMOS、2.4in 高清晰显示屏,可以 270°旋转,并附有 MP3 等多媒体娱乐功能。

(5) 最大变焦比的摄像机——松下 SDR-S71GK。

松下 SDR-S71GK(见图 2-16(d))是一款采用标清录像标准的高性能数码摄像机,拥有78倍延伸光学变焦，能够在无比宽阔的视界中展现让人惊叹的卓越画面。同时，为了避免超远距离拍摄时手部抖动影响画面，这款摄像机还配备了具有主动模式的高级光学防抖功能，让拍摄变得更为随心所欲。

（6）最"无耻"的摄像机——红外摄像机。

红外摄像机（见图2-17）能够拍摄人的肉眼看不到的红外线影像。这类摄像机在偷拍、监视中扮演着重要的角色。

（7）最不怕黑的摄像机——0Lx摄像机

0Lx摄像机（见图2-18）可以在没有照明的环境中拍摄影像，适用于光线昏暗或无光环境。例如，三星SIR-4250摄像机要求的最低照度为0Lx（LED ON）。

图2-17　红外摄像机　　　　　　　　　　图2-18　0Lx摄像机

（8）外形独特的摄像机——眼镜摄像机和电子锁摄像机

这类摄像机往往以其他物品的形式呈现在人们眼前，如眼镜摄像机、电子锁摄像机等，如图2-19所示。

(a) 眼镜摄像机　　　　　　(b) 电子锁摄像机

图2-19　外形独特的摄像机

2.3.7　数码录音笔

数码录音笔又称为数码录音棒或数码录音机，如图2-20所示。其工作原理是：通过对模拟信号的采样、编码将模拟信号通过A/D转换器转换为数字信号，并进行一定的压缩后再存储。数码录音笔拥有多种功能：声控录音、电话录音、自动录音、MP3播放、FM调频广播、数码相机、TTS文字转语音、电话录音、定时录音、外部转录、分段录音以及录音标记、查找、复读机等功能，其中声控录音和电话录音功能是比较重要的。声控

图2-20　数码录音笔

录音可以在没有声音信号时停止工作,有声音信号时恢复工作,延长了录音时间,也更省电,相当有用;电话录音功能则为电话采访及记事提供了方便。分段录音以及录音标记功能对录音数据的管理效率比较高。

与传统录音机相比,数码录音笔具有携带方便、拥有多种功能、录音时间长、安全可靠(可以加密)、使用寿命长等特点。数码录音笔是通过数字存储的方式来记录音频的,经过多次复制,声音信息也会保持原样不变。

2.3.8 数位板

数位板又称为手绘板,主要分成两部分——感应板和笔。数位板不仅可以利用压感笔在板面上的快速移动来定位屏幕位置,而且能够通过压力的大小来实现笔画的浓淡,对各类设计师(特别是数字媒体领域,比如动画设计师、游戏设计师、广告设计师等)帮助很大。

压感笔的主要结构如图 2-21 所示。

数位板的原理如图 2-22 所示。数位板的基本工作原理是电磁感应。首先在激励线圈中加载特定频率的电流,这将会在数位板表面产生电磁场。当压感笔接近数位板时,压感笔上的线圈感应电磁场,会在线圈中产生电流,压感笔从电磁场中获得能量后即可驱动压力传感器,并将感应信号输入到同一个线圈中,即在压感笔附近产生电磁场;数位板上的 X、Y 轴向的线圈检测压感笔产生的电磁场信号,通过对比线圈间信号差异,通过计算获得位置信息和压力信息。

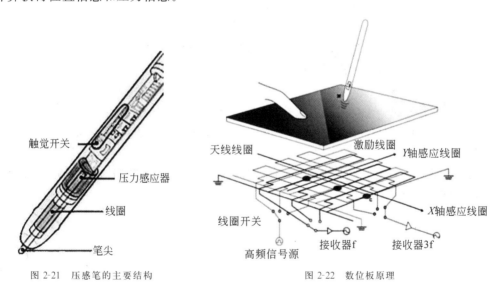

图 2-21 压感笔的主要结构   图 2-22 数位板原理

数位板的主要参数有压力感应级数、读取速率、分辨率等。其中最关键的参数是压力感应级数,它主要反映用笔轻重的感应灵敏度,目前市面上普遍使用的压力感应级数为 1024、2048 级,高的已经达到了 8192 级。读取速度也就是感应速度,常见读取速度有 133、150、200、220、266 等(单位为像素每秒)。分辨率主要反映了感应板的绘画精度,常见的分辨率有 2540、3048、4000、5080 等(单位为像素)。

当前数位板的品牌主要有 Wacom、Huion、高漫、汉王、友基、蒙恬、绘客等，价格从一百多元到几千元不等。图 2-23 和图 2-24 是两款数位板。

图 2-23　Wacom cth480

图 2-24　汉王创艺大师 1107

思考与练习

1. 填空题

（1）在市场上出售的微机中，常看到 CPU 标注为 Pentium 4/4.3GB，其中的 4.3GB 表示_____。

（2）配置高速缓冲存储器（Cache）是为了解决_____。

（3）微机系统的总线大致可分为_____、_____ 和 _____ 3 类。

（4）_____打印机是超市、银行等票据打印的首选打印机。

（5）_____器件是扫描仪的核心部件。

2. 简答题

（1）现代计算机一般都采用总线技术，请说明其原因。

（2）计算机的存储器主要分为内存和外存两类，请比较这两类存储器的性能特点。

3. 拓展题

目前计算机外设的发展非常迅速，不断有新型外设推出，方便了人们与计算机的交互。请查阅相关资料，填写表 2-2。

表 2-2　新型外设的基本功能及应用领域

外 设 类 型	基 本 功 能	应 用 领 域
Kinect		

外 设 类 型	基 本 功 能	应 用 领 域
眼动仪		
脑电波芯片		

第 3 章　计算机软件及其技术

计算机软件是指计算机系统中的程序及其文档。软件是用户与计算机之间的接口，用户主要通过软件与计算机进行交流。一般，软件被分为系统软件和应用软件两大类。系统软件包括操作系统和一系列基本工具，如语言处理程序、数据库管理工具和服务程序等；而应用软件是为某种特定应用开发的软件。

3.1　系统软件

系统软件负责管理计算机系统中各种独立的硬件，使得它们协调工作。系统软件包括操作系统、语言处理程序、数据库管理工具和各种服务程序等。其中，操作系统是管理计算机硬件与软件资源的程序，是配置在计算机硬件上的第一层软件，其他的系统软件以及应用软件都依赖于操作系统的支持，操作系统在计算机系统中占据着重要的地位。不同计算机中安装的操作系统有所不同，主要由计算机系统的规模和操作系统的应用环境来决定。安装在大型机、中型机的计算机系统中的操作系统功能强大，对配置的要求也比较高。

3.1.1　操作系统

操作系统(operating system)是配置在计算机硬件上的第一层软件，是对硬件系统的首次扩充，在计算机系统中占据着重要的地位。操作系统管理所有计算机系统资源，为用户提供一个抽象的计算机。在操作系统的帮助下，用户使用计算机时避免了对计算机系统硬件的直接操作。

1. 操作系统的作用

操作系统在计算机系统中的位置如图 3-1 所示。从用户角度和资源管理角度来观察，操作系统都起着重要的作用。

1) 用户和计算机硬件系统之间的接口

从用户角度来观察，操作系统是用户和计算机硬件系统之间的接口，操作系统位于用户和计算机硬件系统之间，用户在操作系统的帮助下，可以方便、快捷、可靠地操纵计算机硬件或运行相应的程序。操作系统作为计算机硬件接口的作用如图 3-2 所示，从中可见，用户可以通过使用系统调用、命令和窗口等方式来操纵计算机或运行自己的程序。

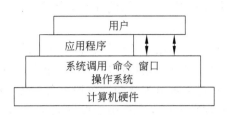

图 3-1 操作系统在计算机系统中的位置   图 3-2 操作系统作为计算机硬件接口的示意图

2）计算机系统资源的管理者

从资源管理的角度看，操作系统起着管理计算机系统资源的作用，它是计算机系统资源的管理者。在计算机系统中，用户使用的硬件和软件设施总称为资源。操作系统作为管理者的重要任务之一是对资源进行抽象研究，有序管理计算机中的软硬件资源，跟踪资源使用情况，监视资源的状态，满足用户对资源的需要，协调各程序对资源的使用，让用户有效使用资源，从而提高资源利用率。

3）扩充计算机

对于一台计算机而言，裸机是很难使用的。操作系统是紧靠硬件的第一层软件，当在计算机上覆盖了操作系统以后，就可以在此基础上扩展系统功能，为用户提供功能更强、使用方便、安全可靠、效率更高的计算机，称之为扩充计算机或系统虚拟机。

2. 操作系统的主要功能

操作系统是计算机系统资源的管理者，它的主要任务是最大限度地提高系统中资源的利用率并方便用户的使用。计算机系统中的硬件和软件资源可分为 4 类：处理器、存储器、外部设备以及文件。计算机操作系统的主要功能是如何对这些资源进行有效的管理，并向用户提供方便的接口。

1）处理器管理功能

处理器是计算机系统中的重要资源，任何时刻都只能有一个任务得到它的控制权。在传统的多道程序运行过程中，各程序应合理、有序地获得 CPU 的控制权，正常高效地运作，这就需要对处理器进行合理的调度以协调各个任务的运行。

2）存储器管理功能

存储器管理主要是管理内存。这一功能的主要任务是为多道程序的运行提供良好的存储环境，保护用户存储的程序和数据不被破坏，并提高内存的利用率，从逻辑上扩充内存空间。存储器管理具有内存分配、内存保护、地址映射和内存扩充等功能。

3）外部设备管理功能

外部设备管理功能是对计算机系统中的所有外部设备资源进行统一管理。用户使用外部设备时不是直接调用该设备，而是通过输入命令或程序向操作系统提出申请，由操作系统中的外部设备管理程序负责给该任务分配设备并控制设备运行，在任务完成后还要及时回收资源。外部设备管理包括缓冲管理、设备分配和设备处理以及虚拟设备管理等功能。

4）文件管理功能

在计算机中，信息以文件的形成存储在外存上。文件包括系统文件和用户文件。文

件管理是对系统文件和用户文件进行管理，方便用户使用文件，并保证文件的安全性。为此，文件管理主要有文件存储空间管理、目录管理、文件读写管理和保护等功能。

5）用户接口

用户接口给用户使用计算机操作系统提供服务，用户通常使用这些服务可以和计算机系统进行交互。用户接口主要有命令接口、程序接口和图形接口。利用命令接口，用户可以通过从键盘等终端设备输入命令获得操作系统的服务；程序接口主要是为编程者提供的，编程人员在程序中借助于系统调用命令向操作系统提出资源请求或服务请求；图形接口使用户操作更为简单直观，直接使用鼠标进行操作，把用户从记忆大量的命令的负担中解脱出来。

3. 操作系统的分类

常见的操作系统主要有以下 5 种类型。

1）批处理操作系统

批处理操作系统是比较早的操作系统。它的工作方式是：用户将作业交给系统操作员；系统操作员将许多用户的作业组成一批作业，将这批作业输入计算机，在系统中形成一个自动转接的连续的作业流，然后启动操作系统；操作系统自动依次执行每个作业；最后由操作员将作业结果交给用户。批处理操作系统的特点是多道和成批处理。

2）分时操作系统

分时操作系统的工作方式是：一台主机连接若干终端，每个终端有一个用户在使用。用户交互式地向系统提出命令请求，系统接受每个用户的命令，采用时间片轮转方式处理服务请求，并通过交互方式在终端上向用户显示结果。分时操作系统将 CPU 的时间划分成若干个片段，称为时间片。操作系统以时间片为单位，轮流为每个用户服务。各用户轮流使用时间片，这样每个用户都不会感觉到别的用户的存在。分时系统具有多路性、交互性、独占性和及时性的特点。

3）实时操作系统

实时操作系统使计算机能及时响应外部事件的请求，在规定的严格时间内完成对该事件的处理，并控制所有实时设备和实时任务协调一致地工作。实时操作系统要追求的目标是对外部请求在严格时间范围内做出反应，具有高可靠性。在实时操作系统中，资源的分配和调度首先要考虑实时性，然后再考虑效率。而且，实时操作系统具有较强的容错能力。

4）网络操作系统

网络操作系统是基于计算机网络的操作系统，是在各种计算机操作系统上按网络体系结构协议标准开发的软件，包括网络管理、通信、安全、资源共享工具和各种网络应用。网络操作系统的作用是使网络中的各台计算机能互相通信和共享资源。网络操作系统的特点是与网络的硬件相结合来完成网络的通信任务。

5）分布式操作系统

分布式操作系统使大量的计算机通过网络连接在一起，构成分布式计算机系统，以获得极高的运算能力及广泛的数据共享。它在系统结构、资源管理及通信控制等方面都与其他操作系统有较大的区别。由于分布式计算机系统的资源分布于系统中的不同计算机上，分布式操作系统对用户的资源需求不能采用一般的操作系统那样等待有资源时直接分配的简单做法,而是要在系统的各台计算机上搜索,找到所需资源后才进行分配。对于有些资源,如具有多个副本的文件,还必须考虑一致性。分布式操作系统的通信功能类似于网络操作系统。分布式计算机系统不像网络那样分布得很广,同时分布式操作系统还要支持并行处理,因此它提供的通信机制和网络操作系统有所不同,它要求通信速度高。分布式操作系统是网络操作系统的更高形式,它保持了网络操作系统的全部功能,而且还具有透明、可靠和高性能等特点。

4. 常用的操作系统

计算机的应用离不开软件和硬件,而操作系统是其他各种软件的基础。常用的操作系统有 Windows、UNIX、Linux 和 Mac OS X。

1) Windows 操作系统

Windows 是微软公司推出的操作系统。从 Windows 1.0 开始到人们熟悉的 Windows 95、Windows NT、Windows 98、Windows 2000、Windows Me、Windows XP、Windows Vista、Windows 7、Windows 8 和 Windows 10 等,各种版本持续更新;从 16 位、32 位到 64 位,操作系统不断升级。微软公司一直在致力于 Windows 操作系统的开发和完善。

早期版本的 Windows 操作系统仅是一个图形用户界面,因为它在 MS-DOS 上运行并且被用作文件系统服务,但它也具有了典型的操作系统的功能。微软公司开发的 Windows 操作系统是目前世界上用户最多、兼容性最强的操作系统,对大多数计算机用户来说,Windows 可以说是操作系统的代名词。Windows 默认的平台是由任务栏和桌面图标组成的。任务栏由“开始”菜单、正在运行的程序、系统时间、快速启动栏、输入法及托盘组成,桌面图标是进入程序的途径。

案例 3-1　Windows 10 简介。

Windows 10 是 Windows 8.1 的下一代操作系统。Windows 8.1 的发布未能满足用户对于新一代主流 Windows 系统的期待,代号为 Windows Threshold 的 Windows 10 于 2014 年 10 月 2 日发布技术预览版,于 2015 年 7 月 29 日发布正式版。

Windows 10 的发布实现了多平台的统一,从 4in 屏幕的“迷你”手机到 80in 的巨屏计算机,都统一采用 Windows 10 这个名称。这些设备将会拥有类似的功能,微软公司正在从小功能到云端整体构建这一统一平台,跨平台共享的通用技术也在开发中。Windows 10 手机版的名称为 Windows10 Mobile,从此再无 Windows Phone。

Windows10 的主要改变如下:

(1) 高效的多桌面、多任务、多窗口。增强了分屏多窗口功能,可以在屏幕中同时摆放 4 个窗口,还可在单独的窗口内显示正在运行的其他应用程序。同时,Windows 10 还会智能地给出分屏建议。

用户可以根据不同的目的和需要创建多个虚拟桌面,切换也十分方便。单击加号即可添加一个新的虚拟桌面。

(2) 全新的命令提示符功能。Windows 10 的命令提示符功能不仅直接支持拖曳选择,而且可以直接操作剪贴板,并支持更多的功能快捷键。

(3) 开始屏幕与开始菜单。同时结合触控与鼠标两种操控模式。传统桌面的“开始”菜单兼顾 Windows 7 等老版本用户的使用习惯,还兼顾 Windows 8/Windows 8.1 用户的使用习惯，依然提供开始屏幕，Windows 7/8/8.1 系统用户切换到 Windows 10 后不会有太多违和感。

（4）Microsot Edge 浏览器取代 IE。Windows 10 放弃了饱受诟病的 IE，推出了代号为斯巴达（Project Spartan）的浏览器作为 IE 的替代品。新浏览器的正式名称为 Microsoft Edge。它的新功能除了创建修改并分享页面、集成 Contana 之外，还增加了对 Firefox 浏览器以及 Chrome 浏览器插件的支持，这对于在浏览器方面非常保守的微软公司来说可谓一大突破。

（5）Cortana 整合至开始菜单。在 Windows 10 中，Cortana 已整合至开始菜单，在 Windows 8 中被取消的 Aero Glass 效果也正式回归，同时还有很多细节上的改变。

2）UNIX 操作系统

UNIX 是一个强大的多用户、多任务操作系统，支持多种处理器架构，属于分时操作系统。UNIX 是由肯·汤普逊、丹尼斯·里奇和道格拉斯·迈克尔罗伊于 1969 年在 AT&T 的贝尔实验室开发出来的。UNIX 经过长期的发展和完善，已经成为一种主流的操作系统。UNIX 系统具有技术成熟、可靠性高、网络和数据库功能强大、伸缩性突出和开放性良好等特点，可以满足各行业的需要，已经成为主要的工作站平台和重要的企业操作平台。

UNIX 操作系统最初是用汇编语言开发的，后来又使用 BCPL 开发。UNIX 的第三版内核采用 C 语言开发，使 UNIX 和 C 语言完美结合成统一体，很快成为世界的主导。UNIX 有 3 个派生版本：System V（主要有 A/UX、AIX、HP-UX、IRIX、LynxOS、SCO OpenServer、Tru64、Xenix）、Berkley（主要有 386BSD、DragonFly BSD、FreeBSD、NetBSD、NEXTSTEP、OpenBSD、Solaris）和 Hybrid（主要有 GNU/Linux、Minix、QNXUnix）。

案例 3-2　UNIX 名称的由来。

20 世纪 60 年代，美国电话及电报公司（AT&T）、通用电器公司（GE）和麻省理工学院（MIT）计划合作开发一个多用途、分时及多用户的操作系统，即 MULTICS，它设计运行在 GE-645 大型主机上。由于项目过于复杂，进展很慢，在 1969 年 2 月，AT&T 的贝尔实验室决定退出这个项目。贝尔实验室的肯·汤普逊为 MULTICS 设计了一个 Space Travel 的游戏，此游戏在 MULTICS 上运行速度慢而且资源消耗很大。他为了使此游戏继续能玩，找来丹尼斯·里奇为此游戏开发一个简单的操作系统。他们在一台被人遗弃的 Digital PDP-7 计算机上使用汇编语言开发了一个操作系统的原型，他们的一位同事非常不喜欢这个系统，嘲笑他们说："这系统真差劲，干脆叫 Unics 算了！"Unics 是对 MULTICS 的戏称。这个名称后来改成了 UNIX。

3）Linux 操作系统

Linux 是一套免费的 32 位和 64 位多用户、多任务、多线程和多 CPU 的操作系统。它是一个类 UNIX 操作系统，能运行主要的 UNIX 工具软件、应用程序和网络协议。Linux 继承了 UNIX 以网络为核心的设计思想，是一个性能稳定的多用户网络操作系统。Linux 最大的特色在于源代码完全公开，在 GNU 公共许可权限下可免费获得，是一个符合 POSIX 标准的操作系统。Linux 操作系统软件包不仅包括完整的操作系统，而且包括文本编辑器、高级语言编译器等应用软件,在符合 GNU 公共许可权限的原则下,任何人均可自由获得、分发甚至修改源代码。

Linux 套件不仅提供了操作系统的核心部分(负责控制硬件、管理文件系统、程序进程等),还提供了强大的应用程序(如编译器、系统管理工具、网络工具、Office 套件、多媒体、绘图软件等)。它包括带有多个窗口管理器的 X-Windows 图形用户界面,如同使用 Windows 操作系统一样,允许用户使用窗口、图标和菜单对系统进行操作。

Linux 之所以受到广大计算机爱好者的喜爱,主要原因有两个:一个原因是它属于自由软件,用户不用支付任何费用就可以获得它及其源代码,并且可以根据自己的需要对它进行必要的修改,无限制地继续传播;另一个原因是它具有 UNIX 的全部功能,任何使用 UNIX 操作系统或想要学习 UNIX 操作系统的人都可以从 Linux 中获益。

4) Mac OS X 操作系统

Mac OS X 是全球领先的操作系统,以简单易用和稳定可靠著称。2001 年,苹果公司推出了 Mac OS X v10.0(内部代号为猎豹)的操作系统。它运行速度慢,功能也不齐全,第三方应用软件也很少。尽管它不是一款成熟的大众化产品,但是很多人认为它是一项具有潜力的开发项目。之后不断有新版本的 Mac OS X 操作系统出现,最终给用户带来了优雅的外观和强大的功能。Mac OS X 操作系统的最新版本是 Mac OS 11.2,它是在 2021 年 1 月推出的。

3.1.2 语言处理程序

1. 计算机语言

计算机语言是人和计算机进行交流的工具,它让计算机理解人的意图并按照人的意图完成相应的工作。计算机语言和人类语言都有 3 个基本的要素:语义、语法和语序。只不过与人类语言相比,计算机语言更单调、更严谨、更有逻辑性。计算机语言按照其发展过程,可以分为机器语言、汇编语言和高级语言。

1) 机器语言

机器语言是计算机能直接识别和执行的用二进制代码表示的机器指令的集合。不同型号的计算机的机器语言互不相通,按一种计算机的机器指令编制的程序不能在另一种计算机上执行。因为计算机能够直接识别的数据是由二进制数 0 和 1 组成的代码,所以机器语言具有直接执行和速度快等特点。下面是机器指令的示例,要求机器把两个数 7 和 10 相加:

```
1011 0000
0000 0111
0000 0100
0000 1010
1111 0100
```

由以上示例可见,用机器语言编写程序,要求编程人员必须熟记所用计算机的全部指令代码及其含义。编写机器语言程序时,程序员需要处理每条指令和每一数据的存储分配和输入输出,记住编程过程中每一步使用的工作单元处在何种状态。采用机器语言,编程的工作量大,而且编写的程序全是由 0 和 1 组成的指令代码,直观性差,容易出错,又不易修改。机器语言影响计算机的普及和应用。现在,除了计算机生产厂家的专业人员外,绝大多数程序员已经不再学习机器语言了。

2) 汇编语言

由于不同计算机的机器指令不同,机器语言又容易出错,难于记忆,使用机器语言的局限性很大。为了摆脱机器指令编码的困难,人们采用助记符表示机器指令的操作码,用变量代替操作数的存放地址,这就形成了汇编语言。汇编语言是一种用符号书写的,基本操作与机器指令相对应的,遵循一定语法规则的计算机语言。汇编语言助记符通常使用描述指令功能的英文单词的缩写,例如,ADD 表示加法,MOV 表示传送,等等。汇编语言比机器语言直观、易懂,而且容易记忆。采用汇编语言编写的程序质量高,执行速度快,占用内存空间少,一般用于编写系统软件、实时控制程序和直接控制计算机外部设备或接口的数据输入输出程序等。

例如,把两个数 7 和 10 相加,采用汇编语言编写,代码如下:

```
MOV AL,7
ADD AL,10
HLT
```

上面的代码表示:先将立即数 7 送入累加器 AL,再将立即数 10 和 AL 中的数相加,结果保存在 AL 中,HLT 表示停止操作,这样 7 和 10 相加的结果就保存在累加器 AL 中了。

3) 高级语言

尽管汇编语言比机器语言更方便,但是编写汇编语言仍然需要人们了解计算机的指令系统,并且记住汇编语言的助记符。另外,采用一种助记符编写的汇编程序在不同型号的计算机上不能运行,这就需要针对不同型号的计算机编写不同的汇编程序。为了解决这些问题,出现了高级语言。

高级语言利用表达各种意义的词和公式按照一定的语法规则编写程序。目前高级语言有很多种,常见的有 C 语言、C++ 语言、Java 语言、C♯ 语言等。高级语言独立于计算机的硬件结构,在一种计算机上运行的高级语言程序可以不经修改移植到另一种计算机上运行,提高了程序的可移植性。高级语言把机器指令和硬件操作抽象化,编程人员不需要了解计算机的指令系统,而是将大部分精力放在理解和描述要解决的问题上,这样使编程效率大大提高。高级语言和人类语言很相似,尤其和英语相似,因此熟悉英语的人学习编程入门就快。下面是用 C 语言编写的程序代码片段,它实现两个数 7 和 10 相加

```
main()
{
    int a,b,c;
    a=7;
    b=10;
    c=a+b;
    printf("%d",c);
}
```

从这个例子可以看出,高级语言和自然语言比较接近,即使没有学习过计算机高级语言的人,只要有一定的英文基础,也很容易理解用高级语言编写的程序。

2. 语言处理程序

在计算机内部,只有机器语言才能被计算机识别,所以,使用其他语言编写的程序都必须先处理成计算机能识别的语言,才能被计算机接受并执行。这些担任处理工作的程序称为语言处理程序。语言处理程序一般是由编译程序、解释程序和相应的操作程序等组成。它是为用户设计的编程服务软件,其作用是将高级语言源程序翻译成计算机能识别的目标程序。

使用高级语言编写的程序称为源程序。源程序不能直接运行,必须配备一种工具,它的任务就是把高级语言编写的源程序翻译成机器可以执行的机器语言程序。这个工具就是编译程序或解释程序。高级语言源程序的翻译过程如图 3-3 所示,高级语言源程序经过解释程序或编译程序处理,被翻译成目标程序。

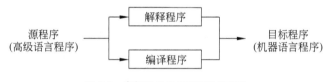

图 3-3 高级语言源程序的翻译过程

1) 编译程序

编译程序将源程序翻译成机器可执行的代码主要经过 3 个步骤:

(1) 预处理。调用预处理器对源代码进行词法分析和语法分析。

(2) 编译。调用编译器将源代码转换为中间代码。

(3) 链接。调用链接器将中间代码与其他代码结合起来,生成可执行文件。

编译的方法使程序便于模块化,分别编译各个模块,然后使用链接器将编译过的模块结合起来。如果改变一个模块,则不需要重新编译其他的模块。

2) 解释程序

解释程序又称为解释器,是一种计算机程序,能够把高级语言源程序一行一行直接转译运行。解释程序不会一次把整个程序转译出来,每次运行程序时都要先转成另一种语言再运行,因此解释程序运行速度比较缓慢。它每转译一行程序就立刻运行这一行,然后再转译下一行,再运行,如此不停地进行下去。这种工作方式非常适于人通过终端设备与计算机会话,如在终端上输入一条命令或语句,解释程序就立即将此命令或语句解释成一条或几条指令并提交硬件立即执行,最后将执行结果反映到终端,从终端输入命令或语句后,就能立即得到计算结果。这的确是很方便的,很适合一些小型机的计算问题。但解释程序执行速度很慢,例如源程序中出现循环,则解释程序也重复地解释并提交执行这一组语句,这就造成很大的资源浪费。

解释程序运行高级语言源程序的方法有两种:

• 直接运行高级语言(如 Shell 自带的解释器)。

• 转换高级语言码为一些有效率的字节码(bytecode),并运行这些字节码。

• 以解释程序包含的编译器对高级语言源程序进行编译,并指示处理器运行编译后的程序(如 JIT)。

Perl、Python、MATLAB 与 Ruby 采用第二种方法,而 UCSD Pascal 采用第三种方法。在转译的过程中,高级语言编写的程序仍然维持源代码的格式,而程序本身所指定的动作或行为则由解释器来表现。

案例 3-3　计算机语言之父——尼盖德。

克里斯汀·尼盖德(见图 3-4)于 1926 年在奥斯陆出生,1956年毕业于奥斯陆大学并取得数学硕士学位,此后致力于计算机计算与编程研究。1961—1967 年,尼盖德在挪威计算机中心工作,参与开发了面向对象的编程语言 Simula,为 MS-DOS 和 Internet 打下了基础。

因为表现出色,尼盖德和同事奥尔·约安·达尔获得了 2001年图灵奖及其他多个奖项。美国计算机学会认为他们的工作为Java、C++ 等编程语言为个人计算机和家庭娱乐装置的广泛应用开辟了道路。"他们的工作使软件系统的设计和编程发生了基本改变,可循环使用的、可靠的、可升级的软件也因此得以面世。"

图 3-4　计算机语言之父——尼盖德

尼盖德帮助 Internet 奠定了基础,为计算机业做出了巨大贡献,因而被誉为"计算机语言之父"。

3.1.3　数据库管理工具

数据库是数据管理的最新技术,主要用于解决数据处理的非数值计算问题。一个完整的数据库系统由数据库、数据库管理系统和用户应用程序 3 部分组成。其中,数据库指按一定方式组织在一起的相关数据的集合;数据库管理系统的作用是管理数据库,为用户提供操作数据库的手段;用户应用程序是用户根据具体需要采用某种计算机语言编制的用于解决问题的程序。

数据库管理系统(Database Management System,DBMS)是一套计算机程序,是为管理数据库而设计的大型计算机软件管理系统,以控制数据库的分类及数据的访问。具有代表性的数据管理系统有 Oracle、Microsoft SQL Server、Access、MySQL 及PostgreSQL 等。通常数据库管理员会使用数据库管理系统来创建数据库系统。

3.1.4　服务程序

服务程序是指通用的工具类程序,如完成调试、故障检查、连接装配、测试诊断等工作的程序。

3.2　应用软件

应用软件是为了某种特定的用途而开发的软件。它可以是一个特定的程序,如一个图像浏览器;也可以是一组功能联系紧密,可以互相协作的程序的集合,如微软公司的

Office套件等。计算机应用已经遍及社会的各个领域,相应的应用软件也是多种多样的。按软件实现的功能,可分为常用系统工具、文件工具、下载工具、网络工具、防毒杀毒工具、媒体播放工具等,下面介绍几种常用的应用软件。

3.2.1　办公自动化软件

办公自动化软件的功能是利用计算机完成公文处理、电子表格制作、幻灯片制作、计算机通信等工作的软件。微软公司的 Office 套件是使用得比较多的办公软件,包括 Word、Excel、PowerPoint 等。金山公司的 WPS 是国产的办公软件,功能和 Office 类似。

Word 软件是在 Windows 环境下使用的文字处理软件,它克服了传统文字处理软件的缺点,使文字的处理完全计算机化,具有所见即所得、图文混排、拼写和语法检查、自动更正等特点。

Excel 是 Windows 环境下的电子表格系统,具有图表图形处理以及丰富的宏命令和函数,并支持通过 VBA 进行二次开发。它不仅适合从事统计、财务、会计、金融和贸易工作的人员,而且可供广大非专业人员使用。Excel 提供了丰富的格式化命令,使用户可以轻松制作具有专业水平的各类表格,在 Excel 中,用户可以自己编制公式,也可以使用系统提供的几百个函数进行复杂的运算,并且使用几个简单的操作就可以制作出精致的图表。Excel 提供了上百种不同格式的图表供用户采用。

PowerPoint 也是办公自动化软件中一个重要的组成部分,它是在 Windows 平台下开发的,专门用于制作和演示幻灯片,能够制作出集文字、图形、图像、声音以及视频剪辑等多媒体元素于一体的演示文稿,可以用于介绍公司的产品、展示学术成果、多媒体教学等活动。

3.2.2　下载工具软件

目前互联网提供了大量的资源供用户共享。网上下载资源最大的问题是传输效率问题和下载后的管理问题。下载工具软件可以解决这两方面的问题,支持断点续传,还具有强大的管理功能。常见的下载工具软件有 FlashGet、网络蚂蚁、迅雷(Thunder)等。

下面以迅雷为例说明下载工具的使用方法。

1. 下载迅雷的安装程序

打开迅雷产品中心站点:http://dl.xunlei.com/,选择下载迅雷软件,将下载的软件 Thunder7.2.4.3312.exe 保存到本地硬盘。

2. 安装迅雷软件

双击 Thunder7.2.4.3312.exe 文件,按照向导提示的信息一步一步安装。首先接受软件许可协议中的条款,如图 3-5 所示。

然后,弹出设置安装路径对话框,单击"浏览"按钮,选择安装路径,如图 3-6 所示。安装过程如图 3-7 所示。安装完成时的界面后如图 3-8 所示。

3. 使用迅雷下载资源

使用迅雷下载资源的方法比较灵活,常用的有以下两种:

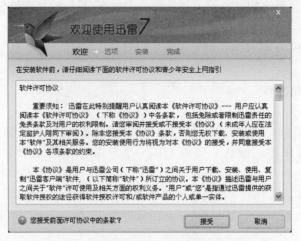

图 3-5　接受软件许可协议

图 3-6　选择安装路径

图 3-7　安装过程

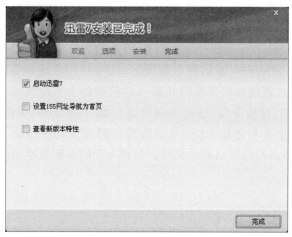

图 3-8 安装完成

（1）检索到需要下载的网址，在页面上右击下载对象名，在弹出的快捷菜单中选择"使用迅雷下载"命令。

（2）打开迅雷，单击"新建下载任务"按钮，在"输入下载 URL"下的文本框中输入要下载的资源的地址。

3.2.3 即时通信软件

即时通信软件是上网用户使用率最高的软件，它能方便用户迅速在网上和朋友即时交谈和互传信息，很多软件集成了数据交换、语音聊天、视频交谈等强大的功能。常见的即时通信软件有 QQ、MSN Messenger、ICQ、UC 等。

QQ 是腾讯计算机系统有限公司开发的一款基于 Internet 的即时通信软件。QQ 支持在线聊天、视频电话、点对点断点续传文件、共享文件、网络硬盘、自定义面板、QQ 邮箱等多种功能，并可与移动通信终端等多种通信方式相连。1999 年 2 月，腾讯公司正式推出第一个即时通信软件——"腾讯 QQ"。QQ 在线用户由 1999 年的 2 人（马化腾和张志东，均为腾讯公司创始人）已经发展到数亿用户，在线人数超过一亿，是目前使用最广泛的聊天软件之一。

MSN 全称 Microsoft Service Network（微软网络服务），是微软公司推出的即时通信软件，可以与亲人、朋友、工作伙伴进行文字聊天、语音对话、视频会议等即时交流。全球有 5 亿用户选择使用 MSN 即时通信工具。自 1995 年在美国推出 MSN 之后，微软公司又收购了 Hotmail，推出 MSN Messenger。2014 年 10 月，MSN Messenger 正式退出市场。

ICQ 是最早出现的即时通信软件之一，出自以色列特拉维夫的 Mirabilis 公司，是由几位以色列青年在 1996 年开发的。ICQ 是英语 I seek you 的谐音，中文意思是"我找你"。使用这款网络即时通信传呼软件，可以通过互联网进行聊天，发送消息、网址、文件等。1998 年，美国在线（AOL）公司收购了 ICQ 以后推出更多功能的版本。后来由于 ICQ 内嵌过多的广告而使用户下降，Mirabilis 公司推出了简化版 ICQ Lite，只含有 ICQ

的最基本功能。2011 年 11 月，ICQ 官方免费版 iPhone 及 Android App 发布，加入了类似 WhatsApp 及 MSN 的用法及功能，迅速引起大量用户回归，ICQ 热潮重新出现。

　　UC 是 Universal Communication 是简写，是新浪 UC 信息技术有限公司开发的融合 P2P 思想的下一代开放式即时通信网络聊天工具。UC 即时通信服务是在 2002 年正式推出的，用户可以通过该服务在互联网和移动通信网络上实时发送文本信息、图像和声音，UC 还提供聊天室、在线游戏、校友录等社区功能。2004 年，新浪公司收购了 UC 业务，并不断增加新的业务和功能。UC 是集传统即时通信软件功能于一体，融合 P2P 思想的新一代开放式网络即时通信娱乐软件。新浪 UC 的最新版本是新浪 UC for Android 12.0.41。

3.2.4　防毒杀毒软件

　　对于大多数用户来说，要保护计算机和数据不受恶意破坏，最简单的方法是在系统上安装反病毒软件。目前国内外反病毒软件种类很多，大多数都能提供保护功能。常见的反病毒软件有瑞星杀毒软件、江民杀毒软件、卡巴斯基、McAfee、ESET NOD32 防病毒软件、诺顿、360 等。防病毒软件在使用期间要不定期地更新病毒库，可以选择自动更新，也可以手动更新。下面以诺顿为例演示如何安装和使用防病毒软件。

　　1. 安装软件

　　此处以安装 Symantec.AntiVirus.Corporate.v10.0.0.359.Final.CHS 版本为例，运行 setup.exe，则进入图 3-9 所示的 Symantec AntiVirus 安装向导，按安装向导的提示，直接单击"下一步"按钮，直到最后成功完成安装，如图 3-10 所示。

图 3-9　Symantec AntiVirus 安装向导

　　2. 更新病毒库

　　双击任务栏右下角的 Symantec AntiVirus 图标，打开图 3-11 所示的主界面，单击"病毒定义文件"中的 LiveUpdate 按钮，即可在线更新病毒库。在更新病毒库期间，需要保持网络连接。

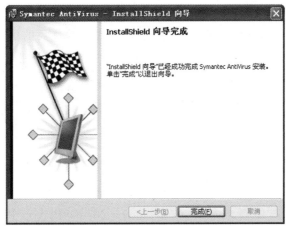

图 3-10　Symantec AntiVirus 安装完成

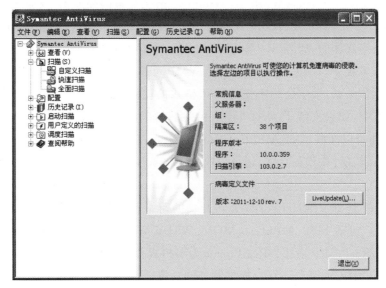

图 3-11　Symantec AntiVirus 主界面

3.2.5　图形图像处理软件

图形图像处理软件可以辅助用户进行艺术创作,目前使用得较多的图像处理软件有 Photoshop、Painter、CorelDRAW 等软件。

Photoshop 是 Adobe 公司推出的图像处理软件,它具有功能强大、操作界面友好、得到了广泛的第三方支持的特点。Photoshop 从最初的 1.0 版本到目前最新的 22.1.1 版本,即 Photoshop 2021,每一次的版本升级都会给用户带来惊喜的功能更新,因此它的支持者越来越多,使得它在诸多图形图像处理软件中立于不败之地。

CorelDRAW 是加拿大 Corel 公司开发的矢量图形编辑软件。CorelDRAW 开发初期运行于 Windows 操作系统之上,后来也发布了 Machintosh 版本。CorelDRAW 的功能主要分为绘图和排版两大部分,广泛应用于商标设计、标志制作、插图描画、模型绘制、

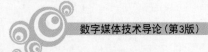

排版等诸多领域。

Painter 是由 Corel 公司出品的专业绘图软件，是一款优秀的仿真实风格绘画软件，拥有全面和逼真的画笔。它可以给使用者全新的数字化绘画体验。对于想追求自由创意并需要使用数码工具绘画的人员来说，这款软件是上佳之选。Painter 广泛应用于动漫设计、艺术插画、建筑效果图设计等领域。

3.2.6　媒体播放软件

媒体播放软件可以播放各种流行格式的音频、视频，例如 MP3、MPEG 等格式的多媒体文件。常见的媒体播放软件有 Windows Media Player、RealPlayer、Winamp、KMPlayer 等。

Windows Media Player(WMP)是 Windows 系统自带的播放器，支持通过插件增强功能。早在 1992 年，微软公司就在 Windows 3.1 中捆绑了 WMP 1.0，使 Windows 3.1 成为第一代支持多媒体的 Windows 系统。Windows 98 中内置了 WMP 6.4，这个版本存在于后续的操作系统中，并被一直保留至今。WMP 可以播放 MP3、WMA、WAV 等格式的文件。由于竞争关系，微软公司不支持 RM 格式的文件，不过在 Windows Media Player 8 以后的版本中，如果安装了 RealPlayer 相关的解码器，就可以播放 RM 格式的文件。此外，WMP 还可以播放 AVI、MPEG-1、MPEG-2、DVD 等格式的文件。WMP 还支持用户通过安装外部插件来增强功能，还可以收听 VOA、BBC 等国外电台。现在 WMP 的最新版本为 12.0。

RealPlayer 是由 RealNetworks 公司开发的跨平台播放器，利用它可以欣赏各种联机音频和视频，包括 MP3、MPEG-4、MOV、WMA、WMV 等格式及 RealPlayer 专用的 RealAudio 与 RealVideo 格式。RealPlayer 为用户提供两个版本：免费的基本版本和需付费的 Plus 高级版，付费版本可以提供额外的功能。

3.2.7　多媒体及动画制作软件

多媒体及动画制作软件主要用于制作多媒体音频、视频文件，能够实现此类功能的软件有很多，主要有 3ds Max 和 Premiere 等。

3ds Max 原名 3D Studio MAX，是 Autodesk 公司传媒娱乐部开发的全功能的三维计算机动画软件，最新版本是 2021，拥有先进的渲染和仿真功能，具有更丰富的绘图、纹理和建模工具集及更流畅的多应用工作流，可以让使用者充分实现其创意。3ds Max 广泛应用于广告、影视、工业设计、建筑设计、多媒体制作、游戏、虚拟现实等领域。

Premiere 是由 Adobe 公司推出的视频编辑软件。该软件具有较好的兼容性，可以在各种平台上和硬件配合使用，广泛应用于电视节目制作、广告制作、电影剪辑等领域，成为 PC 和 Mac 平台上应用最广泛的视频编辑软件。Premiere 的最新版本是 Premiere Pro 14.8。

3.2.8 文件压缩/解压缩软件

计算机存储的信息种类越来越多,文件占用的空间越来越大,为了减少保存、交换数据或在网上传输数据的耗时,对文件进行压缩就显得非常重要。压缩与解压缩是一个相反的过程,压缩是将原来的文件通过一定的算法减少冗余信息量,解压缩通过相反的过程将压缩文件还原成原来的文件。常用的压缩/解压缩软件有 WinZip、WinRAR 等。

除了以上介绍的工具外,还有其他一些常用工具,例如,系统工具 PartionMagic 是常用的自由分区软件,Ghost 软件可用于硬盘备份,Windows 优化大师、超级兔子等软件可用于系统优化,daemon_tools 可用于光盘镜像,等等,用户可以根据具体要求选用。

3.3 数据库系统

3.3.1 数据库系统简介

当前各应用领域存储和处理信息资源时多采用数据库系统。在了解数据库系统之前,先了解几个基本概念,即数据、数据库、数据库管理系统和数据库系统。

1. 数据

现实生活中,人们对数据的直观认识就是数字。其实数字只是最简单的数据。从总体上来说,数据是对事实或概念的一种表达形式,如数字、文字、图像、图形、声音、视频等,数据的表现形式是多种多样的。

2. 数据库

数据库是长期存放在计算机内、有组织的、可共享的数据集合。人们一般将应用所需的大量数据收集并保存起来,供进一步加工处理,提取有用的数据(对人们有用的数据也称为信息),这些有用的数据按一定的数据模型组织、描述和存储,可以长期存储在计算机内,为各种用户共享使用。

3. 数据库管理系统

管理数据库的软件称为数据库管理系统,它是系统软件。它的主要任务是科学地组织和存储数据库中的数据,并高效地获取数据和维护数据。它的主要功能包括数据定义、数据操纵、数据库运行管理以及数据库建立和维护。

4. 数据库系统

数据库系统(DataBase System,DBS)可以用图 3-12 表示,它由数据库、操作系统、数据库管理系统、应用开发工具、应用系统、用户和数据库管理员构成。

3.3.2 数据库系统的特点

数据库系统的特点体现在数据管理技术上。数据管理是对数据的组织、编码、分类、存储、检索和维护。数据管理技术主要经历了 3 个阶段:人工管理、文件系统管理和数据

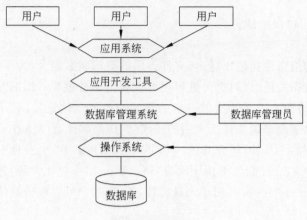

图 3-12　数据库系统

库系统。相对于人工管理和文件系统管理,数据库系统的特点如下:

(1) 数据结构化。描述数据时不仅描述数据本身,还需要描述数据之间的联系。

(2) 数据的共享性高。数据可以被多个用户或多个应用共享使用,数据共享从很大程度上减少了数据冗余,节约了存储空间。

(3) 数据独立性高。用户的应用程序和数据库中的数据相互独立,应用程序只处理数据的逻辑结构,物理存储由数据库管理系统管理;而且,即使数据的逻辑结构发生变化,用户程序也可以不改变。数据的独立性使得应用程序的维护和修改工作大为减少。

(4) 数据由数据库管理系统统一管理和控制。数据库管理系统可以使得多个用户同时存取数据库中的数据,同时提供数据的安全性保护、完整性检查、并发控制和数据库恢复等功能。

3.3.3　数据模型

模型是对现实世界中的事物特征的抽象。数据模型是对现实世界数据特征的抽象,是表示实体类型及实体间联系的模型。数据模型应该满足 3 方面的要求:

(1) 比较真实地模拟现实世界。

(2) 容易为人理解。

(3) 便于在计算机上实现。

一般一种数据模型很难满足以上 3 方面要求。数据库系统针对不同使用对象或应用目的采用不同的数据模型。根据模型应用目的不同,将数据模型分为两类,即概念模型和数据模型。

1. 数据模型的要素

数据模型的 3 个要素是数据结构、数据操作和数据的约束条件。

1) 数据结构

数据结构是对系统静态特性的描述。它是要研究的数据对象类型的集合,这些对象是数据库的组成成分,主要包括与数据类型、内容等有关的对象以及与数据之间的联系有关的对象。

2）数据操作

数据操作是对系统动态特性的描述，主要包括对数据库中各种对象的值执行的操作和操作规则，例如数据库的检索和数据插入、删除、修改等操作。

3）数据的约束条件

数据的约束条件是指完整性规则的集合。完整性规则是给定的数据模型中数据及其联系所具有的制约和依存规则，用来限定符合数据模型的数据库状态以及状态的变化，以保证数据的正确、有效、相容。

2. 概念模型

概念模型用于对信息世界进行建模，以方便、准确地表示信息世界中的常用概念。概念模型具有较强的语义表达能力，并且简单、清晰、易于为用户理解。概念模型的表示方法中比较有名的是实体-联系（Entity-Relationship，E-R）模型，也称为 E-R 模型，该模型使用 E-R 图来描述现实世界的概念模型。

下面介绍 E-R 模型中的基本概念的含义：

（1）实体（entity）。指客观存在并可相互区别的事物。实体可以是具体的人、事、物，也可以是抽象的概念或联系。例如，一个职工、一个学生、一个部门、一门课程、一次订货等都可称之为实体。

（2）属性（attribute）。指实体所具有的某一特性。若干属性可以刻画 ·个实体。例如，学生实体可以由学号、姓名、性别、出生日期、所在院系、入学时间等属性刻画。

（3）码（key）。指能够唯一标识实体的属性集。例如，学号是学生实体的码。

（4）域（domain）。指属性的取值范围。例如，学生性别的域是｛男，女｝集合。

（5）实体集（entity Set）。指同类实体的集合。例如，全体学生就是一个实体集。

（6）实体型（entity Type）。相同属性的实体具有共同的特征和性质，用实体名及其属性名集合来抽象和刻画同类实体，称为实体型。例如，“学生（学号，姓名，性别，出生日期，所在院系，入学时间）”就是一个实体型。

3. 数据模型的结构

数据模型的结构主要包括层次模型、网状模型、关系模型和面向对象模型 4 种，这是按计算机系统的观点对数据模型的划分，主要用于数据库管理系统的实现。层次模型和网状模型属于非关系模型。

1）层次模型

层次模型是数据库系统中出现得最早的数据模型，它用树状结构来表示各类实体以及实体之间的联系。这种层次关系在现实生活中有许多实例，如家族关系、行政机构组织关系等。

层次模型中有且只有一个根结点，这个根结点没有双亲结点，除了根结点以外的其他结点有且只有一个双亲结点。每个结点表示一个记录类型，记录类型之间的联系用有向边表示，父结点和子结点之间是一对多的关系。在层次模型中只能处理一对多的实体联系。

层次模型比较简单，适用于实体间有固定联系且预先定义好的应用系统。但是，现实世界中的很多联系是非层次性的，如果全部采用层次模型表示，容易产生不一致性，而且层次模型对插入和删除操作的限制比较多。

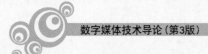

2) 网状模型

网状模型是用有向图结构表示实体类型以及实体间联系的数据模型。网状模型允许一个以上的结点无双亲,一个结点可以有一个以上双亲,即这类模型去掉了层次模型中的限制。现实世界中的很多描述类似于网状模型。

在网状模型中,每个结点表示一个记录类型,每个记录类型可包含若干个字段,结点之间的连线表示记录类型之间一对多的父子联系。

网络模型的优点在于能直接描述现实世界,具有良好的性能。但是其结构相对于层次模型更复杂,不利于用户掌握,编程人员需要在深入了解系统结构的基础上编写代码,增加了编程的难度。

3) 关系模型

关系模型是目前最重要的数据模型,关系数据库系统采用关系模型作为数据的组织方式。关系模型是在严格的数据概念的基础上建立的。对于用户而言,在关系模型中,数据的逻辑结构是一张二维表,由行和列组成。一个关系对应一张表,表中一行称为元组,表中一列称为属性,能够唯一确定一个元组的属性称为主码,属性的取值范围称为域。

在关系模型中,实体以及实体间的联系用关系来表示。关系必须规范化,最基本的要求是:关系的每一个分量必须是一个不可分的数据项,不允许表中还有表。

关系模型的操作主要包括查询、插入、删除和修改数据。这些操作必须满足关系的完整性约束条件。

关系模型相对于网状模型和层次模型的优点在于,它建立在数据概念的基础上,概念单一,数据结构简单、清晰、易于为用户理解和使用;对编程人员来说,关系模型简化了编程工作和数据库建立的工作。但是关系模型查询效率不是很高,需要用户进行优化处理。

4) 面向对象模型

面向对象模型的基本概念是类和对象。类是对现实世界的抽象描述,把抽象出来的状态、特征和行为封装在一起;而对象是类的实例。

3.3.4 SQL 的使用

结构化查询语言(Structured Query Language,SQL)自从提出后,经过各公司的不断修改、扩充和完善,最终成为关系数据库的标准语言。1986 年,美国国家标准学会(American National Standard Institute,ANSI)的数据库委员会批准了 SQL 作为关系数据库语言的标准,并公布了 SQL 标准文本,即 SQL-86。1987 年,国际标准化组织(International Organization for Standardization,ISO)也批准了这一标准。此后 ANSI 不断修改和完善 SQL 标准,在 1989 年公布了 SQL-89 标准,在 1992 年公布了 SQL-92 标准,目前最新的 SQL 标准是 ISO/IEC 9075—2016。

SQL 已经成为数据库领域中的主流语言,是介于关系代数和关系演算之间的结构化查询语言,它的功能并不仅仅是查询。SQL 包括数据定义语言(DDL)、数据操纵语言(DML)和数据控制语言(DCL),可以独立完成数据库生命周期中的全部活动。

SQL 功能强大，设计巧妙，语言简洁。SQL 的命令通常分为 4 类，如表 3-1 所示。

表 3-1　SQL 的命令类型

命令类型	举　　例	命令类型	举　　例
数据查询	select	数据操纵	insert、update、delete
数据定义	create、drop、alter	数据控制	grant、revoke

下面以简单的例子说明这几种命令的基本使用方法，更多的信息请参考相应的资料。

1. 数据定义命令

数据定义命令最重要的功能是定义数据表。SQL 使用 create table 语句定义数据表，一般格式如下：

```
create table<表名>(<列><数据类型>[列级完整性约束条件]
            [,<列><数据类型>[列级完整性约束条件],…]
            [,<表级完整性约束条件>]);
```

1）创建数据库

例如，创建数据库 StudentDB，SQL 语句如下：

```
create database StudentDB;
```

2）创建学生 Student 表

建立学生表 Student，主要包括学号、姓名、性别、年龄、所在院系 5 个字段，其中学号字段不能为空，并且能唯一确定学生信息。各字段名称分别是 stuID、stuName、stuSex、stuAge、stuDept。SQL 语句如下：

```
use StudentDB;
create table Student(
    stuID char(8) not null unique,
    stuName char(20),
    stuSex char(1),
    stuAge int,
    stuDept char(20));
```

3）删除数据表

当不需要某个数据表时，可以使用 drop tabel 语句删除它，一般的格式如下：

```
drop tabel <表名>;
```

数据表一旦被删除，其中的数据、在其上建立的索引和视图都自动被删除，因此对删除表操作要小心。

2. 数据操纵命令

SQL 中的数据操纵包括插入数据、修改数据和删除数据。

插入数据使用 insert 语句进行，可以插入元组，也可以插入子查询结果。插入单个元组的 insert 语句格式如下：

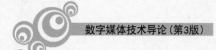

```
insert into <表名>[<列1>[,<列2>,…]] VALUES (<常量1>[,<常量2>,…]);
```

表的定义时说明了 not null 的字段在设置值时不能为空,否则会出错,insert 语句的表名后如果没有指明任何列名,则插入的记录必须在每个字段上都有对应类型的值。

针对上述例子,插入一条学生信息记录(学号:10264101;姓名:张三;性别:男;年龄:20;所在院系:信息学院)到 Student 表中,语句如下:

```
insert into Student values('10264101','张三','男',20,'信息学院');
```

3. 数据查询命令

数据查询是数据库的核心操作。数据查询命令的使用方法非常灵活,并提供了丰富的功能。数据查询命令的一般格式如下:

```
select [all |distinct]<目标列表达式>[,<目标列表达式>,…]
    from <表名或视图名>[,<表名或视图名>,…]
    [where <条件表达式>]
    [group by <列1>[having <条件表达式>]]
    [order by <列2>[asc|desc]];
```

根据 where 子句的表达式,从 from 子句指定的基本表或视图中找出满足条件的元组,按 select 子句中的目标列表达式选出元组中的属性值,形成结果表,后面的 group by、order by 子句是可选项。如果需要对查询的结果进行分组,则需要加上 order by 子句。如果希望查询的结果按<列2>进行升序或降序排序,则需要加上 order 子句。

1) 查询数据表 Student 中的所有信息

SQL 语句如下:

```
select * from Student;
```

查询的结果如表 3-2 所示。

表 3-2 查询数据表 Student 中的所有信息的结果

stuID	stuName	stuSex	stuAge	stuDept
10264102	李四	女	19	信息学院
10264101	张三	男	20	信息学院

2) 根据条件进行查询

查询所有女生的学号、姓名和性别。SQL 语句如下:

```
select stuID,stuName,stuSex from Student where stuSex='女'
```

查询的结果如表 3-3 所示。

表 3-3 查询所有女生的学号、姓名和性别的结果

stuID	stuName	stuSex
10264102	李四	女

上面给出的例子是最简单的 SQL 语句的使用。SQL 语句有强大的功能,读者可自行实践,熟练掌握各种语句的使用。

4. 数据控制命令

SQL 中的数据控制功能包括事务管理和数据保护。出于对数据库安全性的考虑,可以向针对某类数据的操作赋予一定的操作权限。由 SQL 的 grant 语句和 revoke 语句来完成。相关的具体操作可参考数据库方面的资料。

案例 3-4 Access 数据库的操作。

使用 SQL 语句对数据库进行管理操作,必须熟悉 SQL 的语句。而对于一般用户而言,使用这些专业的语句比较困难,因此,大多数数据库管理系统向用户提供了图形界面,只需使用鼠标和键盘,按照操作提示,即可完成对数据库的操作,而无须记住 SQL 命令。下面以 Microsoft Office 套件中的 Access 为例,演示如何实现数据库的创建、数据表的创建以及对记录的添加、删除、修改等操作。

(1)创建数据库 StudentDB。

① 选择"开始"→"所有程序"→Microsoft Office→Microsoft Office Access 选项,打开 Access 的主界面,如图 3-13 所示。

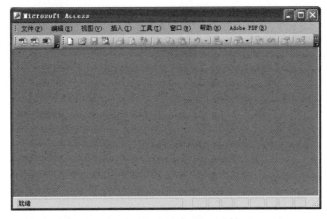

图 3-13 Access 主界面

② 单击工具栏上的新建按钮或选择"文件"→"新建"命令,在主窗口右边的"新建文件"列表中选择"空数据库",则会弹出图 3-14 所示的"文件新建数据库"对话框,指定数据库文件的存放位置和数据库的名字,然后单击"创建"按钮。

(2)创建学生表 Student。

新建数据库之后出现图 3-15 所示的界面。可以看出,在 Access 中创建数据库表有 3 种方法,使用任何一种方法都可以。

① 选择创建表的方法。

双击"使用设计器创建表",弹出图 3-16 所示的界面,输入 Student 表的各个字段名,并设置各个字段的数据类型。在"字段属性"中有两个选项卡,分别是"常规"和"查阅",可以在此处设置各字段的属性。例如,字段 stuName 的字段大小为 20。

② 设置表的名称。

在 Access 中新建表时,默认名称为"表1",需要对表重新命名。单击工具栏上的保

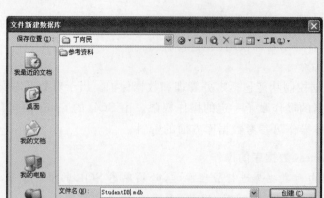

图 3-14 "文件新建数据库"对话框

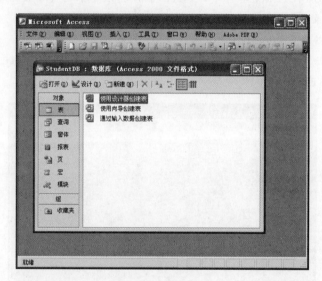

图 3-15 创建数据表

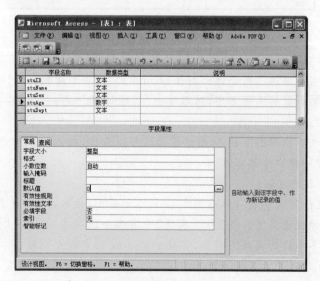

图 3-16 定义表中各个字段

存按钮,弹出图 3-17 所示的对话框,设置"表名称"为 Student。

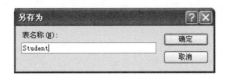

图 3-17 设置表的名称

(3)插入记录。

如图 3-18 所示,右击 Student 表,在弹出的快捷菜单中选择"打开"命令,添加图 3-19 所示的两条记录。

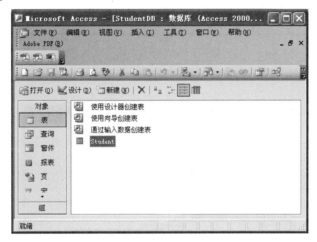

图 3-18 创建 Student

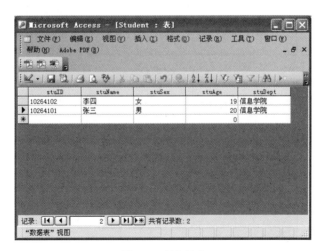

图 3-19 插入记录

(4)查询学生信息。

在 Access 中查询数据库信息时,可以在视图中创建查询,也可以使用向导创建查询。

① 如图 3-20 所示,选择左边的"查询",双击"使用向导创建查询"。

② 在弹出的对话框中确定查询中使用的字段。本例只查询学生的学号、姓名和性

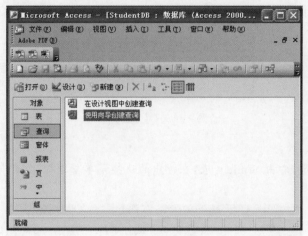

图 3-20 创建查询

别，如图 3-21 所示。

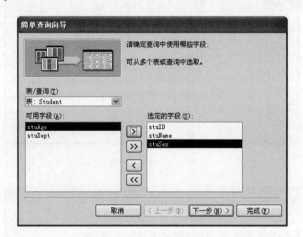

图 3-21 选择查询字段

③ 为查询指定标题，如图 3-22 所示。

图 3-22 为查询指定标题

④ 单击"完成"按钮,查询结果如图 3-23 所示。

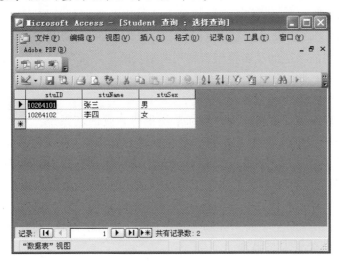

图 3-23 查询结果

3.4 软件开发方法

软件开发方法是关于如何组织软件开发过程的方法。国内外大的软件公司和研究机构在软件开发方法的研究方面做了大量的工作,并提出一系列软件开发方法,目前应用比较广泛的软件开发方法有结构化开发方法和面向对象的开发方法。

3.4.1 结构化开发方法

结构化开发方法是目前最成熟、应用最广泛的软件开发方法之一,它有一套严格的开发流程,在开发过程的每个阶段都要求有完整的文档记录。结构化开发方法要求从分析、设计到实现都使用结构化思想,它主要由 3 部分组成:结构化分析(Structured Analysis,SA)、结构化设计(Structured Design,SD)和结构化编程(Structured Programming,SP)。

1. 结构化分析

结构化分析是由美国 Yourdon 公司在 20 世纪 70 年代提出的,它的基本思想是将系统开发看成工程项目,有计划、有步骤地进行。采用结构化分析方法对用户要求进行需求分析,分析的对象是结构化的功能说明,这样可以减少分析活动中的错误,产生系统的逻辑模型。结构化分析方法采用"自顶向下,逐步分解"的策略,把一个复杂的问题分解成若干子问题,然后再对子问题进一步采用分解的方法,直到最底层的问题能解决为止。

结构化分析主要由以下步骤组成:

(1)建立当前系统的物理模型。当前系统是指目前正在运行的人工处理系统,或者需要改进的正在计算机上运行的软件系统。通过对当前系统的详细调查,了解当前系统的工作过程,同时收集文件、数据及报表等信息,将看到的、听到的、收集到的信息和情况用图表描述出来,即用一个模型来反映开发人员对当前系统的理解。这一模型包含了许多具体因素,反映了现实世界的实际情况。

（2）抽象出当前系统的逻辑模型。物理模型反映了系统"怎么做"的具体实现。对物理模型进行分析,区别本质因素和非本质因素,去掉非本质因素,就形成了当前系统的逻辑模型,以反映当前系统"做什么"的功能。

（3）建立目标系统的逻辑模型。目标系统指待开发的新系统。分析、比较目标系统与当前系统逻辑模型上的差别,把那些要变化的部分找出来,将变化的部分抽象为加工,确定加工的外部环境和输入输出。然后对变化的部分采用"自顶向下,逐步求精"的策略重新分解,逐步确定变化的部分的内部结构,从而建立目标系统的逻辑模型。

（4）作进一步补充和优化。说明目标系统的人机界面、它所处的应用环境及它与外界环境的相互联系;说明至今尚未详细考虑的细节,如出错处理、输入输出格式、存储容量和响应时间等性能要求与限制。

2. 结构化设计

结构化设计以结构化分析为基础,将结构化分析得到的数据流图推导为描述系统模块之间关系的结构图。结构化设计一般分为概要设计和详细设计。

概要设计的主要目的是得到软件的模块结构,并且还要完成接口设计、数据设计等任务。概要设计的过程如下:

（1）精化数据流图。在把数据流图转换成软件结构图之前,需要仔细地研究分析数据流图,并参照数据字典认真理解其中的有关元素,检查有无遗漏或不合理之处,进行必要的修改。

（2）确定数据流图的类型。确定数据流是变换型的还是事务型的。如果是变换型的,确定变换中心和逻辑输入、逻辑输出的界线,映射为变换结构的顶层和第一层;如果是事务型的,确定事务中心和加工路径,映射为事务结构的顶层和第一层。

（3）分解上层模块,设计中下层模块结构。

（4）根据优化准则对软件结构求精。

（5）描述模块功能、接口及全局数据结构。

（6）复查,如果有错,转步骤（2）修改完善;如果没有错,就进入详细设计。

详细设计是在概要设计的基础上进行的,其任务是完成每个模块的过程设计。详细设计的典型方法是结构化程序设计方法。详细设计并不是具体地编写程序,而是将模块细化成很容易从中产生程序代码的流程框架。因此,详细设计的结构基本上决定了最终程序的结构,也就在很大程度上决定了程序的质量。详细设计需要使用一些工具来表示程序的结构。流程图是开发人员最熟悉的方法,但是流程图并不是最好的方法。在程序设计课程或者软件工程课程中会介绍各种设计方法。

3. 结构化编程

结构化编程是指编写具有良好结构的程序的方法。在这种编程方法中,其控制结构仅由顺序结构、选择结构和循环结构组成,每个结点都有输入和输出。

图 3-24 是用流程图表示的程序基本控制结构。图 3-24(a)是顺序结构,依次执行 A 语句块和 B 语句块;选择结构如图 3-24(b)所示,具体选择执行哪条分支语句,是由判定

条件来决定的。循环结构有两种不同的表现形式,循环体的执行次数是由判定条件决定的。可以先计算条件,再执行循环体;也可以先执行循环体,再判断条件。这两种结构分别为 DO-WHILE 结构和 DO-UNTIL 结构,如图 3-24(c)和图 3-24(d)所示。两者的区别在于,DO-WHILE 结构的循环语句中,循环体可能一次也不执行;而 DO-UNTIL 结构的循环语句中,循环体至少执行一次。多分支结构可以在两个以上的分支中选择,如图 3-24(e)所示。

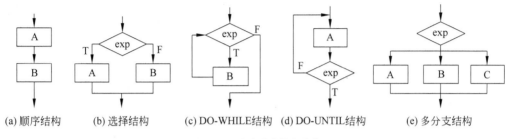

(a) 顺序结构　　　(b) 选择结构　　　(c) DO-WHILE结构　(d) DO-UNTIL结构　　　(e) 多分支结构

图 3-24　程序基本控制结构

为了保证程序代码的质量,除了按照详细设计的过程进行编码外,在编程过程中还要遵照相关的编程规范来编写代码,使得代码具有可读性。

4. 结构化开发方法的特点

结构化开发方法是使用得最早的开发方法,时间也最长,发展已经很成熟,支持工具比较多。它的优点是简单实用,易于为开发者掌握,特别适用于开发数据处理领域中的应用。但是,这种方法对于规模大的项目不太适用,使用这种方法难于解决软件重用性和扩展性的问题,后期维护的成本比较高。

3.4.2　面向对象的开发方法

随着计算机应用的普及,计算机软件发展迅猛,软件规模不断扩大,软件功能日趋复杂。采用结构化开发方法来完成软件项目,出现的问题也日渐明显。结构化开发方法的优点在于结构合理、层次分明。但是,当一个软件结构确定下来并完成开发后,如果要修改结构,是很困难的事。

结构化开发方法的另一个问题是不容易实现软件重用。软件重用可以简单地理解为已经开发好的软件模块还可以在其他软件中使用。由于结构化方法中各模块的划分是根据应用的功能确定的,如果希望将其应用于其他软件,则不是很容易。而随着软件需求的剧增,为了提高软件的开发效率,软件复用是一个很有效的方法。这些问题可以利用面向对象的开发方法来解决。

1. 面向对象的基本概念

首先介绍面向对象开发方法中的对象、类和消息这 3 个基本概念。

1) 对象

一般来说,对象是现实世界中存在的物理的或概念上的事物,如一张桌子、一本书、某个人、某个开发项目等。对象是一个独立的单位,它有自己的特征和行为,例如人的特征有姓名、性别、年龄,行为有衣、食、住、行等。在计算机中,对象可以定义为系统中用来

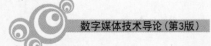

描述客观事物的一个实体,由一组属性(特征)和一组对属性的操作(行为)组成。

2) 类

类的概念来源于人们对自然、对社会的认识过程。人们主要使用归纳法和演绎法对认识的事物进行归类或分类。归纳法是由特殊到一般的过程,在这个过程中,从多个具体的事物中把共同的特征抽取出来,形成一个一般的概念,这种过程称之为归类,例如昆虫、狮子等爬行动物等归类为动物。演绎过程则把同类的事物根据不同的特征分成不同的小类,这个过程是分类,例如,动物→猫科动物→猫。计算机中描述的类是对一组相同特征的事物的抽象定义。定义类的数据成员(有的也称之为属性)和类包含的方法。

3) 消息

消息是对象之间相互联系和相互作用的方式。一个消息主要由5部分组成:发送消息的对象、接收消息的对象、消息传递方式、消息内容和反馈。例如,教师提问学生,学生回答问题,教师给予评价,这就是两个对象间进行消息交互的一个完整的过程。

2. 面向对象的基本特征

面向对象有3个基本特征:封装性、继承性和多态性。

1) 封装性

封装性是面向对象的重要特征之一,是对象和类概念的主要特性。封装防止了程序相互依赖而带来的变动影响。类的设计者只为用户提供类对象可以访问的部分,而将类中的其他成员变量和方法隐藏起来,用户不能直接访问。这种数据隐藏机制和封装机制为程序的编制和系统的维护提供了方便,用户不需要知道程序实现的细节。设计者只要在设计时使用一定的访问修饰就可以对数据进行隐藏和封装。

2) 继承性

继承是指一个类的定义以另一个类为基础,即在原有类的基础上创建一个新的类,原有的类称为父类或超类,新建的类称为子类或派生类。例如,有人类 Person,可以在此基础上派生出学生类 Student 和教师类 Teacher。Student 类和 Teacher 类都具有 Person 类的特征,但是它们还有自己独特属的性和方法。例如,Person 类有姓名、年龄、性别等属性,而 Student 类除了具有 Person 类的属性之外,还有学号、所学专业等属性,而 Teacher 类除了具有 Person 类的属性之外,还有教师号、所在系科等属性。

继承是一种联结类的层次模型,子类继承父类中的某些属性和方法,起到了代码重用的作用。

3) 多态性

多态是一种普遍存在的现象。例如,现实生活中的水有3种形态:冰、水和气;算术中的四则运算可以对整数操作,也可以对浮点数操作。

在面向对象程序设计中,对象在收到消息时要给予响应,不同的对象收到同一消息可产生完全不同的结果,这一现象就叫多态。用户发送一个通用消息,具体怎么实现是由接收对象自己决定的,这样,同一消息就可以调用不同的方法。实现多态的方法有两种:覆盖和重载。覆盖是指子类重新定义父类中已有的方法;重载是指一个类中可以存在多个同名的方法,而这些方法的参数表不同。多态在面向对象编程过程中实现了接口重用。

3. 面向对象的软件开发方法

面向对象的软件开发(Object-Oriented Software Development,OOSD)是随着面向对象程序设计语言的出现而形成的。1967 年,挪威科学家达尔(Ole-Johan Dahl)和奈加特(Kristen Nygaard)正式发布了 Simula 67 语言。Simula 67 被认为是最早的面向对象程序设计语言。

面向对象的开发方法和面向过程的开发方法是两种不同的开发方法,也体现了两种不同的开发思想。面向过程的开发方法的出发点是解决问题的过程,把问题分步骤完成,规定每一步应该做什么,每个步骤在程序中用一个函数实现,然后按照步骤的顺序调用函数。面向对象开发方法的出发点是软件的功能要靠什么对象来完成。一般来说,面向对象的方法更适合规模较大的软件的开发,这样的软件要求有良好的可维护性、可扩展性,而面向过程的结构很难适应这些要求。

另外,面向对象的开发方法并不排斥面向过程的开发方法。实际上,在编写面向对象的程序中每个类的方法时仍然会用到过程化的语句,编写类的方法时仍然会采用结构化编程的方法。

面向对象的开发方法有很多种,它们的出发点都是基于面向对象的基本特征,只是在具体的表示方法上有差异。

思考与练习

1. 填空题

(1) 一般情况下,计算机软件分为_____软件和_____软件。

(2) 操作系统的主要功能有 _____。

(3) 能够在计算机上直接运行的语言是_____。

(4) Photoshop 属于_____软件类别。

(5) 数据模型结构有_____、_____、_____和_____ 4 种。

(6) 查询 Student 表中所有年龄大于 20 岁的学生学号和姓名的 SQL 语句为

_____。

(7) 结构化编程的基本控制结构有_____、_____和_____ 3 种。

2. 简答题

(1) 为什么说操作系统是计算机的核心软件?

(2) 比较结构化软件开发方法和面向对象的软件开发方法的特点。

3. 拓展题

目前通用操作系统软件产品一直被国外几家大公司所垄断,如大家熟知的 Windows、UNIX、Linux、OS/2、Android、IOS 等。我国在操作系统研发方面进行了大量的实践,也取得了很多成果。请查阅有关资料,了解我国操作系统研发的基本情况,并填写表3-4。

表 3-4　我国操作系统研发的基本情况

操 作 系 统	发 展 概 况	基 本 功 能
中标麒麟		
中兴新支点		
YunOS		

第 4 章　网络基础

4.1　概述

计算机网络的发展对整个社会产生了巨大的影响。尤其是进入 20 世纪 90 年代以后，以 Internet 为代表的计算机网络得到了飞速发展，从最初的教育科研网逐步发展成为商业网络，Internet 改变了人们工作和生活的方方面面。现在人们的生活、工作、学习和交往都已离不开 Internet。

4.1.1　计算机网络的定义

计算机网络到目前为止没有一个精确的定义。最初关于计算机网络的定义是 Tanenbaum 在他的《计算机网络》一书中提出的：计算机网络是一些互相连接的、自治的计算机的集合。现在人们所说的计算机网络是利用通信设备和线路将地理位置不同的、功能独立的多个计算机系统互连起来，以功能完善的网络软件（即网络通信协议、信息交换方式及网络操作系统等）实现网络资源共享和信息传递的系统。网络中的计算机之间没有明显的主从关系，彼此平等，具有独立完成自己的数据处理任务的能力。

4.1.2　计算机网络的功能

计算机网络广泛应用于政治、经济、军事、生产及科学技术等各个领域，它主要的 3 个功能是数据通信、资源共享和分布式处理。

1. 数据通信

数据通信是计算机网络最基本的功能，用来实现计算机与终端、计算机与计算机之间的数据传输，传输的数据包括文字信息、新闻消息、咨询信息、图片资料、报纸版面等。从而将地理位置上分散的信息进行分级或集中管理与处理。

2. 资源共享

资源共享是组建计算机网络的主要目的之一，网络资源包括网络中所有的软件、硬件和数据资源。共享是指网络中的用户可以使用部分或全部计算机网络资源，从而提高网络资源的利用率。例如，多个用户可以共享一台网络打印机，可以同时访问数据库服务器，或利用文件服务器的大容量磁盘保存自己的文件。如果不能实现资源共享，各地区都需要有完整的一套软硬件及数据资源,系统的投资费用将大为增加。

3. 分布式处理

分布式处理的机制是指：计算机网络把要处理的任务分解为许多小任务,并将这些小任务分散到不同的计算机上分别完成,然后再集中起来以完成最初的任务。例如,在军事、航天、气象等领域,有很多综合性问题具有大量的计算负载,对计算机的性能提出很高的要求,因此可以通过分布式处理的方法比较快地得到最终结果。分布式处理可以充分利用计算机的相互协作机制,降低软件设计的复杂性,从而提高系统的整体性能并降低成本。

4.1.3 计算机网络的组成

为了简化计算机网络的分析与设计,有利于网络的硬件和软件配置,按照计算机网络的系统功能,一个网络可分为资源子网和通信子网两大部分。

网络中实现资源共享功能的设备及其软件的集合称为资源子网。资源子网主要负责全网的信息处理业务,为网络用户提供网络服务和网络资源共享功能等。资源子网主要包括网络中所有的主机、终端、I/O设备、各种网络协议、网络软件和数据库等。局域网的资源子网由联网的服务器、工作站、共享的打印机和其他设备及相关软件组成,广域网的资源子网由上网的所有主机及其外部设备组成。

网络中实现网络通信功能的设备及其软件的集合称为网络的通信子网。通信子网主要负责全网的数据通信,为网络用户提供数据传输、转接、加工和变换等通信处理工作。通信子网主要包括通信线路(即传输介质)、网络连接设备(如网络接口设备、通信控制处理机、网桥、路由器、交换机、网关、调制解调器、卫星地面接收站等)、网络通信协议和通信控制软件等。

资源子网和通信子网的结构如图4-1所示。

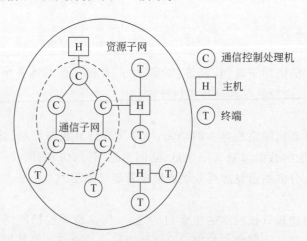

图4-1 资源子网和通信子网的结构

4.1.4 计算机网络的分类

计算机网络可以根据不同的标准进行分类。

1. 按网络的作用范围分类

计算机网络按作用范围一般分为广域网（Wide Area Network，WAN）、城域网（Metropolitan Area Network，MAN）、局域网（Local Area Network，LAN）和接入网（Access Network，AN）。四者的关系如图 4-2 所示。

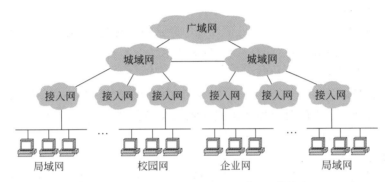

图 4-2 广域网、城域网、局域网和接入网的关系

1）广域网

广域网的作用范围一般为几十千米到几千千米，它的任务是长距离传输主机所发送的数据。广域网由一些结点交换机及连接这些交换机的链路组成，结点交换机执行将分组存储转发的功能。连接广域网的各结点交换机的链路一般都是高速链路，具有较大的通信容量，可以是距离几千千米的光缆线路，也可以是几万千米的点对点卫星链路。广域网的造价较高，一般都由国家或较大的电信公司出资建造。

2）城域网

城域网的作用范围介于广域网和局域网之间，是一个城市或地区组建的网络，其作用范围一般为几十千米。城域网的传输速率比局域网更高，从图 4-2 的网络层次上看，城域网是广域网和局域网之间的桥接区。

3）局域网

局域网的作用域局限在较小的范围内，一般在一个单位或一幢大楼内部，作用范围通常在 1km 左右，一般由微型计算机或工作站通过高速通信线路相连组成。局域网规模小，速度快，应用广泛。

4）接入网

接入网又称本地接入网或居民接入网，是局域网和城域网之间的桥接区。接入网提供多种高速接入技术，主要解决用户接入 Internet 的问题。

2. 从使用者的角度分类

计算机网络从使用者的角度可划分为公用网和专用网。

1）公用网

公用网（public network）也称为公众网，是国家或较大的电信公司出资建造的大型

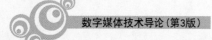

网络。所有人都可以使用。

2）专用网

专用网（private network）是一个单位或部门为满足其特殊业务工作需要而建造的网络，只对本单位或本部门的职工提供网络服务，不向本单位以外的人提供服务，如铁路、电力等系统的网络。

3. 按信息交换方式分类

计算机网络按信息交换方式可分为电路交换网络、报文交换网络、分组交换网络和混合交换网络。

1）电路交换网络

电路交换网络的特征是在整个通信过程中必须始终保持两结点间的通信线路连通，也就是要形成一个专用的通信线路，如同电话通信。

2）报文交换网络

报文交换的通信线路不是专用的。它利用存储转发的原理，将待传输的报文存储在网络结点中，等到信道空闲时再发送出去。报文交换网络提高了网络利用率，但由于长报文传输带来很多问题，目前已很少使用。

3）分组交换网络

分组交换将报文划分为若干小的传输单位——分组，并将分组单独传送出去，这样可以更好地利用网络。分组交换网络是现今广泛采用的网络形式。

4）混合交换网络

混合交换网络是在一个数据网络中同时采用电路交换网络和分组交换网络。

4.1.5　计算机网络的拓扑结构

拓扑是一个数学概念，它把物理实体抽象成与其大小和形状无关的点，把连接实体的线路抽象成线，进而研究点、线、面之间的关系。计算机网络可看作由一组结点和链路组成的几何图形，这种几何图形反映了网络中各种实体之间的关系，形成了网络的拓扑结构。计算机网络拓扑结构分为 5 种类型，分别是总线型拓扑、星状拓扑、环状拓扑、树状拓扑和网状拓扑结构，如图 4-3 所示，这些结构也可以组合成混合型拓扑结构。

1. 总线型拓扑结构

在总线型拓扑结构中，采用单根传输线作为传输介质，所有的结点直接连接到传输介质上，这根传输线称为总线。连接在总线上的各结点地位平等，任何一个结点信息都可以沿着总线向两个方向传输扩散，可以被总线中任何一个结点接收，无中心结点控制。总线型拓扑结构简单灵活，便于扩充，使用电缆较少，设备相对简单，网络响应速度快，便于广播式工作。但是其负载能力限制总线长度和结点数量。如果某个结点发生故障，需要将该结点从总线上拆除。如果总线出现故障，则会影响到整个网络。

2. 星状拓扑结构

星状拓扑结构是以一个中央结点为中心与各结点相连接而组成的布局方式。各结点与中央结点通过点对点方式连接，中央结点执行集中式通信控制策略。星状拓扑结构的优点是网络结构简单，集中控制，便于管理、联网方便；但是中央结点负担重，若发生故

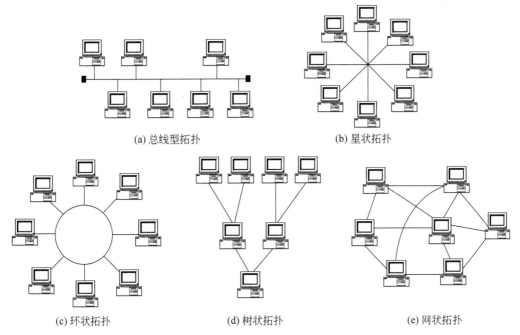

(a) 总线型拓扑　　　　　　　　　　　　　(b) 星状拓扑

(c) 环状拓扑　　　　　(d) 树状拓扑　　　　　(e) 网状拓扑

图 4-3　计算机网络拓扑结构的类型

障,则全网都不能工作。因此,采用星状拓扑结构的网络,中央结点的可靠性必须有保障。

3. 环状拓扑结构

网络中各结点通过环路接口连在一条首尾相连的闭合环形通信线路中,这种布局方式称为环状拓扑网络。网络环路上任何结点均可以请求发送信息,信息在环路上单向传输。由于环线公用,一个结点发出的信息必须穿越所有的环路接口,信息流中目的地址与环路中某结点地址相符时,信息被该结点的环路接口接收;而后,信息继续流向下一环路接口,一直流回到发送该信息的环路接口结点为止。环状拓扑结构的优点是结构简单,控制方便,可靠性高;缺点是信息流经每个结点时都要存储转发,延长了信息到达目的地的传输时间。IBM 公司推出的令牌环(Token Ring 网)是一个典型的环状拓扑结构的例子。

4. 树状拓扑结构

在树状拓扑结构中,网络中各结点按层次进行连接,最顶上的是根结点,中间是分叉结点,树梢是最终结点。从结构上看,最终结点之间的通信须经过分叉结点和根结点的存储转发,因此适合仅在上下级结点之间频繁通信的场合。树状拓扑结构的优点是总线路长度较短,成本较低,容易扩展;缺点是结构比较复杂,结点的层次越高,对其可靠性要求越高。

5. 网状拓扑结构

网络中任一个结点都可以与多个结点相连,网络中无中心结点的概念,这种布局方式称为网状拓扑结构。网状网络实际上是最一般的网络结构,其他 4 种拓扑结构都可以认为是它的一种特例。网状网络在实现上一般都要有诸如拓扑优化、路径选择、拥塞控制等技术需要解决,因此,网状网络适合大型网络,如广域网或互联网。网状拓扑结构最大的优点是系统可靠性高,容错能力强,一个结点发出的信息可由多条路径到达另一结点;缺点是成本高,结构复杂,网络管理难度大。

在局域网中,使用最多的是总线型和星状拓扑结构。

4.2 网络体系架构

计算机网络是非常复杂的系统,网络中任意两个计算机系统之间进行通信时,要求这两个计算机系统必须高度协调工作,而这种协调是相当复杂的。为了设计复杂的计算机网络,最初的网络——ARPANET 在设计时提出了分层的想法。分层是将庞大、复杂的问题转化为若干较小的局部问题,而这些较小的局部问题相对容易研究和处理。

1974 年,美国的 IBM 公司研制出系统网络体系结构(System Network Architecture, SNA),这个网络标准就是按照分层的方法制定的。其他公司也相继推出自己的网络体系结构。全球经济的发展使得不同网络体系结构的用户之间需要大量交换信息,为了使得不同网络体系结构的计算机互连,国际标准化组织在 1977 年成立了专门机构研究这个问题,提出了著名的开放系统互连参考模型(Open Systems Interconnection Reference Model,OSI/RM)。"开放"是指只要遵循 OSI 标准,一个系统就可以和遵循同一标准的其他任何系统进行通信。"系统"是指在现实的系统中与互连有关的各部分。所以开放系统互连参考模型是一个抽象的概念。1983 年,国际标准化组织公布了开放系统互连参考模型的正式文件———ISO 7498 国际标准,即著名的七层协议体系结构。

尽管 ISO 的开放系统互连参考模型是作为标准提出来的,但是 OSI 协议的实现过于复杂,运行效率低,很少有厂商能生产出符合 OSI 标准的商用产品,这样,OSI 只获得了一些理论研究的成果,而在市场上得到广泛应用的是业界事实标准 TCP/IP。

4.2.1 协议三要素

计算机网络的功能之一是进行数据通信。网络中的不同主机之间要正确地交换数据,就必须遵守事先约定的规则。这些为网络中的数据交换而建立的规则、标准或约定即称为网络协议,简称协议。协议主要由 3 个要素组成:语法、语义和同步。

(1)语法:数据与控制信息的结构或格式。

(2)语义:说明需要发出什么样的控制信息,完成什么样的动作以及作出什么响应。

(3)同步:事件实现顺序的详细说明。

网络协议实质上是计算机间通信时使用的语法规则,是计算机网络不可缺少的部分。只要在网络中的计算机想进行与网络有关的操作,都需要协议的支持。复杂的计算机网络协议的结构是层次式的。合理的分层结构具有以下优点:

(1)各层之间是独立的。某一层并不需要知道它的下一层是如何实现的,而仅需要知道该层通过层间接口所提供的服务。

(2)灵活性好。当任何一层发生变化(例如采用的技术发生变化)时,只要层间接口

关系保持不变,则在该层以上或以下各层都不会受到影响。

(3) 结构上可分割。各层都可以采用最合适的技术来实现,便于各软件、硬件及互联设备的开发。

(4) 易于实现和维护。分层结构使得实现和调试一个庞大而复杂的系统变得容易,因为整个系统已被分解为若干相对独立的子系统。

(5) 能促进标准化工作。每一层的功能及其提供的服务都有精确的说明。通过分层,简化了计算机网络通信模型的功能,有利于对通信机制的理解和掌握。

分层时需要遵循一定的原则:

(1) 层数应适中。如果层次太少,则每一层的协议太复杂;如果层数太多,又会在描述和实现功能时遇到更多的困难。

(2) 明确每一层的功能,并且使其相互独立。这样,当某层的实现方法发生变化时,只要上下层接口不变,对相邻层不会产生影响。

(3) 同一结点相邻层间的接口必须清晰。

通常将计算机网络的各层及其协议的集合称为网络的体系结构(architectrue)。在网络分层体系结构中,每一层在逻辑上都是独立的,每一层都有具体的功能,层之间的功能都有明显的界限,协议总是指某一层协议。

4.2.2 OSI/RM 体系结构

开放系统互连参考模型(OSI/RM)如图 4-4 所示。它采用了 7 个层次的体系结构。下面由底层到顶层介绍各层的功能。

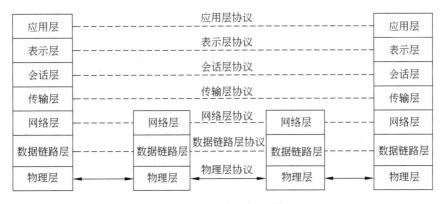

图 4-4 开放系统互连参考模型

1. 物理层

物理层是 OSI/RM 的底层,处于物理传输介质之上。物理层考虑怎样才能在连接各种计算机的传输介质上传输数据比特流。物理层的传输单位是比特,一般用串行方式进行传输。

2. 数据链路层

数据链路层在物理层之上,传输单位是帧。它的主要功能是对高层屏蔽传输介质的物理特征,保证两个邻接点间的无错数据传输,同时还具有链路管理、帧定界、流量控制、

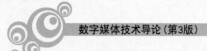

透明传输等功能。

3. 网络层

网络层是第三层，主要解决网络与网络之间的通信问题。它的主要功能是提供路由，即在通信的源结点和目的结点之间选择一条最佳路径，并沿该路径传送数据包。

4. 传输层

传输层提供应用进程间的逻辑通信，并能对收到的报文进行差错检测。传输层根据应用的不同采用两种不同的传输协议：面向连接的 TCP 和无连接的 UDP。

5. 会话层

会话层为不同机器上的两个互相通信的应用进程建立会话连接，还提供会话管理、同步管理等功能。

6. 表示层

表示层完成与数据有关的功能，提供数据表示形式，主要解决信息的语法表示问题，以使通信双方了解交换数据的意义。表示层关心传送的信息的语法和语义。

7. 应用层

应用层是 OSI/RM 中的顶层，具体内容就是规定应用进程在通信时所遵循的协议。应用层负责两个应用进程之间的通信，为网络用户之间的通信提供专用的应用程序包。

4.2.3 TCP/IP 体系结构

由于 OSI/RM 过于复杂，现在许多 Internet 体系结构都去掉了表示层和会话层。Internet 的核心技术是 TCP/IP(Transmission Control Protocol/Internet Protocol，传输控制协议/互联网络协议)，它是 Internet 上不同子网间的主机进行数据交换时遵守的网络通信协议。TCP/IP 体系结构如图 4-5 所示。TCP/IP 泛指所有与 Internet 有关的一系列网络协议，即 TCP/IP 是一个协议族，TCP 和 IP 是其中最重要的两个协议，HTTP(超文本传输协议)、FTP(文件传输协议)等也都属于 TCP/IP 协议族。在 TCP/IP 协议族中，每一层也是建立在其下层提供的服务上，并且为其上层提供服务。这里简单介绍每一层的主要功能。

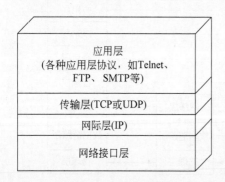

图 4-5　TCP/IP 体系结构

1. 网络接口层

网络接口层。也称为链路层或数据链路层，相当于 OSI/RM 的第一层和第二层，负责与网络中的传输介质打交道。常用的网络接口层技术主要有以太网(Ethernet)、令牌环、光纤数据分布接口(FDDI)、X.25、帧中继和 ATM 等。

2. 网际层

网际层也称为网络层。该层将所有的物理实现隐藏起来，它的作用是将数据包从源主机发送出去，并且使这些数据包独立地到达目标主机。数据包在传送过程中，即使是连续的数据包，也可能走不同的路径，到达目标主机的顺序可能不同于它们被发送时的顺序。因为网络情况复杂,随时可能有一些路径发生故障或者网络中某处出现数据包的堵塞。网络层提供的服务是不可靠的,可靠性由传输层来实现。

3. 传输层

传输层提供应用程序间的通信。传输层提供了可靠的传输协议 TCP 和不可靠的传输协议 UDP。TCP 是一个可靠的、面向连接的协议,允许在 Internet 上两台主机间进行信息的无差错传输。在网络传输过程中,为了保证数据传输的正确、有序,规定了"连接"概念。一个 TCP 连接是指:在传输数据前,先要传输三次握手信号,以使双方为数据的传送做准备。UDP 是用户数据报协议。使用此协议时,源主机有数据就发送出去,不管发送的数据包是否到达目的主机,数据包是否出错;收到数据包的主机不会通知发送方是否正确收到数据包。因此,UDP 是一种不可靠的传输协议。

4. 应用层

应用层是最高层,确定进程之间通信的性质以满足用户的需要。应用层直接为用户的应用进程提供服务,如支持万维网应用的 HTTP、支持电子邮件的 SMTP、支持文件传送的 FTP 等。

4.2.4 两种体系结构的比较

OSI/RM 采用 7 层体系结构,TCP/IP 模型是 4 层体系结构,它们的体系结构对比如图 4-6 所示。

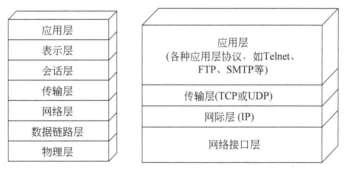

图 4-6 OSI/RM 和 TCP/IP 模型的体系结构对比

TCP/IP 模型和 OSI/RM 在处理下面的问题时和 OSI/RM 有很多不同之处:

- TCP/IP 模型从一开始设计就考虑到多种异构网的互连问题,并将 IP 作为 TCP/IP 模型的重要组成部分;而 OSI/RM 最初只考虑全世界都使用统一的标准公用数据网将各种不同系统互连在一起。
- TCP/IP 模型一开始就对面向连接服务和无连接服务并重;而 OSI/RM 在开始时只强调面向连接的服务,到很晚才制定了无连接服务的相关标准。
- TCP/IP 模型很早就有较好的网络管理功能;而 OSI/RM 后来才考虑这一问题。

TCP/IP 模型也有不足之处。它的通用性较差,很难用它来描述其他种类的协议栈。它的网络接口层严格来说并不是一层,而是一个接口。

4.3　Internet 及其应用

Internet 是世界上规模最大的互联网络，是地理位置不同的各种网络在物理上连接起来形成的全球信息网。随着商业网络和大量商业公司进入 Internet，网上商业应用高速发展，同时也使 Internet 能为用户提供更多的服务。1994 年 5 月，中国正式接入 Internet，教育部主管的中国教育与科研网（CERNET）、中国科学院主管的中国科技网（CSTNET）、信息产业部主管的中国公用计算机互联网（CHINANET）和中国金桥网（CHINAGBN）称为四大 Internet 接入网络。

以 Internet 为基础的互联网业已经发展成为影响最广、增长最快、市场潜力最大的产业之一，而且仍以超出人们所想象的速度在增长。Internet 开创了人类的新纪元。

4.3.1　IP 地址和域名

1. IP 地址

所有 Internet 上连接的计算机都以独立的身份出现，称为主机。为了实现各主机间的通信，每台主机都必须有一个唯一的网络地址。网络中每台主机拥有的唯一的网络地址称为 IP 地址，它是给连接到 Internet 的主机（或路由器）分配的在全世界范围内唯一的 32 位标识符。IP 地址由 Internet 名字与号码分配公司（Internet Corporation for Assigned Names and Numbers，ICANN）进行分配。我国用户可向亚太网络信息中心（Asia Pacific Network Information Center，APNIC）申请 IP 地址，申请时需要缴费。

IP 地址的编址方法有 3 种：分类的 IP 地址、子网的划分和无分类编址方法，此处只讨论最基本的分类 IP 地址。

分类 IP 地址将 IP 地址分为 5 类：A 类、B 类、C 类、D 类和 E 类。其中 A 类、B 类和 C 类是常用的 IP 地址，D 类是多播地址，E 类保留供以后使用。每一类地址都由两个固定长度的字段组成：其中一个字段是网络号，它标志主机（或路由器）连接到的网络；另一个字段是主机号，它标志该主机（或路由器）。各类 IP 地址的网络号字段和主机号字段的分配见图 4-7。

从图 4-7 中可见：

- A 类 IP 地址中，网络号占 1 字节，主机号占 3 字节，并且网络号最高位为 0。
- B 类 IP 地址中，网络号占 2 字节，主机号也占 2 字节，并且网络号最高两位为二进制 10。
- C 类 IP 地址中，网络号占 3 字节，主机号占 1 字节，并且网络号最高 3 位为二进制 110。
- D 类 IP 地址中，最高 4 位为 1110，其后为多播地址。
- E 类 IP 地址中，最高 4 位为 1111，地址保留。

IP 地址采用 32 个二进制位表示，不便于记忆。为了提高可读性，将 32 位以 8 位为一段划分为 4 段，将 8 位二进制数转换为十进制数，采用点分十进制表示法来表示 IP 地

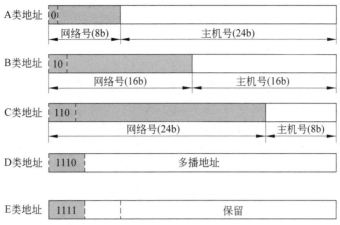

图 4-7　5 类 IP 地址的网络号字段和主机号字段的分配

址,具体格式为×××.×××.×××.×××,其中×××代表 0～255 的整数。用点分十进制表示 IP 地址的方法如图 4-8 所示。

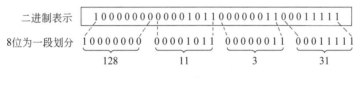

图 4-8　用点分十进制表示 IP 地址的方法

分类 IP 地址里常用的是前 3 类 IP 地址,即 A 类、B 类和 C 类。

A 类地址的网络号占 1 字节,有 7 位可用,可提供的网络号有 126 个,即 2^7-2。其中网络号字段全为 0 的 IP 地址是保留地址,意为"本网络";网络号全为 1 的 IP 地址供本地软件环回测试本机使用。A 类地址的主机号字段占 3 字节,所以每一个 A 类网络中的最大主机数是 $2^{24}-2$。其中,全为 0 的主机号字段表示该 IP 地址是"本主机"连接的单个网络地址。例如,主机的 IP 地址是 128.11.3.31,则该主机所在的网络地址是 128.0.0.0。全为 1 的主机号字段表示该网络上的所有主机。

B 类地址的网络号字段占 2 字节,由于前面的 10 已经固定,因此只有 14 位可用。B 类地址的网络数为 214,B 类地址每一个网络中的最大主机数为 $2^{16}-2$。

C 类地址网络号字段占 3 字节,前面的 110 是固定的,C 类地址的网络数为 221,第一个 C 类地址的最大主机数是 254。

以上所说的分类 IP 地址是 IPv4 版本的,使用 32 位寻址方式,理论上支持的地址可达 40 亿个。但是,IPv4 协议提供的域名地址最终会耗尽,因此 ISO 在 1992 年 6 月提出制订下一代 IP 方案,即 IPv6。IPv6 的地址占用 128 位,这样不仅解决了 IP 地址资源枯竭的问题,而且还与采用 IPv4 的现行 TCP/IP 网络具有互换性,可以提高速度并提高网络的安全性能。和 IPv4 的点分十进制表示法不同的是,IPv6 采用冒号十六进制表示法。

2. 域名

每一个连接在 Internet 上的主机或路由器都有一个唯一的具有层次结构的名字,称

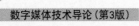
为域名。域名由多个分量组成，分量之间用点号(.)隔开，格式为

*.三级域名.二级域名.顶级域名

例如：

mail.yctc.edu.cn

其中，cn是顶级域名，表示中国；edu是二级域名，表示教育机构。

各个分量代表不同级别的域名，级别最低的域名写在最左边，级别最高的域名写在最右边。完整的域名不超过255个字符。但域名并不代表计算机所在的物理地点，而只是一个逻辑概念。使用域名有助于记忆。域名中的点和IP地址的点分十进制表示法中的点没有对应的关系，域名中的点可以有多个，而IP地址中的点为固定的3个。

域名的划分是：在顶级域名的基础上注册二级域名，在二级域名下还可注册三级域名，以此类推。顶级域名有3大类：

(1)国家顶级域名。ISO 3166规定了各个国家和地区的顶级域名。例如，cn表示中国，us表示美国，jp表示日本。

(2)国际顶级域名。采用int，国际性组织可在int下注册。

(3)通用顶级域名。常见的通用顶级域名有com(表示公司)、net(表示网络服务机构)、org(表示非营利性组织)、edu(表示教育机构，美国专用)、gov(表示政府部门，美国专用)、mil(表示军事部门，美国专用)、aero(表示航空运输企业)、biz(用于公司和企业)、coop(用于合作团体)、info(用于各种情况)、museum(用于博物馆)、name(用于个人)、pro(用于会计、律师和医师等自由职业者)。

在国家顶级域名下注册的二级域名由该国家自行确定。我国将二级域名划分为类别域名和行政区域名两大类。类别域名有6个：ac(表示科研机构)、com(表示工、商、金融等企业)、edu(表示教育机构)、gov(表示政府部门)、net(表示互联网络、接入网络的网络信息中心和运行中心)、org(表示各种非营利性组织)。行政区域名有34个，适用于各省、自治区、直辖市和特别行政区。在二级域名edu下注册三级域名要向中国教育和科研网(CERNET)申请，其他域名向中国互联网网络中心申请。

域名结构如图4-9所示。根结点在最上面，没有名字；树根下一层就是最高一级的顶级域结点；在顶级域结点下面是二级域结点；最下面的叶结点是单台计算机。一般一个单位可以申请注册一个三级域名。一旦拥有一个域名，单位就可以自行决定是否需要进一步划分子域，并且不需要向上级报告子域的划分情况。

用户通过域名访问Internet上的某台主机时，其实是访问其IP地址。那么系统如何识别域名对应的IP地址呢？域名到IP地址的转换是由域名服务器(Domain Name Server，DNS)完成的。通过建立DNS数据库，域名服务器记录主机域名与IP地址的对应关系，并为所有访问Internet的用户提供域名解析服务。

案例4-1　IPv6。

目前使用的IPv4是互联网协议第4个版本，IPv4使用32位地址，地址空间中只有2^{32}个地址。其中一些地址(如A类地址和D类地址)是为特殊用途保留的，这样在互联网上使用的地址数量就减少了。随着世界各国互联网应用的发展，计算机网络进入人们的日常生活，越来越多的IP地址被不断分配给新的用户，使IP地址濒临枯竭。在这样的情况下，IPv6应运而生。

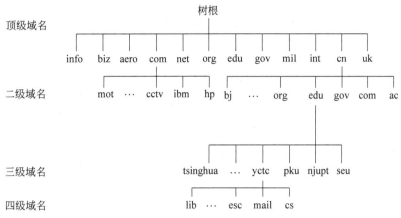

图 4-9 域名结构

IPv6 是 Internet Protocol Version 6 的缩写,它是 IETF(Internet Engineering Task Force,互联网工程任务小组)设计的,是用于替代现行版本的 IP 协议(IPv4)的下一代 IP 协议。IPv6 具有比 IPv4 大得多的地址空间。IPv6 使用 128 位地址,地址间空支持 2^{128} 个地址。以地球人口为 70 亿人计算,每个人可分得 4.86×10^{28} 个地址。

IPv6 的目标是取代 IPv4,然而目前的分类网络、无类别域间路由和网络地址转换的地址重构明显减缓了 IPv4 地址的枯竭速度,预计在 2025 年以前 IPv4 仍会被支持,这也给新协议的完善留下了足够的时间。

IPv6 的地址采用冒号十六进制表示,将 128 位二进制位以 16 位为一段分成 8 段,每段采用 4 位十六进制数表示。以下的地址是一个合法的 IPv6 地址:

2001:0db8:85a3:08d3:1319:8a2e:0370:7344

4.3.2 万维网

万维网的英文全称是 World Wide Web,简称 WWW 或 Web。它是由许多互相链接的超文本文档组成的系统。在此系统中,每个有用的事物称为一个资源,并且由一个统一资源定位符(Uniform Resource Locator,URL)标识,这些资源通过超文本传输协议传送给用户。

万维网的起源可以追溯到 1980 年蒂姆·伯纳斯-李构建的 ENQUIRE 项目。万维网解决了网络信息资源服务中的文字显示、数据连接以及图像传递的问题,使得 WWW 成为 Internet 上最流行的信息传播方式。万维网通过网页的形式为用户提供丰富的信息资源,提供网页和浏览服务的计算机称为 Web 服务器。用户使用浏览器软件访问网页,比较流行的浏览器有 IE(Internet Explorer)、Netscape Navigator 和 Mozilla Firefox,其他的浏览器也不断被推出。万维网联盟(World Wide Web Consortium,W3C,又称 W3C 理事会)于 1994 年 10 月在麻省理工学院计算机科学实验室成立,创建者是万维网的发明者蒂姆·伯纳斯-李。

万维网的核心部分是由 3 个标准构成的,它们是 URI、HTTP 和 HTML。

(1) URI(Uniform Resource Identifier,统一资源标识符)是一个用于标识某一互联

网资源名称的字符串。它允许用户对万维网中的资源通过特定的协议进行交互操作。URI 由包括确定语法和相关协议的方案所定义。URI 由协议名（如 HTTP、FTP、mailto 等）、一个冒号（:）和协议对应的内容构成。

（2）HTTP（Hypertext Transfer Protocol，超文本传输协议）的设计目的是提供一种发布和接收 HTML 页面的方法。HTTP 是互联网上应用最为广泛的一种网络协议，是一个基于请求与响应模式的、无状态的应用层协议。HTTP 请求由 3 部分组成，分别是请求行、消息报头和请求正文。在接收和解释请求消息后，服务器返回一个 HTTP 响应消息。HTTP 响应消息由 3 个部分组成：状态行、消息报头和响应正文。

（3）HTML（Hypertext Markup Language，超文本标记语言）是用于描述网页文档的一种标记语言，它的作用是定义超文本文档的结构和格式。HTML 由蒂姆·伯纳斯-李给出原始定义，IETF 对其作了进一步拓展，形成 HTML。后来 HTML 成为国际标准，由万维网联盟维护。HTML 文件最常用的扩展名是.html，但是像 DOS 这样的旧操作系统限制扩展名为最多 3 个字符，所以 HTML 文件也使用.htm 作为扩展名。使用任何文本编辑器或所见即所得的 HTML 编辑器都可以编辑 HTML 文件。

4.3.3　Internet 上的服务

1. 电子邮件服务

电子邮件（e-mail）是指 Internet 或常规计算机网络中的各个用户之间通过电子信件的形式进行通信的一种现代通信方式。

在 Internet 上发送电子邮件是通过 SMTP 实现的，而从邮件服务器中收取电子邮件要通过 POP3 或 IMAP 来完成。通过 Internet 的电子邮件服务，可以将一封信发送到世界上任何地方。电子邮件可以是文字、图像、声音等各种方式的组合，这是任何传统的方式都无法比拟的。正是由于电子邮件具有使用简易、投递迅速、收费低廉、易于保存和畅通无阻等优点，才使得电子邮件被广泛应用。它已使人们的交流方式得到了极大的改变。

1）电子邮箱和电子邮件地址

使用电子邮件的前提是必须在 Internet 上申请一个电子邮箱。电子邮箱实际上就是提供电子邮件服务的网站上的一个存储空间。在 Internet 上，每个电子邮箱都有全球唯一的邮件地址，其格式为"用户名@域名"。其中，用户名也称为用户账号；域名用来标识提供电子邮件服务的服务商，其格式为"组织.类型[.国别]"。例如，xyz@yahoo.com.cn 是雅虎中国网站的一个电子邮箱地址，xxx@163.com 是网易网站的一个电子邮箱地址。

2）电子邮箱的申请

很多网站提供免费的电子邮箱服务。申请到一个账号后，就可以进入电子邮箱进行电子邮件的发送与接收等操作。

3）电子邮件的使用

电子邮件的使用通常分为两种方式：Web 浏览器方式和客户端软件方式。

2. 文件传输服务

计算机网络的主要功能之一是资源共享。在两台联网的计算机之间传输文件是非常重要的一种资源共享方式。利用互联网上的 FTP 服务是传输文件的一个最有效的方法。

FTP 的作用是把文件从一台计算机转移到另一台计算机。FTP 服务也是基于客户/服务器模式的。利用 FTP 服务在计算机之间传输文件时,启动了两个程序,一个是运行在本机上的 FTP 客户程序,另一个是运行在远程计算机上的 FTP 服务器程序。客户程序提出文件传输的请求;服务器程序响应请求,然后协调文件的上传或下载。上传和下载是文件传输服务中的两个基本术语,上传(upload)是将文件从本地计算机传到远程计算机上,而下载(download)是将远程计算机上的文件保存到本地计算机上的过程。

目前,Internet 上有很多 FTP 服务器向公众免费提供文件复制服务,这类服务器被称为匿名服务器(anonymous server)。匿名服务器不需要用户申请账号和密码,直接登录就可访问。如果有登录窗口,可在"用户名"一栏处输入 anonymous。匿名服务器一般提供文件的下载任务。另一类 FTP 服务器为非匿名 FTP 服务器,使用这类服务器,用户必须向服务器系统管理员申请用户名及密码。一般此类 FTP 服务器供内部使用,用户可以有更大的权限操作服务器上的文件。

使用 FTP 服务的方法有多种,常见的有两种方法:一种方法是通过浏览器访问 FTP 服务器,在地址栏中输入 ftp://×××.×××.×××.×××/,可以列出 FTP 服务器上的根目录;另一种方法是使用专用的 FTP 软件,如 cuteftp、leapftp 等。

3. 远程登录服务

远程登录服务是将自己的计算机连接到远程计算机的操作方式,它可以使用户在自己的计算机上通过 Internet 登录到远程计算机上,这样,用户的计算机相当于远程计算机的一个终端,可以享受与远程计算机的本地终端同样的权力,如启动一个交互式程序或检索远程计算机的某个数据库等。

Telnet 是 Internet 远程登录服务的标准协议和主要方式,是 TCP/IP 协议族中的一员,它为用户提供了在本地计算机上完成远程计算机工作的能力。用户在本地计算机上使用 Telnet 程序,用它连接到服务器。然后,用户可以在 Telnet 程序中输入命令,这些命令会在服务器上运行,就像直接在服务器的控制台上执行一样。

要开始一个 Telnet 会话,首先要输入用户名和密码,登录服务器。Telnet 是常用的远程控制 Web 服务器的方法。传统 Telnet 连接的会话所传输的资料并未加密,这代表用户远程输入的资料,包括账号名称及密码等隐秘资料,可能会遭其他人窃取,因此许多服务器会将 Telnet 服务关闭,改用更为安全的 SSH。在 Windows Vista 之前的版本中,只要计算机启动了 TCP/IP 服务,Telnet 用户端就同时可以使用。启用 Telnet 命令,可以在控制台直接输入或是使用 Telnet 客户端软件登录服务器,如 STerm、CTerm、QTerm 等。

4. BBS 服务

BBS(Bulletin Board System,电子公告板)是一种不限期的交流平台,早期的使用者大多是一些计算机爱好者,利用调制解调器通过电话线拨打某个电话号码,然后通过一个软件阅读其他人放在 BBS 上的信息,发表自己的意见。这时期的 BBS 与校园内的公

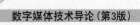

告板性质相同,只不过是通过计算机来传播或获得消息而已。

随着用户的需求不断增加以及 Internet 的普及,BBS 已不仅仅是电子布告栏,用户可以连接到 Internet,通过 BBS 系统获得最新的软件信息,也可以和别人讨论各种话题。

连接到 BBS 的方式不止一种。用户可以通过浏览器使用 BBS,阅读其他用户的留言或发表自己的见解。用户也可以使用 Telnet 软件登录到 BBS 站点,国内许多大学的 BBS 都采用这种方式,如清华大学的"水木清华"(bbs.tsinghua.edu.cn)、北京大学的"未名站"(bbs.pku.edu.cn)等。用户只要连接到 Internet,使用 Telnet 就可登录到这些论坛。

4.4　计算机网络安全

资源共享和数据交换是计算机网络持续发展的原动力。随着计算机网络技术的不断发展和普及,上网已逐步成为人们日常生活的一部分。网络用户扩展到各行各业,同时网络安全问题也给人们带来了一定的困扰甚至是巨大损失。因此,如何做好防范措施、保障网络安全已成为保证计算机网络健康发展的核心议题。

4.4.1　计算机网络安全概念

计算机网络安全是指网络系统的硬件、软件及数据受到保护,不受偶然的或者恶意的破坏、更改和泄露,系统能够连续可靠地正常运行,确保网络服务不中断。网络安全涉及的内容既有技术方面的问题,也有管理方面的问题,两方面相互补充,缺一不可。技术方面主要侧重于防范外部非法用户的攻击,管理方面则侧重于内部人为因素的管理。

4.4.2　计算机网络安全的威胁

网络系统的安全威胁主要表现在主机受到非法攻击,网络中的敏感数据有可能泄露或被修改,从内部网向公共网传送的信息可能被他人窃听或篡改等。影响计算机网络安全的因素有很多,有故意的也有无意的,有人为的也有随机的。归结起来,网络安全的威胁主要有以下几个方面。

1. 人为的疏忽

人为的疏忽包括失误、失职、误操作等。例如,操作员安全配置不当所造成的安全漏洞,用户安全意识不强,用户密码设置不慎,用户将自己的账户随意转借给他人或与他人共享,等等,都会对网络安全构成威胁。

2. 人为的恶意攻击

人为的恶意攻击是计算机网络面临的最大威胁,此类攻击又可以分为主动攻击和被动攻击。主动攻击是以各种方式有选择地破坏信息的有效性和完整性;而被动攻击是在不影响网络正常工作的情况下,通过截获、窃取、破译等手段获得重要机密信息。这两种攻击均对计算机网络造成极大的危害,并可能导致机密数据的泄露。人为恶意攻击具有

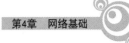

智能性、严重性、隐蔽性和多样性等特点，恶意攻击者大都具有一定的专业技术，操作熟练。如果这类攻击针对的是金融机构，则金融系统的机密信息就有可能被泄露，这样会使金融机构或企业遭受重大损失。

3. 网络软件的漏洞

网络软件或多或少都存在一些缺陷，正是这些缺陷给黑客提供了攻击的条件。另外，软件的隐秘通道都是软件公司的编程人员为了自己方便而设置的，一般不为外人所知，但一旦隐秘通道被探知，后果会不堪设想，因此难以保证网络安全。

4. 非授权访问

非授权访问是指没有预先经过同意，就使用网络或计算机资源，例如，对网络设备及资源进行非正常使用、擅自扩大权限或越权访问等。非授权访问的方式主要有假冒、身份攻击、非法用户进入网络系统进行违法操作、合法用户以未授权方式进行操作等。

5. 信息泄露或丢失

信息泄露或丢失指敏感数据被有意或无意地泄露或者丢失，通常包括在传输中的泄露或丢失，例如，黑客利用电磁泄漏或搭线窃听等方式截获机密信息，或通过对信息流向、流量、通信频度和长度等参数的分析获取有用信息。

6. 破坏数据完整性

破坏数据完整性是指以非法手段窃取对数据的使用权，删除、修改、插入或重发某些重要信息，恶意添加、修改数据，以干扰用户的正常使用。

网络安全威胁种类非常多。对于上网用户来说，最常见的网络安全威胁是计算机病毒，它们可以自我复制，通过网络传染给其他计算机。病毒程序在被传染的计算机上不断自我复制，上网后迅速扩散，感染网络系统，占用大量的系统资源。有的病毒程序利用操作系统的漏洞执行一些非法操作，使其他程序不能正常运行，甚至造成系统崩溃。

案例 4-2　蠕虫病毒缔造者。

罗伯特·莫里斯是闻名全世界的"莫里斯蠕虫病毒"的制造者。他在 1988 年编写了这种网络蠕虫病毒，本无恶意，但是蠕虫在 Internet 大肆传播，致使美国 6000 多台计算机被病毒感染，造成 Internet 不能正常运行。此次事件使得计算机系统直接经济损失近一亿美元，让全世界第一次意识到防治网络病毒传播的重要性。罗伯特·莫里斯本人因此被判三年缓刑，罚款一万美元，还被命令进行 400 小时的社区服务，成为历史上第一个因为制造计算机病毒受到法律惩罚的人。

此后，网络中不断有新的蠕虫病毒出现，如梅莉莎病毒、ILoveYou、红色代码、尼姆达、冲击波、震荡波、熊猫烧香等，给 Internet 用户带来了很大的危害。

4.4.3　Internet 的安全隐患

常见的 Internet 安全隐患主要有以下几种。

1. 电子邮件的安全隐患

电子邮件常见的安全问题是邮件的溢出，即不断耗尽用户的电子邮箱存储空间。邮件系统可以发送包含程序的电子邮件，这种程序如果在管理不严格的情况下运行能产生"特洛伊木马"。

2. 远程登录的安全隐患

Telnet 远程登录送出的所有信息都是不加密的，数据容易被黑客攻击。这也成为远程系统申请站点时比较危险的服务之一。

3. 文件传输的安全隐患

FTP 可以提供匿名服务，允许从服务器下载文件到本地，也允许用户通过 FTP 上传文件到服务器。对于用户的使用权限需要进行配置，如果配置不当，将严重威胁系统的安全。为了最大限度地保证系统的安全性，需要设置用户不能访问系统上其他的区域或文件，也不能对系统做任意修改。

4. 万维网

浏览 Web 文件的工具是浏览器。浏览器由于非常灵活而备受欢迎。正是由于其灵活性，致使对其进行安全控制相对困难。浏览器比 FTP 服务器更容易转换和执行，因此恶意的侵入也就更容易得到转换和执行。浏览器一般只能理解基本的数据格式，如HTML、JPEG 等，对其他的数据格式要通过外部程序来观察。为了保证安全性，最好禁止危险的外部程序进入站点。用户在使用浏览器的过程中，不要随便执行外部程序或随便修改外部程序的配置。

4.4.4 计算机网络信息安全的预防措施

网络信息安全强调通过技术和管理手段实现和保护消息在公用网络信息系统中传输、交换和存储的保密性、完整性、可用性、真实性和不可抵赖性。对于网络用户而言，可以采用以下预防措施。

1. 访问安全的网站

用户要针对自己的信息需求访问相关网站，不要随便浏览陌生的网站。目前许多网站的运营都有广告商的支持，对于在其网页中嵌入的广告链接或弹出窗口中提供的链接站点要慎重访问，访问未知站点会增加系统中毒的概率。

2. 安装最新的杀毒软件

最新的杀毒软件能在一定的范围内处理常见的恶意网页代码。要及时对杀毒软件进行升级，更新病毒库，以保证计算机系统受到持续保护。

3. 安装防火墙

安装杀毒软件并不能保证系统一直处于安全状态，现在的网络安全威胁主要来自病毒、木马、黑客攻击以及间谍软件攻击。而防火墙是根据连接网络的数据包来进行监控的，它相当于一个严格的门卫，掌管系统的各端口，负责对进出的信息进行身份核实，只有得到许可的信息才可进出系统。当有不明程序进出系统时，防火墙都会在第一时间拦截，并检查身份。如果是经过用户许可放行的，则防火墙会放行该程序所发出的所有数据包；如果检测到这个程序并没有被许可放行，则自动报警，并发出提示，这时候用户根据自己的实际情况进行判断。防火墙可以把系统的每个端口都隐藏起来，让黑客找不到入口，自然也就保证了系统的安全。目前全球范围内防火墙种类繁多，用户可以根据每种防火墙的特征选择适合自己的防火墙。

4. 及时更新系统漏洞补丁

对于使用 Windows 系统的用户来说，可以使用系统自带的 Windows Update 功能对计算机系统进行在线更新，这样可以及时更新，安装最新的漏洞补丁程序。其他软件（如瑞星、360 等工具）也提供提示更新系统漏洞的功能，以使用户更新安装程序，使系统减少遭受恶意攻击的概率。

5. 不轻易打开陌生的电子邮件及其附件

对于电子邮箱中的陌生邮件及其附件不要随意打开，现在邮件病毒很猖狂。如果确认要打开电子邮件，应以纯文本方式阅读电子邮件，而且不要随便回复陌生邮件。

思考与练习

1. 填空题

（1）计算机网络的拓扑结构有_____、_____、_____、_____ 和_____ 5 种。

（2）协议的三要素是_____、_____ 和_____。

（3）TCP/IP 是_____的缩写。

（4）210.28.176.12 是一个 IP 地址，则该 IP 地址属于_____类地址。

（5）域名 www.yctu.edu.cn 的顶级域名为_____。

（6）小张在 www.163.com 网站上申请了一个用户名为 xiaozhang 的电子邮箱，则其申请的电子邮箱地址为_____。

（7）计算机网络安全的威胁主要有：_____。

2. 简答题

（1）比较 OSI/RM 与 TCP/IP 体系结构的特点。

（2）比较结构化软件开发方法和面向对象的软件开发方法的特点。

3. 拓展题

病毒指编制者在计算机程序中插入的破坏计算机功能或者破坏数据，影响计算机使用并且能够自我复制的一组计算机指令或者程序代码。病毒是网络安全的一大威胁。请查阅有关资料，了解表 4-1 中的病毒所属种类、发作特征、感染方式以及杀毒和预防病毒的方法。

表 4-1　病毒所属种类、发作特征、感染方式以及杀毒和预防病毒的方法

病　　毒	所属种类	发作特征	感染方式	杀毒和预防病毒的方法
Kiss 病毒				

病　　毒	所属种类	发作特征	感染方式	杀毒和预防病毒的方法
QQ 盗号病毒				
QQ 群病毒				
短信卧底				

第 5 章　数字媒体概述

随着信息科学技术的快速发展和网络的普及，数字媒体正以全新的媒体形式影响着人们的生活。相对于其他媒体形式，数字媒体具有一些新特征，如可复制性、普通大众可通过软件制作生成等。正是具有这些特性，数字媒体不仅在数量上急剧增加，而且新的媒体形式也不断涌现。网络作为数字媒体的传播途径也加速了它的发展，网络现已成为继报纸、广播、电视以后的第四大媒体。数字媒体又以网络为传播载体，将数字化信息以交互的方式在传播者和接受者之间传递，这种信息传播方式与传统媒体的传播方式相比有了质的飞跃。

本章主要介绍媒体和数字媒体的概念以及数字媒体的特点和应用。

5.1　媒体与数字媒体

数字媒体不仅具有数字技术、网络技术等高新技术的特征，同时还具有媒体的内涵与范畴，所以要研究数字媒体的含义，需要从数字化和媒体两个角度进行剖析。

5.1.1　信息及其数字化

人们每天都通过自己的感觉器官接触大量的信息，这些信息主要有视觉信息、听觉信息、嗅觉信息等。大脑对这些信息进行加工与存储后，可以根据这些信息所具有的信息量或信息价值，指挥相应的效应器官作用于客观事物。人们处理信息的全过程可用图 5-1 来表示。

图 5-1　人们处理信息的全过程

人生活在物理的、模拟的现实世界中，所以人的大脑能够非常容易地处理模拟形式的信息。但由于电子计算机只能处理离散形式的数字信息，这对利用计算机处理现实生活中的信息造成了障碍。为了让计算机能够处理现实生活中的信息，必须实现现实生活中的模拟信息和计算机能够处理的数字信息之间的相互转换，即要对信息进行数字化。

信息的数字化包含两个方面的内容：一是模/数（A/D）转换，即将模拟形式的信息转换成电子计算机能够处理的数字信号形式；二是数/模（D/A）转换，即将数字形式的信息转换成方便人们感知的模拟信号形式。电子计算机处理信息的过程如图 5-2 所示。

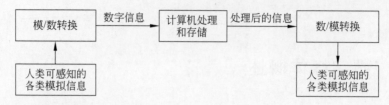

图 5-2　电子计算机处理信息的过程

案例 5-1　数字的含义。

数字是用来表示数的书写符号，如十进制中的 0,1,2,…,9。计算机出现以后，在计算机科学中广泛采用了二进制，使用 0 和 1 两个数字进行数值的运算和各类信息的表示。由于计算机存储位数的限制，计算机只能表示有限位数的数值，致使计算机表示的数据都是不连续的。

那么，为什么人们又能够读懂计算机所表示的那些不连续的数据呢？这里以图像的表示为例来说明原理。图 5-3 是一幅不连续的马赛克图像，当马赛克块比较大的时候，可能看不出图像的含义；但当图像的马赛克块缩小至图 5-4 所示的大小时，就能够看清楚图像表达的含义了。如果想让图像更加清晰，可以继续缩小马赛克块，以致人眼无法分辨马赛克块为止。

图 5-3　马赛克图像 1

图 5-4　马赛克图像 2

5.1.2　媒体

在现实生活中，人们将各种各样的信息表现形式都称为媒体（medium）。由于侧重点不同，媒体没有统一的定义。维基百科对"媒体"的定义是："传播媒体或称'传媒''媒体'或'媒介'，指传播信息的载体，即信息传播过程中从传播者到接受者之间携带和传递信息的一切形式的物质工具。"国际电信联盟从技术层面给出了媒体的定义：媒体是感知、表示、存储和传输信息的手段和方法，可分为感觉媒体、表示媒体、表现媒体、存储媒体、传输媒体 5 种表现形式。

（1）感觉媒体（perception medium）指能直接作用于人的感觉器官，使人产生直接感觉（视觉、听觉、嗅觉、味觉、触觉）的媒体。例如，人类的语言、音乐，自然界的各种声音、图形、图像,计算机系统中的文字、数据和文档,等等,都属于感觉媒体。

(2) 表示媒体(representation medium)指为了传送感觉媒体而设计的媒体,借助这种媒体,能更有效地存储感觉媒体或将感觉媒体从一个地方传送到远距离的另一个地方。表示媒体主要表现为信息系统赖以工作的各种编码形式的信号,例如,文字使用ASCII 编码方式表示,声音使用 PCM 编码方式表示,图像使用 JPEG 编码方式表示,等等。

(3) 表现媒体(presentation medium)指用于通信中,使电信号和感觉媒体之间产生转换的媒体,是显示感觉媒体的设备,又称为显示媒体。表现媒体又分为两类:一类是输入表现媒体,如键盘、鼠标、触摸屏等;另一类是输出表现媒体,如显示器、音箱、打印机等。

(4) 存储媒体(storage medium)指用于存放表示媒体的物理介质,如纸张、硬盘、软盘、磁带及光盘等。

(5) 传输媒体(transmission medium)指用于传输表示媒体的物理介质,如电话线、同轴电缆、光纤甚至支持无线传输的空间等。在传输媒体上,信息能够连续传输。

通过分析上述定义可知,媒体具有两重含义:一是指存储信息的实体,也称为媒质;二是指传递信息的载体,也称为媒介。例如,电影和电视以磁带、磁盘等为媒质,以动态图像和声音为主要媒介。实际上媒质和媒介是不可分离的,这从英文单词 medium 同时表示媒质和媒介就可看出。

媒体的特征主要表现为其可存储性、可传播性和可感知性。可存储性使得媒体可以承载需要传递的信息实体,是媒体的内涵特征;可传播性强调媒体信息必须可以通过传递从一个地域到达另一个地域,是媒体的传播特性;可感知性则表现了媒体是可以向外输出的供感知的信息,是媒体的表现特征。

5.1.3 数字媒体

1. 数字媒体的定义

目前对于数字媒体没有统一的定义,但人们对其内容的认知基本一致。数字媒体包含了数字媒体内容和数字媒体技术,即不仅包含纯粹的数字化内容,还涵盖为内容提供支持的各类理论、技术和硬件。

一种数字媒体的定义为:数字媒体是指以二进制数的形式通过计算机产生、获取、记录、处理和传播的信息媒体,这些媒体包括感觉媒体、表示媒体、表现媒体、存储媒体、传输媒体等。该定义主要包含两个方面:一是数字化的手段,即利用二进制进行各类信息的处理,这显然和计算机密切相关;二是媒体,也就是说和信息的传播和表达有关。

《2005 中国数字媒体技术发展白皮书》对数字媒体的定义如下:数字媒体是数字化的内容作品和信息,以现代网络为主要传播载体,通过完善的服务体系,分发到终端和用户进行消费的全过程。这一定义主要有 3 方面的含义:一是内容的数字化,强调数字媒体的生成、存储、传播和表现的整个过程中采用数字化技术,这是数字媒体的基本特征;二是以网络作为数字媒体的主要传播载体,强调数字媒体需通过网络传输手段被分发到终端设备和用户,这是数字媒体的传播特征;三是可感知性,强调数字媒体中的内容信息最终需要通过丰富多彩的感知手段在终端展现，这是数字媒体的内容特征。其中，网络传播是数字媒体最显著和最关键的特征，也是数字媒体发展的必然趋势。

2. 数字媒体的分类

数字媒体按照不同的分类方法可以分成不同的种类。

（1）按时间分，可分为静止（still）媒体和连续（continue）媒体。静止媒体是指内容不会随着时间而变化的数字媒体，如文本和图片。连续媒体是指内容随着时间而变化的数字媒体，如音频和视频。

（2）按来源分，可分为自然（natural）媒体和合成（synthetic）媒体。自然媒体是指客观世界存在的景物、声音等经过专门的设备进行数字化和编码处理之后得到的数字媒体，例如数码相机拍的照片。合成媒体则是指以计算机为工具，采用特定符号、语言或算法表示的，由计算机生成（合成）的文本、音乐、语音、图像和动画等，例如用3D制作软件制作的动画角色。

（3）按组成元素分，可分为单一媒体（single media）和多媒体（multimedia）。单一媒体是指单一信息表现形式的媒体；而多媒体指的是多种信息表现形式和传递方式的组合。

另外，国家863计划信息技术领域专家组对数字媒体从产业的角度进行了分类。数字媒体产业以内容特征为分类依据，划分为数字动漫、网络游戏、数字影音、数字出版、数字学习、数字展示6个基础内容领域。其中，数字动漫包括2D/3D卡通动画；网络游戏主要形态包括大型在线网络游戏、移动手机游戏等；数字影音运用数字化CG等制作技术，进行数字影音产品的拍摄、编辑和后期制作；数字出版的主要形态包括从计算机下载的网络出版、e-Book形式的网上电子阅读和按需印刷的网络出版3种形式；数字学习是指进行音频、视频和人机交互合一的教学产品的制作，并通过网络通信平台向学员提供更为灵活的数字化学习与培训服务的学习方式；数字展示是指以数字化的文字、图像和影音为消费者提供具有沉浸效果的媒体展现，大型会展、数字博物馆等是其主要的应用场所。

5.2 数字媒体的界定

数字媒体是国家863计划首先倡导使用的概念。与此同时，国际上有很多与数字媒体非常相近的概念和说法，例如多媒体、新媒体、数字内容产业等。这些概念分别从不同的角度表达了相似或者相近的概念。

从上述数字媒体的定义中可看出，对于数字媒体的概念主要是从内容和技术的角度来分析的。下面来看看其他相似或相近概念的含义。

5.2.1 多媒体

1984年，美国苹果公司推出Macintosh系列机，引入了位映像（bitmap）的概念，以便对图形进行处理，使用窗口（windows）和图标（icon）作为用户界面，将鼠标（mouse）作为交互设备,使人们感到耳目一新,方便了用户的操作。此后,"多媒体"一词在计算机应用领域广泛流行,成为计算机的重要特征之一。

多媒体的定义首次出现于1990年2月,Lippincott和Robinson在*Byte*杂志上发表的一篇文章给出了多媒体的定义:多媒体是指计算机交互式处理多种媒体信息——文本、图形、图像和声音,使多种信息建立逻辑联系集成,为一个系统并具有交互性。另外,还有一个普遍认可的定义:多媒体是指能够同时获取、处理、编辑、存储和显示两种以上信息媒体类型的技术,这些信息媒体包括文字、声音、图形、图像、动画、活动影像等。

可以这样理解多媒体:多媒体是一种以计算机为中心的多种媒体的有机组合,这些媒体包括文本、图形、图像、动画、静态视频、动态视频和声音等,并且人们在接受这些媒体信息时具有一定的主动性和交互性。

从以上对多媒体的定义可以看出,多媒体的概念主要侧重于媒体的角度,强调多种类型媒体的有机整合。

5.2.2 新媒体

新媒体是在1998年5月联合国新闻委员会召开的年会上首次提出的,当时是指被称为"第四媒体"的互联网,即它是继报刊、广播、电视等三大传统媒体之后的第四种主要大众传播媒体。

对于新媒体的定义,相关的专家、学者以及实务工作者都进行了不断的探索,但目前仍没有确切的定义。联合国教科文组织早期关于新媒体的定义,即"新媒体就是网络媒体",也随着时间的推移得到了进一步的拓展和延伸。美国新媒体艺术家列维·曼诺维奇(Lev Manovich)认为,新媒体将不再是任何一种特殊意义的媒体,而不过是一种与传统媒体形式不相关的一组数字信息,这些信息可以根据需要以相应的媒体形式展示出来。清华大学新媒体研究中心主任熊澄宇教授认为:"所谓新媒体是一个相对的概念,'新'是相对'旧'而言的。从媒体发生和发展的过程当中,我们可以看到新媒体是伴随着媒体发生和发展在不断变化的。广播相对于报纸是新媒体,电视相对于广播是新媒体,网络相对于电视是新媒体。今天我们所说的新媒体通常是指在计算机信息处理技术基础之上出现和影响大众的媒体形态。"

从上述定义可以得出新媒体的两个主要特征:一是新媒体具有一定的相对性,其内容随着社会的不断发展会得到增加和丰富;二是在当今社会,新媒体与计算机信息处理技术密不可分。

在当今,数字技术是关键和主流的技术,数字技术催生了各种新媒体的不断诞生,推进了各种新媒体的急速发展,促进了传统媒体的变革,从而构成了新媒体与数字媒体的密切关系。因此,可以认为,当下的新媒体是与数字媒体密切相关的,数字媒体是新媒体当前发展的主流。而将来,新媒体或许将超出数字媒体的范畴,例如,随着生物信息技术进入实用阶段,生物媒体理应是新媒体,但它不是数字媒体。

由此可见,新媒体是主要侧重于应用层面的概念。

5.2.3 数字内容产业

数字内容产业的概念出现于 20 世纪 90 年代中期。数字内容产业是应用数字技术提供信息内容服务的产业。

欧盟《信息社会 2000 计划》中将数字内容产业定义为"制造、开发、包装和销售信息产品及其服务的企业"。在《2004 数字内容产业白皮书》中对数字内容产业的定义为"将图像、文字、影像、语音等内容，运用信息技术进行数字化并加以整合运用的产品或服务"。中国传媒大学赵子忠教授对它的定义为："数字内容产业是依托内容产品数据库，自由利用各种数字化渠道的软件和硬件，通过多种数字化终端，向消费者提供多层次、多类型的内容产品的企业群。"2003 年《上海市政府工作报告》指出："数字内容产业是依托先进的信息基础设施与各类信息产品行销渠道，向用户提供数字化的图像、字符、影像、语音等信息产品与服务的新兴产业类型，它包括软件、信息化教育、动画、媒体出版、数字音像、数字电视节目、电子游戏等产品与服务，是智力密集型、高附加值的新兴产业。"

从上述定义来看，可以将数字内容产业归纳为两个方面：一是应用技术方面，整个产品的制造、销售等全过程都应用了信息技术；二是产品形态方面，数字化产品与传统的产品有较大区别，主要是由图像、文字、影像、语音等内容综合而成，这种产品强调的是服务性。

数字内容产业在不同地区的归类也多种多样。欧盟《信息社会 2000 计划》明确了数字内容产业的内涵，它涉及移动内容、互联网服务、游戏、动画、影音、数字出版和数字化教育培训等多个领域。在我国，数字内容产业被归入信息服务业。由于信息技术的变化以及自身的不断发展，目前该产业所涵盖的领域还没有确定。

5.3　数字媒体的特点

5.3.1　以数字化为基础

美国未来学家尼葛洛庞帝在其《数字化生存》一书中提出："信息技术的发展将变革人类的学习方式、工作方式、娱乐方式，一句话，人们的生存方式。"该书的核心思想为：作为"信息的 DNA"的比特（bit）正迅速地取代原子而成为人类社会的基本要素。数字化正改变人们的生活方式。

数字化是指信息（计算机）领域的数字技术向人类生活的各个领域全面推进的过程，其中包括通信领域、传播领域内的传播技术手段以数字制式全面代替传统模拟制式的转变过程。当前，各类传统媒体都在加速数字化进程，主要表现在两方面：一是表现在最终呈现形式上，如图书的数字化，超星数字图书馆（http://www.ssreader.com.cn）已累积了120 万种数字化图书，学科涉及文学、艺术、语言、历史、经济、法律、政治、哲学、计算机、工程技术等 22 个大类；二是表现在制作全过程上，比较典型的例子就是无纸动画，即在计算机上完成全程制作的动画作品。

案例 5-2 无纸动画。

无纸动画就是全程采用计算机制作动画,即创作人员将原有的人物设计、原画、动画、背景设计、上色、特效全部转入计算机中完成。

传统动画主要的绘画部分都是手工在纸面上完成,这样的生产工艺需要大规模团队的集中作业。例如《哪吒传奇》的中期制作共有上千人,需要大面积的厂房空间。集中作业也产生巨大的人力成本。相对于传统动画,无纸动画具有成本低、易学习、品质高、输出简单等多方面的优势。由于投入少、风险小,新兴动画公司已经普遍接受和采用了无纸动画流程。

无纸动画最早起源于制作《聪明的一休》的日本东映株式会社,它为降低生产流通成本而委托日本 CELSYS 公司开发了无纸动画系统。目前东映除了其东京本部外,还在菲律宾开设无纸动画分厂。该系统大幅度降低了成本,并提高了生产效率。

在国外,传统动画也被迅速淘汰。美国迪士尼公司在 2004 年初正式关闭了传统动画工作室。迪士尼公司不仅是纸上动画工艺的创始者,更是传统动画业最辉煌的纸上动画公司,但该公司不仅在早年前就开始转入无纸动画领域,而且在 2006 年斥资 40 亿美元收购了著名的数字动画工作室——皮克斯。如今,昔日的纸上动画王者已经完全进入了全新的无纸动画时代。

无纸动画采用"数位板(压感笔)+计算机+CG 应用软件"的全新工作流程,其绘画方式与传统的纸上绘画十分接近,因此能够很容易地从纸上绘画过渡到无纸动画平台(见图 5-5)。

图 5-5 无纸动画平台(左侧为传统动画摄影台,右侧为无纸动画液晶手写屏)

5.3.2 以多媒体形式呈现

数字媒体系统把文字、图形、图像、声音、视频、动画等多种信息有机地结合、加工和处理,以达到"1+1>2"的效果。人类接收和传播信息的两种主要方式是用眼睛看和用耳朵听。心理学家曾做过实验,人类获取的信息 83% 来自视觉,11% 来自听觉,这两项加起来就有 94%,所以可视的媒体(如文字、图形、图像、动画等)和可听的媒体(如声音等)完美结合,才能完整、自然地表达和让人最大程度地接收信息。

数字媒体传播技术集报纸、广播、电视 3 种媒体的优点于一身,以文本、图像、图形、动画、视频和声音等多种媒体形式呈现,以超文本、超媒体的方式组织,可充分调动受众的视听感官,非常适合人类交流信息的媒体多样化特性。

案例 5-3　杂志的变迁。

杂志是定期或不定期连续出版的出版物,它根据一定的编辑方针,将众多作者的作品汇集成册出版。由于其具有能详细深入论述主题内容的特点,备受读者喜爱。进入网络时代后,杂志开始由传统的纸质向电子形式转变,杂志的表现方式也开始从文字、图像发展到多媒体的综合和互动媒体上来。

电子杂志又称网络杂志、互动杂志,目前已经进入第三代,以 Flash 为主要载体独立于网站存在。电子杂志是一种非常好的媒体表现形式,它兼具平面媒体与互联网两者的特点,且融入了图像、文字、声音、视频、游戏等,将这些媒体动态结合来呈现给读者,此外,还有超链接、即时互动等网络元素,是一种全新的阅读方式。电子杂志延展性强,可移植到 PDA、智能手机、MP4、PSP 及数字电视等多种个人终端进行阅读。

电子杂志起源于 20 世纪 80 年代的 BBS 热潮。《亡牛的祭奠》(*Cult of the Dead Cow*)于 1984 年发行了第一期电子杂志,并且一直持续至今。中国的第一个电子杂志是 2003 年 1 月台湾省的 KURO 音乐软件公司"飞行网"推出的《酷乐志》。该杂志是以 Flash 动画为基础,融入文字、图像、音频和视频的数字化互动杂志,这种新兴的杂志炫酷精美、内容丰富,十分符合年轻人的审美观,很快便在网络上流行起来。

目前国内主要的电子杂志发布平台有 ZCOM 电子杂志门户(www.zcom.com)、新数通(www.xplus.com)、魅客(www.poco.cn)、VIKA(www.vika.cn/)、万众传媒(www.wanzhong360.cn)、iebook(www.iebook.cn)等。

杂志的类型涉及生产生活的各个领域。例如,《瑞丽·裳》是由瑞丽集团与 ZCOM 电子杂志制作团队联手打造的电子杂志,该杂志引导都市女性掌握美丽技巧,提供即学即用的扮靓搭配,为都市年轻女性提供最具影响力的服饰潮流资讯,如图 5-6(a)所示。《运动汇》电子杂志是 Xplus 平台上专门介绍体育文化的电子杂志,如图 5-6(b)所示。《数码世界》是 VIKA 平台上专门介绍数码产品以及数字技术的计算机杂志,如图 5-6(c)所示。

(a)《瑞丽·裳》　　　　(b)《运动汇》　　　　(c)《数码世界》

图 5-6　3 种有代表性的电子杂志

5.3.3 以多渠道方式分发

传统媒体的传播都高度依赖自身独有的传播渠道,例如,报纸、杂志的分发主要依赖于邮政发行网络,而电视、广播的传播则主要依赖于卫星和电视塔等。而对于数字媒体来说,其传播渠道正在向多元化方向发展,媒体的内容也正逐渐独立于分发渠道。

目前存在的网络主要有电话网、互联网和有线电视网,但从各种网络的发展来看,已经积累了足够的能量推进信息表示与显示媒体的"3C 融合"(即通信(communication)、计算机(computer)、消费类电子产品(consumer electrics)的融合)及传输媒体的"三网合一"(即电信网、有线电视网和计算机通信网的融合),并且这种融合不是简单的组合,而是在技术上都向数字媒体技术方向发展后的融合,以形成统一的多媒体管理信息系统。PC 平台加上宽带互联网,手机平台加上 3G/4G/5G 技术,电视平台加上 IPTV 和数字电视,都将成为数字媒体传播的重要渠道。

案例 5-4 IPTV。

IPTV 又称网络电视,是一种利用宽带有线电视网,集互联网、多媒体、通信等多种技术于一体,向家庭用户提供包括数字电视在内的多种交互式服务的技术,它将电视机、个人计算机及手持设备作为显示终端,通过机顶盒或计算机接入宽带网络,实现数字电视、时移电视、互动电视等服务。IPTV 的出现给人们带来了一种全新的电视观看方法,它改变了以往被动的电视观看模式,实现了电视以网络为基础按需观看、随看随停的便捷方式。IPTV 业务流程如见图 5-7 所示。

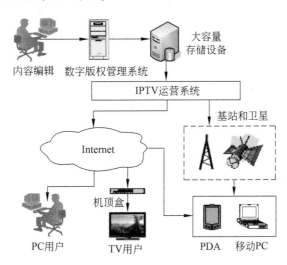

图 5-7 IPTV 业务流程

网络电视的终端目前有 3 种形式:PC、TV 和手机。通过 PC 收看网络电视是当前网络电视收视的主要方式,因为互联网和计算机之间的关系最为紧密,目前已经商业化运营的系统基本上属于此类,较流行的系统有 PPLive 网络电视、PPS 网络电视、QQLive、迅雷看看等。基于 TV 的网络电视以 IP 机顶盒为上网设备,利用电视作为显示终端。虽然电视用户大大多于 PC 用户,但由于电视机的分辨率低、体积大(不适宜近距离收看）等缘故，这种网络电视目前还处于推广阶段。手机电视是 PC 网络的子集和延伸，它通过移动网络传输视频内容。由于它可以随时随地收看，且用户基数巨大，所以可以自成一体。

5.3.4　以个性化方式传播

在传统的大众传播中，传播过程需要依赖于庞大的媒体组织机构；而在数字媒体世界中，信息发布者可能是个人，通过计算机和网络将信息传播出去。由于网络具有的交互性和实时性，它不仅可以使信息传播方和接收方之间实时通信，而且可以以互动方式进行，而不像电视、广播系统那样，受众只能被动地接收信息。

数字化传播技术广泛、深入的应用，一方面使大众传播的覆盖面越来越大，受众可以完全不受时空的限制选择网上的任何信息；另一方面使大众传播的受众群体划分得越来越细，可以做到针对范围很小的受众群体进行信息传播，这种方式也称为"窄播"。广播的最大优势就是受众面广泛，影响力巨大，但无法最大限度地满足人们多方面、多层次的信息需求，特别是不能做到有选择地满足特定时间和环境下特定人群的特定需求。窄播也称为小众传播或分众传播，是相对于广播而言的一种新的传播形式，可以提供个性化信息服务，是广播的有益补充。窄播的延伸是个人化传播，即多对一甚至一对一的传播，例如，搜狐邮件信息的定制功能。

案例 5-5　亚马逊公司网站。

亚马逊公司是美国最大的网络电子商务公司，位于华盛顿州的西雅图，是网络上最早开始经营电子商务的公司之一。亚马逊公司成立于 1995 年，一开始只经营图书网络销售业务，现在则扩大到范围相当广的其他产品，包括 DVD、音乐光碟、计算机、软件、电视游戏、电子产品、衣服、家具等。

该网站提供了大量的商品分类信息，并提供免费的 e-mail 信息订阅服务。登录网站后，注册用户名，然后提供有效的邮件地址，就可以订阅网站上的商品信息，如图 5-8 所示。每隔一定时间，订阅的信息将通过邮件发送至用户的邮箱。如果不再需要订阅服务，进入账号取消即可。

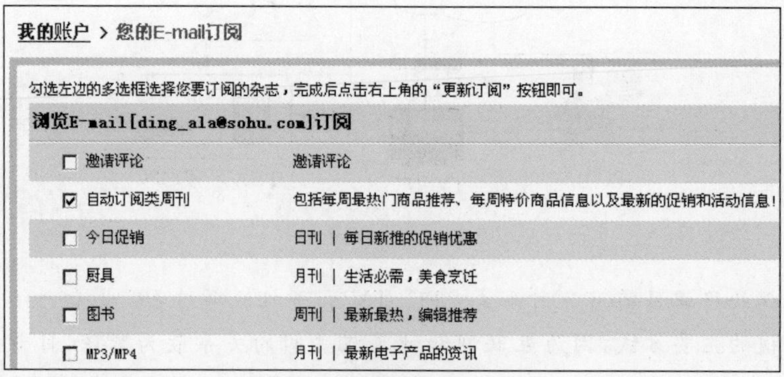

图 5-8　亚马逊网站的邮件订阅服务

5.3.5　技术和艺术融合

随着计算机的发展和普及,单纯的技术功能已经不能满足数字媒体传播的需要,数字媒体还需要信息技术与艺术的融合。数字媒体集成了文字、图形、图像、声音、视频、动画,具有声像并茂的立体表现特点,因而能更有效、更直接地传播丰富、复杂的信息。但也正因为数字媒体表现的丰富性,常常带来信息的冗余及误解等问题。如何使整体大于部分之和,如何利用多种媒体的表现方式并使之综合,有针对性地、有效地传达信息,就日益成为一个值得研究的课题。数字媒体艺术正是解决这一问题的有效途径,通过它的引入,使人机界面得到改善,把人们的各种感官有机地组合起来以获取相关的信息,从而更吸引人的注意力,使传达的信息更易为人所于接受和理解。

案例 5-6　数字媒体艺术。

数字媒体艺术萌芽于 20 世纪 50 年代,但真正繁荣开始于 20 世纪 80 年代。如今数字媒体艺术已进入稳步发展和扩张时期,为数字媒体的发展增添了亮丽的一笔。

数字媒体艺术是指以数字科技和现代传媒技术为基础,将人的理性思维和艺术的感性思维融为一体的新艺术形式。数字媒体艺术不仅具有艺术本身的魅力,而且作为新的应用技术和表现手段,数字媒体艺术也是目前艺术设计领域中最具有生命力和发展潜力的部分。数字媒体艺术的突出表现是数字绘画艺术或电脑美术,它的应用表现形式包括借助数字技术或数字媒体创作的视觉艺术或设计作品。数字媒体艺术区别于其他艺术形式最关键的一点是:它的表现形式或者创作过程必须部分或全部使用数字科技手段。

环视我们的生活,数字媒体艺术已经渗透到生活的各个领域,并成为生活中不可或缺的一部分。从上网冲浪时访问的各类色彩斑斓的网页艺术,到精彩绝伦的数字电影,再到妙趣横生的电视广告,还有惟妙惟肖的游戏角色,都是数字媒体艺术的成果,如图 5-9 所示。

(a) 网站主页

(b) 广告宣传

(c) CG电影

(d) 网络游戏

图 5-9　数字媒体艺术

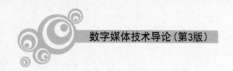

思考与练习

1. 填空题

(1) 对于媒体的含义，可以从＿＿＿＿＿＿＿和＿＿＿＿＿＿＿两个范畴理解。

(2) 国际电信联盟从技术层面上定义了 5 种媒体，它们是＿＿＿＿＿＿、
＿＿＿＿＿＿、＿＿＿＿＿＿、＿＿＿＿＿＿和＿＿＿＿＿＿。

(3) 国家 863 计划信息技术领域专家组从产业的角度将数字媒体分为＿＿＿、
＿＿＿、＿＿＿、＿＿＿和＿＿＿六大类。

2. 简答题

(1) 请你谈谈对数字媒体的认识，其主要特点有哪些？

(2) 简述数字媒体、多媒体、新媒体和数字内容产业的联系和区别。

3. 拓展题

在网络上查找一个优秀的数字媒体应用案例，并分析该案例，分析内容主要包括以
下几点：

- 该案例属于数字媒体的哪个应用领域？
- 该案例主要采用了哪些技术？
- 你为什么觉得它很优秀？
- 从开发者的角度分析该案例有无改进之处。

第6章　数字媒体的技术体系

本章重点从两个角度阐述数字媒体的技术体系：一个是数字媒体产业的角度，着重强调数字内容生成技术和内容服务技术；另一个是数字媒体流通过程的角度，着重强调数字媒体从数字化信息的获取，到处理和生成，直到最后传播给用户这一过程中所涉及的各项技术。

6.1　数字媒体产业角度的技术体系

要从产业角度分析数字媒体技术，首先要了解数字媒体产业链的运行过程。数字媒体产业链不仅涵盖了数字媒体制作、发布、流通和消费的各个阶段，同时为了能够保障整个运行的正常进行，每个阶段都需要平台服务技术的支撑。数字媒体产业链可用图 6-1 表示。

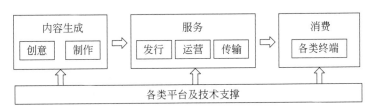

图 6-1　数字媒体产业链

内容生成包括创意和制作两个部分。其中创意是数字媒体产品的源头，只有产生了好的创意，才能制作出好的数字媒体作品；制作是对创意的实现，高水平的制作可实现对创意的二次升华。

服务包括发行服务、运营服务和传输服务 3 部分。其中，发行服务主要涉及对数字媒体产品的审查、登记、发布等环节，该环节决定数字媒体产品是否可以进入流通领域；运营服务主要涉及对数字媒体产品的宣传和应用等环节，该环节决定数字媒体产品的增值和营销模式的形成；传输服务主要涉及数字媒体产品的复制和传播，该环节决定数字媒体产品的覆盖面和影响力。

消费主要是指利用各类终端设备进行消费的过程，这些终端包括电视机、计算机、手机、PDA、展示屏等。

各类平台和支持技术涉及数字媒体产业链的制作和内容管理、传播和业务运营、消费与终端制造等多个环节。在这些环节中，技术和软件支撑是实现产业链各个环节功能定位的重要因素，公共基础技术和前沿技术、公共平台与服务体系以及面向应用的系统技术是实现产业链各个环节功能的核心因素。

从上述产业链角度进行分析，可以将数字媒体的技术体系分为两部分：数字内容生成技术和服务技术。其中，数字内容生成技术是核心，但数字内容的生成过程始终离不开服务技术的支持，同时服务技术还支撑着整个数字媒体产业的运营。整个技术体系可用图 6-2 表示。

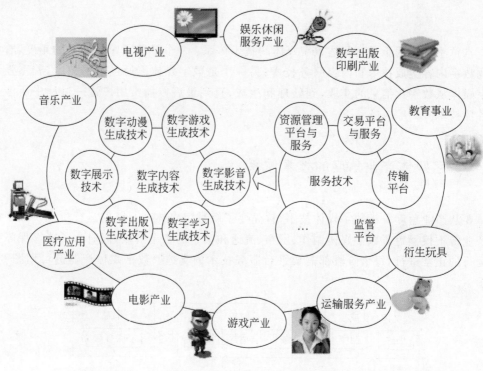

图 6-2　数字媒体产业技术体系

6.1.1　内容生成技术

数字媒体的内容主要包括数字动漫、数字游戏、数字影音、数字学习、数字出版、数字展示等多个方面。虽然这些媒体内容的形式多种多样，但都是数字化产品，其本质都是一样的，所以其生成技术也有很多相似之处。例如，数字动漫技术和数字游戏技术都以计算机图形学作为基础，有些具有情节的游戏中还加入了大量的动画来推动故事情节的发展。

当然，不同的数字媒体内容，其生成技术的侧重点也不尽相同，主要表现如下：

（1）数字动漫：在强调提高制作效率的网络协同创作的同时，更需要集成渲染服务与全数字无纸化制作技术。

（2）数字游戏：在强调提高制作效率的网络协同创作的同时，还强调实时、高效的引擎技术以及个性化技术。

（3）数字影音：注重高质量、高清晰度的节目源制作。

（4）数字学习：主要考虑学习内容与课件的组织与管理。

（5）数字出版：重点关注文字的编排格式与印刷模式。

（6）数字展示：主要应用虚拟现实技术，强调展示的生动性、逼真性和沉浸感。

案例 6-1　游戏动画和动漫动画的区别。

游戏和动漫中都有动画，但由于两者对动画的要求不同，所以采用的技术差别也比较大。游戏中的人物或角色需要玩家来控制，其动画是在人和计算机实时交互的过程中根据一定的算法来完成的，所以游戏中的动画称为实时动画，又称算法动画。动漫中的动画不需要交互性，强调的是画面的质量要清晰，一般是由一帧一帧的图像序列构成的，所以又称为逐帧动画。

在实时动画中，计算机对输入的数据进行快速处理，并在人眼觉察不到的时间内将结果随时显示出来。实时动画的每个片段在生成之后就立即播放，因此生成动画的速率必须符合刷新频率的约束。实时动画的生成速率与许多因素有关，如计算机的运算速度、图形计算的软件与硬件实现、景物的复杂程度、动画图像的分辨率等。实时动画一般不必存储在相应的媒介上，可在显示器上直接实时显示出来。

逐帧动画是通过一帧一帧显示动画的图像序列而实现的。对于逐帧动画，场景中的每一帧都是单独生成和存储的，这些帧可以记录在相应的存储媒介上或以实时回放的模式连贯地显示出来。由于逐帧动画很适合表演细腻的动画，如 3D 效果、人物或动物急剧转身的效果等，所以在游戏的片头动画、宣传动画或者某些需要展示细节动作的地方使用的也是逐帧动画。

6.1.2　内容服务技术

数字媒体产业通过网络将各类数字媒体产品传递给终端用户，通过用户的消费实现产品的增值，这一过程的每一步都离不开服务的支持。这些服务包括集成了大量底层技术的基本服务功能和平台。通过这些基本服务功能和平台，可对数字媒体的产业化运营产生直接的影响，能够改善系统运营的服务能力，降低服务运营成本，提升竞争力。内容服务技术中涉及的平台和服务主要分为两部分：制作环节的数字媒体资源管理平台与服务，发布与流通环节的数字媒体交易平台与服务、数字媒体传输平台、数字媒体监管平台等。

案例 6-2　3Dexport 数字媒体内容素材资源交易平台。

3Dexport（http://www.3dexport.com/）是一个数字媒体内容素材资源交易平台，在该平台上可进行 3D 模型、纹理、各类插件以及用于 CG 工程中的各类数字印刷品等的交易。该平台中的 3D 模型交易开始于 2004 年 2 月，目前它已成为世界上最大的 3D 模型提供商之一。

该平台有 3D 模型超过 11 500 件，主要类别有汽车、家具、建筑、符号、动物、乐器、珠宝等 23 类。

图 6-3 展示了该平台的部分 3D 模型以及价格。

图 6-3　3Dexport 平台的部分 3D 模型及其价格

6.2　数字媒体流通过程视角的技术体系

数字媒体流通过程是指数字信息的获取、处理、传播以及输出的全过程。从流通过程角度分析,数字媒体技术体系不仅包括获取、处理、传播和输出技术,还包括数字信息存储技术、管理技术以及安全技术等。数字媒体的流通过程如图 6-4 所示。

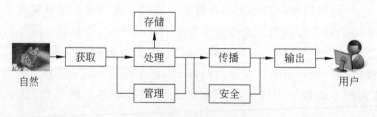

图 6-4　数字媒体的流通过程

根据数字媒体的流通过程建立的数字媒体技术体系如图 6-5 所示。

除了图 6-5 中列举出的数字媒体技术之外,还有一些技术也属于数字媒体技术体系,但这些技术是综合了两种以上技术而得到的技术。例如,流媒体技术综合了数字传播技术和数字压缩处理技术,虚拟现实技术综合了人机交互技术、计算机图形技术和显示技术等。

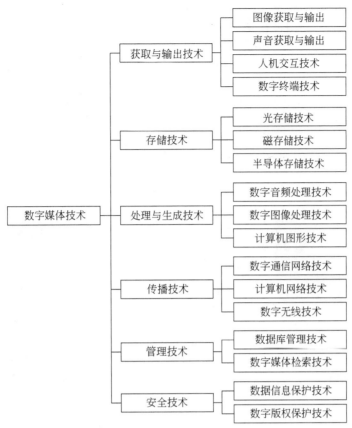

图 6-5　流通过程视角的数字媒体技术体系

6.2.1　数字信息获取与输出技术

数字信息获取技术主要研究如何将现实生活中的各类信息或者用户的指令输入到计算机中的技术,其技术基础是现代传感技术。数字信息的获取需要专门的设备,也称为输入设备。现实生活中的信息主要有声音、图像、视频等,常见的声音获取设备有录音笔、语音采集系统等。常见的图像获取设备有数码相机、扫描仪等。常见的视频获取设备有数码摄像机、视频采集系统等,常见的用户指令输入设备有键盘、鼠标、光笔、跟踪球、触摸屏等。另外,还有一些专业数据获取技术,如运动数据采集与交互获取技术,其获取设备有数据手套、数据衣等。

数字信息输出技术主要研究如何将计算机中的信息转化成更符合人类认知模式的信息表现形式,主要包括显示技术、硬拷贝技术、声音系统以及三维显示技术等。常见的输出设备有显示器、打印机、绘图仪等,其中显示器又是最常用的一种,平板高清显示器已经成为主流。三维显示技术也是今后输出技术的一个重要方向。

人机交互技术是指通过计算机输入输出设备,以有效的方式实现人与计算机对话的技术。人机交互技术的一个重要发展方向是虚拟现实(Virtual Reality,VR)技术。虚拟现实是以沉浸性、交互性和构想性为基本特征的计算机高级人机界面。它用计算机生成逼真的三维视觉、听觉、嗅觉等感觉,使人作为参与者通过适当装置自然地对虚拟世界进行体验并与之交互。使用者在移动位置时,计算机可以立即进行复杂的运算,将精确的3D世界影像传回,以产生临场感。

案例6-3 丰富多彩的人机交互设备。

除了鼠标、键盘等常见的人机交互设备外,新一代人机交互的目标是以人为中心的自然、高效的交互技术,主要包括多通道交互、三维交互、可穿戴计算机、智能用户界面等。其中,多通道交互是指获取用户的表达意图、执行动作或感知各类反馈信息并与计算机进行交互的技术,常见的通道有言语、眼神、脸部表情、唇动、手动、手势、头动、肢体姿势、触觉、嗅觉或味觉等。图6-6显示了部分人机交互设备。

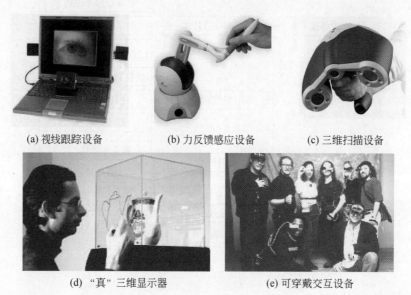

(a) 视线跟踪设备 (b) 力反馈感应设备 (c) 三维扫描设备

(d) "真" 三维显示器 (e) 可穿戴交互设备

图6-6 部分人机交互设备

视线跟踪也称为眼动追踪,它利用专用设备记录用户的眼球运动(Eye Moverment,简称眼动)情况,据此来分析用户的意图和内部心理活动情况。视线跟踪可以代替键盘输入、鼠标移动的功能,达到"所视即所得"(what you look at is what you get),对残疾人和飞行员等有极大的帮助。图 6-6(a)是在 PC 前装了两个微型摄像头,用以跟踪人的视线。

力反馈感应技术主要有触觉感应技术和动作感应技术两种。触觉感应技术主要用在鼠标和轨迹球等产品中,而动作感应技术则主要用在动感游戏控制器中。通过图6-6(b)中力反馈感应设备可以触摸和操纵虚拟物体。

三维扫描设备可提供三维物体的模型输入,有接触式和非接触式、手持和固定以及不同精度之分,可按不同应用环境和精度要求选取。图 6-6(c)是非接触式手持三维扫描仪。

"真"三维显示器是不需要戴上立体眼镜或装有显示器的头盔,直接用肉眼就可看到三维效果的显示器。图 6-6(d)是一个"真"三维显示器。

可穿戴交互设备(见图 6-6(e))可广泛应用于野外作业。根据可穿戴交互设备的特点,在其人机交互功能的设计上,特别重视自然的多通道界面(如语音、视线跟踪、手势等)、上下文感知应用(如位置、环境条件、身份等传感器)、经验的自动捕捉及访问等。

6.2.2 数字信息存储技术

数字媒体是以二进制的形式存储在计算机中的,所以只要能够存放两个状态位的材料都可以作为计算机的存储介质。由最初的打孔纸带发展到现在的半导体存储器,各种存储介质层出不穷,种类繁多,总的发展方向是容量大、体积小、速度快。目前占据主流地位的存储技术主要有 3 类:磁存储技术、光存储技术和半导体存储技术。

磁存储技术是指运用电磁效应原理将携带信息的电信号转换成具有相同变化规律的磁场,然后将磁性记录介质层磁化,并以介质层的剩磁的形式形成信息的物理标志长期保存;而在读取时,利用相反的电磁转换规律将磁性记录介质层上的信息物理标志变换成电信号。磁存储技术具有记录性能优异、应用灵活、价格低廉等优势,是数字媒体存储技术中不可替代的存储媒体,目前主要形式有硬磁盘、磁带等。

光存储技术是采用光学方式记录和读取二进制信息的技术。光存储技术具有容量大、寿命长、携带方便等优点,目前是数字媒体信息的重要载体,主要形式有 CD、DVD、BD 等。

半导体存储技术是采用半导体材料记录和读取二进制信息的技术。半导体存储技术应用领域广泛、种类繁多。半导体存储器根据读写特征可划分为随机存取存储器(RAM)和只读存储器(ROM)两大类。RAM 的执行速度很快,但有一个特性,就是电源电压去掉之后,RAM 中保存的信息将会丢失,所以 RAM 主要用来存放正在执行的程序和临时数据。ROM 是一种其内容只能读出而不能写入和修改的存储器,其存储的信息是在制作该存储器时就被写入的。由于 ROM 中的数据在断电之后不会丢失,所以常用来存放一些固定程序、数据和系统软件等,如检测程序、ROM BIOS 等。另外,还有一种半导体存储器是闪存,由于它具有断电后仍能够保存其中数据的特征,现已被广泛应用到可移动的存储设备中。

案例 6-4 蓝光存储技术。

光盘作为计算机的一种存储介质,是利用盘面上的凹坑和非凹坑来记录两种状态的。光盘上的凹坑非常小,肉眼根本无法看到,是通过激光束对其照射,利用在凹坑部分反射的光比从非凹坑部分反射的光弱这一特点来区分的。凹坑的边缘代表 1,凹坑和非凹坑的平坦部分代表 0,凹坑的长度和非凹坑的长度都代表 0 的个数。光盘的原理如图 6-7 所示。

光的波长直接影响读取光盘数据的密度。通常来说,波长越短的激光,能够在单位面积上记录或读取的信息越多。光盘的发展经历了 VCD、DVD 阶段后,进入 BD(Blu-ray

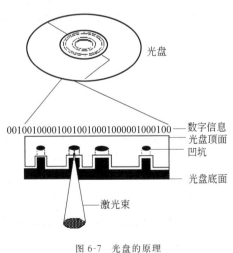

图 6-7 光盘的原理

Disc,蓝光盘)阶段。读取或写入数据时,VCD采用波长为780nm的红光,DVD采用波长为650nm的红光,BD则采用波长为405nm的蓝光。图6-8为可见光的光谱。

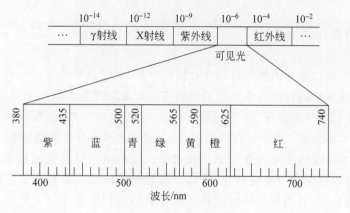

图 6-8 可见光的光谱

BD光盘根据物镜的数值孔径(Numerical Aperture,NA)大小的不同分为高密度DVD(High Definition DVD,HD-DVD)和蓝光盘两种。HD-DVD的单面单层容量为20GB,蓝光盘的单面单层容量有23.3GB、25GB及27GB 3种。物镜NA大,能在高密度光盘中更准确地读写数据,但缺点是容易造成光差增加。各类光盘参数比较如图6-9所示。

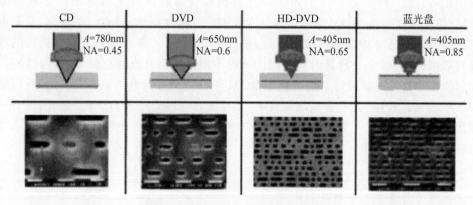

图 6-9 各类光盘参数比较

6.2.3 数字信息处理与生成技术

数字信息的获取途径有两种:一种来源于现实生活,再经数字化处理,转化成数字媒体,如音频、图像、视频等;另一种来源于数字制作,由计算机直接合成得到,无须经历数字化过程,如计算机合成音乐、计算机图形、计算机动画等。这两种信息获取途径产生两类数字媒体信息,其处理和生成技术的差别也较大。

第一类数字信息处理和生成技术主要包括模拟信息的数字化、压缩编码技术以及数字信息的特征提取、分类和识别技术等。这类数字信息常见的表现形式有音频、图像和视频 3 种,其技术体系可利用二维图(见图 6-10)表示。

第二类数字信息处理和生成技术主要涉及计算机的一些算法,通过算法的设计或改进使计算机生成的数字媒体内容更接近现实生活或更具艺术感。该类技术的主要表现形式有计算机合成音乐技术、计算机图形技术和计算机动画技术。

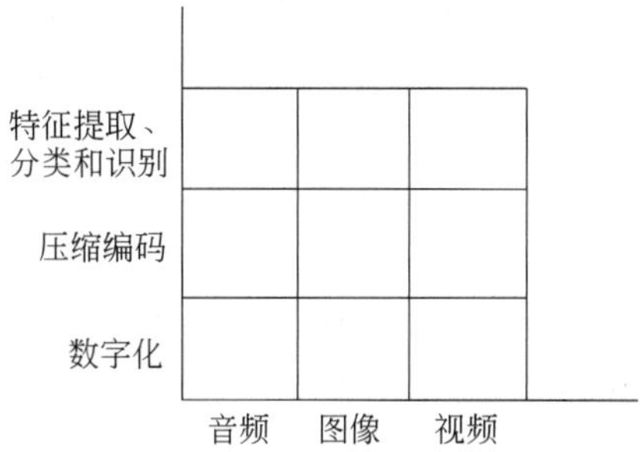

图 6-10 第一类数字信息处理
与生成技术二维图

1. 数字音频处理与生成技术

现实生活中的声音都是波形模拟信号,计算机无法直接处理。要想让计算机识别并处理这些声音信号,必须先对声音进行数字化。声音的数字化要经过采样、量化和编码 3 步,具体数字化过程见案例 6-5。数字化后的声音信号经过编辑、存储和传输等操作后,在输出时,还必须使用再生电路将数字信号恢复为模拟信号,这样才能被人们感知。声音信号的数字化和恢复过程如图 6-11 所示。

图 6-11 声音信号的数字化和恢复过程

案例 6-5 声音信息的数字化过程。

现实生活中的声音信息都是以波的形式存在的。人耳能够听到的声波是频率为 20Hz～20kHz 的物理波,称为全频带声音。其中,人的语音是频率为 300～3400Hz 的波。

声音信号属于二维信号,有时间维和幅度维,并且在这两维上都是连续的。在时间维上连续是指在一个指定的时间范围里声音信号的幅值有无穷多个,在幅度维上连续是指幅度的数值有无穷多个。为了将时间维和幅度维上的值离散化,将无穷多个值变成有限个值,需要经过采样和量化两个步骤。采样是把时间上连续的模拟信号转换成时间上离散、幅度上连续的信号。量化是指把在幅度上连续取值的每一个样本转化为离散值的过程。

声音信号的数字化过程如图 6-12 所示。

图 6-12(a)是一个原始的声音信号。经过采样、量化和编码 3 个核心步骤后,声音信号就形成了计算机可以处理的数字信号。

(1) 采样。如图 6-12(b)所示,采用均匀采样的方法,每隔 Δt 的时间取一个样本点,而样本点之间的数据就被舍弃了,从而使连续信号变成离散的点。时间间隔 Δt 取值的大小直接决定了声音信号的精度。衡量采样精度的另一个参数是采样频率 f,即一秒内采样的次数,$f = 1/\Delta t$。

(2) 量化。经过采样后得到的离散点在幅度上仍是连续的值,需要利用一些离散的点将幅度值的范围划分开来,然后将每一个采样点的幅度值都和其中的一个离散点对应起来。这些离散点的多少直接决定了量化的精度。量化精度越高，声音的保真度越高；反之越低。一般情况下，采用二进制的位数表示量化精度。如图 6-12(c)所示，这里采用的量化精度为 4 位，采样点 7 的实际值位于 5 和 6 之间，由于更接近 5，所以采样点 7 的值量化为 5。对所有点量化后得到的声音信号如图 6-12(d)所示。在实际应用中，采样精度一般采用的是 8 位、12 位和 16 位。

（3）编码。经过采样和量化后的声音，已经是数字形式，但为了便于计算机的存储、处理和传输，必须按照一定的要求进行编码，即对它进行数据压缩，以减少数据量。图 6-12(e)是声音信号的编码。

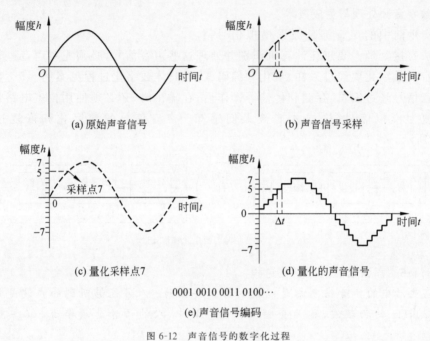

(a) 原始声音信号

(b) 声音信号采样

(c) 量化采样点7

(d) 量化的声音信号

0001 0010 0011 0100…

(e) 声音信号编码

图 6-12　声音信号的数字化过程

经过数字化后的音频信号如果不进行压缩，则数据量会非常大。例如，CD 音质数字音频的采样频率为 44.1kHz，量化精度为 16 位，如果采用双声道立体声，1min 音频所需的存储空间 44.1kHz×16b×2×60s≈82 688kb≈10.3MB。为了减小数据量，可以利用音频的一些冗余信息，如时域冗余、频域冗余和听觉冗余，对其进行数据压缩。根据压缩后音频信号是否能够完全重构出原始声音，可以将音频压缩技术分为无损压缩和有损压缩两大类。无损压缩一般通过统计的方法压缩数字信息中的冗余信息，而有损压缩则是通过损失部分信号信息来达到较高的压缩比。各种压缩技术在算法的复杂程度（包括时间复杂度[①]和空间复杂度[②]）、音频质量、算法压缩效率以及编解码延时等都有很大的不同。

常见的音频压缩方法如图 6-13 所示。

---

① 时间复杂度用于度量算法执行的时间长短。
② 空间复杂度用于度量算法所需存储空间的大小。

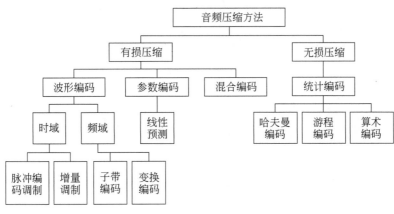

图 6-13 常见的音频压缩方法

案例 6-6 哈夫曼编码。

哈夫曼(Huffman)编码是一种无损压缩编码,属于统计编码。哈夫曼编码的码长是变化的。对于出现频率高的信息,编码较短;而对于出现频率低的信息,编码较长。这样,处理全部信息的总码长一定小于实际信息的符号长度。

哈夫曼编码的算法步骤如下:

(1) 初始化。将信号源的符号按照出现频率递减的顺序排列。

(2) 计算。将两个最小出现频率进行合并(相加),将得到的结果作为新符号的出现频率。

(3) 重复进行步骤(1)和(2),直到出现频率相加的结果等于 1 为止。

(4) 分配码字。对所有出现的符号分配码字,出现频率大的符号用码字 0 表示,出现频率小的符号用码字 1 表示(当然也可以倒过来)。

(5) 记录编码。记录出现频率为 1 处到当前信号源符号之间的 0、1 序列,从而得到每个符号的编码。

假设有符号序列 ABBECDABBDEDACDCBBDD,共 20 个字符,有 A、B、C、D、E 5 种字符。如果直接进行编码,每个字符必须使用 3 个二进制位来表示,那么 20 个字符就需要 $3 \times 20 = 60$ 位。下面利用哈夫曼编码进行编码。

准备工作:计算各字符的出现频率,如表 6-1 所示。

表 6-1 各字符出现频率

字符	A	B	C	D	E
出现次数	3	6	3	6	2
出现频率	0.15	0.3	0.15	0.3	0.1

根据上述算法,计算过程如下图(6-14):

(1) 将所有字符按照出现频率大小进行排序。

(2) 把出现频率最小的两个字符组成一个新的结点。

(3) 重复以上步骤,得到一系列结点,直到结点的出现频率为 1,该结点为根结点。

（4）从根结点开始，对所有符号（包括新生成的结点）分配码字，出现频率大的码字为0，出现频率小的码字为1。

（5）从根结点开始记录每个叶子结点的码字序列，就得到哈夫曼编码。

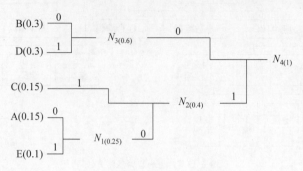

图 6-14　哈夫曼编码的计算过程

最后得到的哈夫曼编码如表 6-2 所示。

表 6-2　指定符号序列的哈夫曼编码

字　符	A	B	C	D	E
编　码	100	00	11	01	101

利用哈夫曼编码最后得到的码长为 $3\times3+2\times6+2\times3+2\times6+3\times2=45$，比原来的60压缩了15个码字，其压缩比为 60：45＝4：3。

哈夫曼编码的特点如下：

（1）哈夫曼编码属于异字头编码，保证了编码的唯一可译性。

（2）编码长度是可变的，因此译码时间较长。这使得哈夫曼编码的压缩与还原相当费时。

（3）由于编码长度不统一，硬件实现有难度。

（4）对不同信号源的编码效率不同。当信号源的符号的出现频率为 2 的负幂时，达到最高的编码效率；若信号源符号的出现频率相等，则编码效率最低。

（5）由于 0 与 1 的指定是任意的，故由上述过程得到的编码不是唯一的，但其平均码长是一样的，故不影响编码效率与数据压缩性能。

数字音频包括语音和音乐两部分。由于语音是人类交流和交换信息的重要工具，所以数字语音处理技术在数字音频处理领域中占有相当重要的地位。数字语音处理技术主要包括语音合成、语音识别和语音增强 3 部分。语音合成是指利用机器来模拟人类语言的技术，它不同于机器预先录制声音并回放的技术，而是指可以在任何时候将任意文本转换成具有高自然度的语音，从而真正实现让机器"像人一样开口说话"。语音识别就是让机器通过识别和理解过程把语音信号转换为相应的文本或命令的技术。语音合成和语音识别技术的最终目标就是让机器像人一样既能"听懂"人的话，又能将自己的意思自然地"说"出来。语音增强就是从带噪声信号的原始语音中尽可能消除噪声、改进语音质量、提高语音的可懂度的技术。数字语音处理技术涉及声学、语音学、语言学、计算机、信息处理、人工智能等多门学科，是一门综合性技术。

案例 6-7 科大讯飞语音合成技术。

安徽科大讯飞信息科技股份有限公司成立于 1999 年,是中文语音产业的领导者。科大讯飞具有自主知识产权的世界领先智能语音技术。其技术已广泛应用到电信、金融等行业以及企业和家庭用户,应用到 PC、手机、MP3/MP4/PMP 和玩具,能够满足不同应用环境的要求。

科大讯飞网站提供了 InterPhonic 和 ViViVoice 两个在线演示系统。ViViVoice 系统不仅支持中英文和男女生的发音演示,还支持很多国内地方话的发音,如粤语、四川话、湖南话、河南话、陕西话、东北话、台湾话等。图 6-15 为 ViViVoice 2.1 在线演示系统界面。

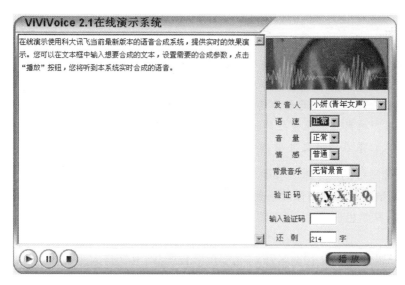

图 6-15 ViViVoice 在线演示系统界面

2. 数字图像处理技术

现实生活中的图像是在空间上和色彩上均连续的二维影像,所以图像的数字化不仅要在空间上将二维图像离散化,而且在色彩上也要将其离散化。图像的数字化过程和声音的数字化过程一样,也要经过采样、量化和编码 3 步。

案例 6-8 图像的数字化。

目前图像的数字化途径主要有两类:一类是利用扫描设备对各类图像资料进行扫描,以实现数字化;另一类是通过数码相机直接对景物进行拍摄,直接将拍摄到的景物数字化。不论哪种途径,数字化过程大体都分为采样、量化和编码 3 步。图 6-16 演示了灰度图像的采样和量化过程。

(1)采样。图像是一种二维信号,需要变为一维信号后采样。先沿垂直方向,按一定间隔从上往下顺序地沿水平方向以直线扫描的方式取出各水平行上的一维扫描线;再对该一维扫描线信号按一定间隔采样,得到离散信号。经过采样后,一幅图像的像素数目也称为图像的分辨率,图像分辨率一般用水平方向的像素个数 M 乘以垂直方向的像素个数 N 来表示,即 $M \times N$。

(2)量化。经过采样,模拟图像已在空间上离散化为像素,但所得的像素值(即颜色

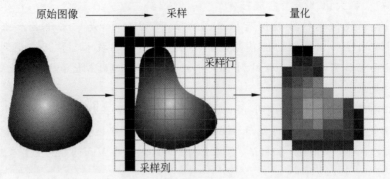

原始图像 —————→ 采样 —————→ 量化

采样行

采样列

图 6-16 灰度图像的采样和量化过程

值或灰度值)仍是连续量,把采样后所得的这些连续量表示的像素值离散化为整数值的过程叫量化。量化时可取的离散值个数称为量化级数;表示量化的亮度值(或色彩值)所需的二进制位数称为量化字长,也称图像深度。图 6-16 所采用的量化级数为 16,量化深度为 4。量化字长越长,就越能真实反映图像的原有效果。

(3)编码。把离散的像素矩阵按一定方式编成二进制编码组,将得到的图像数据按某种图像格式记录在图像文件中,称为图像的编码。

影响图像质量的两个重要参数就是图像分辨率和颜色深度,图像分辨率越高,颜色深度越大,则数字化后的图像效果就越逼真,图像数据量就越大。对于一幅图像,其分辨率为 $M \times N$,其颜色深度为 D,则图像的数据量(单位为 8)可利用以下公式来计算:

$$图像数据量 = M \times N \times D/8$$

例如,一幅分辨率为 1024×768 的 32 位彩色图像,其文件大小的计算过程为 1024×768×32/8＝3 145 728B≈3MB。

图像的数据压缩可以从空间、时间、结构、知识和视觉冗余角度进行压缩。图像压缩技术根据对图像质量有无损伤可分为有损压缩和无损压缩两种。常见的图像压缩方法如图 6-17 所示。

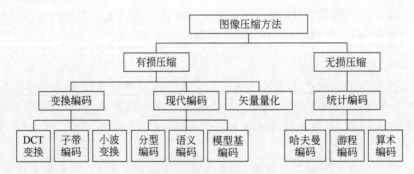

图 6-17 常见的图像压缩方法

案例 6-9 JPEG 和 JPEG 2000 图像压缩标准。

JPEG 全名为 Joint Photographic Experts Group(联合图像专家小组),是一个在国际标准化组织领导下从事静态图像压缩标准制定的委员会。JPEG 图像文件是其制定的第一套静态图像压缩国标标准——ISO 10918-1。因为 JPEG 优良的品质,使得它在短短的几年内就获得极大的成功,目前网站上图像大都采用 JPEG 压缩标准。

JPEG 允许用户根据自己的需要选择不同的压缩比,是一种很灵活的文件格式,一般选择的压缩率为 2.5%～10%。压缩率越大,图像的品质就越低;反之,压缩率越小,图像的品质就越高。JPEG 压缩算法对于中等复杂程度的彩色图像,其压缩率与压缩后图像的品质大致如表 6-3 所示。

表 6-3　JPEG 图像压缩率与压缩后图像品质

压缩率	质　量	压缩率	质　量
3%～6%	中—好,满足某些应用	10%～20%	极好,满足绝大多数应用
6%～10%	好—很好,满足多数应用	20%～25%	与原始图像几乎无法区分

JPEG 标准的核心是离散余弦变换(Discrete Cosine Transformation,DTC)。JPEG 压缩算法有 3 个基本步骤:

(1) 利用 DCT 除去数据冗余度。

(2) 用对于人视觉最佳效果的加权系数来量化 DCT 系数。

(3) 熵编码。通常解码器输出不会和编码器输入完全一样,这是因为在编码器和解码器中量化和逆量化不是对称的。

随着多媒体应用领域的迅速扩大,传统 JPEG 压缩技术已无法满足人们对多媒体图像资源的要求。因此,更高压缩率以及更多新功能的新一代静态图像压缩技术 JPEG 2000 诞生了。JPEG 2000 的正式名称为 ISO 15444,同样是由 JPEG 组织制定的。

JPEG 2000 与传统 JPEG 最大的不同在于它放弃了 JPEG 所采用的以 DCT 为主的区块编码方式,而改用以小波变换(wavelet transform)为主的多解析编码方式。小波变换的主要目的是要将图像的频率成分抽取出来。

JPEG 2000 相对于 JPEG 具有很多优点,主要表现如下:

(1) JPEG 2000 具有高压缩率和低误码率,其压缩效率比 JPEG 高约 30%。

(2) JPEG 2000 同时支持有损压缩和无损压缩,而 JPEG 只能支持有损压缩。因此,JPEG 2000 更适合保存重要图片。

(3) 能实现渐进传输(类似于 GIF 格式图像的"渐现"特性)。JPEG 2000 在传输过程中,先传输图像的轮廓,然后逐步传输数据,不断提高图像质量,让图像由模糊到清晰逐渐显示,而不是 JPEG 由上到下的显示模式。

(4) 支持"感兴趣区域"特性,用户可以任意指定图像上感兴趣区域的压缩质量,还可以选择指定部分先解压缩。

图像识别技术是数字图像处理技术的一个重要组成部分。图像识别是运用模式识别的原理对图像对象进行分类的技术。图像识别的简单过程为:首先,对图像进行特殊的预处理;然后,分割和描述提取图像中有效的特征;最后,对图像加以判决分类。目前,图像识别技术不仅广泛应用于工业、交通、军事等领域,而且也为人机交互、身份鉴别、数字媒体信息检索和管理等提供了更人性化、更安全、更有效的手段。其主要应用包括如汉字识别、手写输入、指纹识别、人脸识别以及图像检索等。

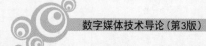

案例 6-10　生物识别技术。

生物识别技术是指通过人的生物特征进行身份认证的一种技术，这里的生物特征通常具有唯一性（与他人不同）、可以测量或可自动识别和验证、遗传性或终身不变等特点。生物识别的关键技术包括：获取生物特征，并将之转换为数字信息，存储于计算机中，利用可靠的匹配算法来完成验证与识别个人身份。

人的生物特征包括生理特征和行为特征两大类。人的生理特征主要包括人脸、指纹、掌纹、手型、耳形、虹膜、视网膜、静脉、DNA、颅骨、身体气味等，这些特征是与生俱来的，是先天形成的；人的行为特征包括签名、步态、按键节奏等，这些特征是由后天的生活环境和生活习惯决定的。这些生物特征固有的特点决定了它们在生物认证中所起的作用是不同的。表 6-4 对常见的生物特征作了比较。

表 6-4　常见的生物特征比较

生物特征	普遍性	独特性	稳定性	可采集性	性能	接受程度	防欺骗性
人脸	高	低	中	高	低	高	低
指纹	中	高	高	中	高	中	高
手型	中	中	中	高	中	中	中
虹膜	高	高	高	中	高	低	高
视网膜	高	高	高	低	高	低	高
签名	低	低	低	高	低	高	低
声音	中	低	低	中	低	高	低

目前生物识别技术的研究十分活跃。比尔·盖茨认为：以人类生物特征进行身份验证的生物识别技术在今后数年内将成为 IT 产业最为重要的技术革命。

3. 数字视频处理技术

视频（video）是多幅静止图像（帧）与连续的音频信息在时间轴上同步播放的混合媒体，多帧图像随时间变化而产生运动感。视频也被称为运动图像，所以视频处理技术与图像处理技术有很多类似之处；同时，由于视频具有相邻图像间相似度高、数据量特别巨大等特点，其处理技术又与图像处理技术有所差别。视频的播放速度一般为 25～30 帧/秒，即每秒播放 25～30 张图像。

视频可以看作二维信号的图像再增加时间轴而形成的三维信号的图像，所以视频的数字化是一个与时间有关的连续过程。视频的数字化过程同样经过采样、量化和编码 3 个步骤。由于视频数据量巨大，视频的数字化过程和视频压缩往往是同步进行的。例如，一幅全屏的、分辨率为 640×480 像素的 256 色图像需要 307 200B 的存储空间，这样，1s（30 帧）的数字化视频如不压缩需要大约 9MB 的存储空间，2h 的电影所需的存储空间将超过 66GB。

案例 6-11　视频的数字化。

视频数字化的概念是在 1948 年首次提出的，当时是指将视频信号经过视频采集卡转换成数字视频文件存储在数字载体——硬盘中，在使用时，再将数字视频文件从硬盘中读出,还原为电视图像加以输出。这个概念是在模拟视频占主角的时代产生的,而现在的数字摄像机摄录的信号就是数字信号,不需要转换,所以现在视频数字化的含义更确切地说是指视频在摄像机中从采集到存储的过程。

数码摄像机如图 6-18 所示。其工作的基本原理为:通过感光元件将外部景物的光信号转变成电流,再将模拟电信号转变成数字信号,由专门的芯片进行处理和过滤后,存放到摄像机的数字存储介质中(常见的有磁带、光盘和硬盘)。

视频采集卡如图 6-19 所示。其工作流程一般为:一端连接录像机、摄像机和其他视频信号源,接收来自视频输入端的模拟视频信号,对该信号进行采集、量化,使之成为数字信号,然后将数字信号压缩编码成数字视频序列,存入硬盘中。由于视频文件数据量巨大,大多数视频采集卡都具备硬件压缩的功能。在采集视频信号时,首先在视频采集卡上对视频信号进行压缩,然后才通过 PCI 接口把压缩的视频数据传送到主机上。

图 6-18　数码摄像机

图 6-19　视频采集卡

视频虽然数据量巨大,但相邻多幅图像间的相似度往往非常高,即冗余信息量比较大。视频的压缩不仅体现在空间方向上对图像的压缩,也体现在时间轴上对相邻图像间的压缩,所以,视频的压缩往往综合采用多种压缩技术。例如,MPEG 视频图像压缩技术的基本思想和方法可以归纳为两个要点:一是在空间方向上,图像数据压缩采用 JPEG 压缩算法去除冗余信息;二是在时间方向上,图像数据压缩采用移动补偿(motion compensation)算法去除冗余信息。数字视频的冗余信息种类及压缩方法如表 6-5 所示。

表 6-5　数字视频的冗余信息种类及压缩方法

种　类		内　容	压缩方法
统计特性	空间冗余	像素间的相关性	变换编码,预测编码
	时间冗余	时间方向上的相关性	帧间预测,移动补偿
图像构造冗余		图像本身的构造	轮廓编码,区域分割 基于知识的编码 非线性量化,位分配
知识冗余		收发两端对人物的共同认识	
视觉冗余		人的视觉特征	
其他		不确定因素	

案例 6-12　MPEG 视频压缩编码技术。

MPEG(Moving Picture Experts Group/Motion Picture Experts Group,动态图像专

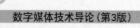

家组）与 JPEG 一样，也是国际标准化组织（ISO）下的一个专门委员会，主要从事音频和视频压缩编码标准的制定。

该专家组建于 1988 年，目前已经制定的标准主要有以下 5 个：MPEG-1、MPEG-2、MPEG-4、MPEG-7 及 MPEG-21，其中涉及视频压缩编码的是前 3 个标准。MPEG 标准的视频压缩编码技术主要利用具有运动补偿的帧间压缩编码技术以减小时间冗余度，利用 DCT 技术以减小图像的空间冗余度，利用熵编码减小在信息表示方面的统计冗余度。通过这几种技术的综合运用，大大增强了视频压缩性能。

MPEG-1 标准于 1992 年正式发布。MPEG-1 主要由系统、音频和视频 3 部分组成。音频部分又根据需要分为 3 个不同层次的编码方案。其中，层 1 和层 2 是建立在 MUSICAM（掩蔽模式通用子带集成编码和多路复用）编码算法基础之上的，算法复杂度不高；而层 3 综合了 ASPEC 和 OCF 算法，并引入了 MDCT（Modified DCT，改进 DCT）、比特缓冲、非均匀量化和哈夫曼编码等技术，算法复杂度高。表 6-6 是 MPEG-1 的 3 层编码方案的部分参数比较。MPEG-1 视频主要有 CD-ROM、VCD、CD-i 等格式，传输速率为 1.5Mb/s，每秒播放 30 帧。

表 6-6　MPEG-1 的 3 层编码方案的部分参数比较

层次	算法复杂度	所需频宽/(kb/s)	压缩比	适合领域
层 1	低	384	4∶1	数字盒式录音磁带
层 2	中	256～192	8∶1～6∶1	数字音频广播（DAB）和 VCD 等
层 3	高	128～112	12∶1～10∶1	网络传输声音文件（MP3）

MPEG-2 标准于 1994 年公布，包括编号系统、视频、音频和符合性测试 4 部分。MPEG-2 按压缩比大小的不同分成 5 个档次（profile），每一个档次又按图像清晰度的不同分成 4 种图像格式，或称为级别（level），共有 20 种组合，实际应用中较常用的是 11 种组合。这 11 种组合分别应用在不同的场合，如 MP@ML（主档次与主级别）应用在具有演播室质量的标准清晰度电视（SDTV）中，美国 HDTV 大联盟采用 MP@HL（主档次及高级别）。MPEG-2 通过对运动补偿的扩充，使其编码效率大幅度提高。

MPEG-4 在 1995 年 7 月开始研究，1998 年 11 月被 ISO/IEC 批准为正式标准。MPEG-4 更加注重多媒体系统的交互性和灵活性。MPEG-4 的目标是：利用很窄的带宽，通过帧重建技术和数据压缩技术，以最少的数据获得最佳的图像质量。MPEG-4 在编码过程中把图像看作分层的媒体对象，而不是以前的标准中的像素组合，大大提高了压缩比。MPEG-4 的应用也非常广泛，如网上视频点播、网上音频点播、视频会议、数字广播等。

视频移动目标识别和跟踪技术是目前视频特征提取和识别技术研究的热点。视频移动目标识别和跟踪的研究目的是使计算机能够模拟人类视觉运动感知功能，并具有辨识序列图像中的运动目标的能力，为视频分析和理解提供重要的数据依据。视频移动目标识别和跟踪技术目前已广泛应用于交通车辆识别与跟踪、人脸识别与跟踪、导弹识别与跟踪等领域。

案例 6-13 车辆识别与跟踪。

车辆识别与跟踪是交通检测系统的一个重要方面,也是智能交通系统的重要环节,负责采集车辆交通的各种参数。交通环境的车辆检测研究可以追溯到 20 世纪 70 年代,1978 年,美国 JPT(加利福尼亚州帕萨迪纳市的喷气推进实验室)首先提出了运用机器视觉进行车辆检测的方法,指出它是传统检测方法的可行的替代方案。随后,该技术受到广泛关注和研究。

车辆识别与跟踪是判断是否有车辆经过检测区,若有,则建立一个与之对应的跟踪对象。该技术通过获取车辆的数目和车辆的运动轨迹,为计算交通参数提供依据,主要提供车流量信息、车辆运动状态、排队状态、车辆长度、车辆速度、道路占用率等信息。

我国目前已经开发出一些实用的车辆识别与跟踪系统,如清华紫光的视频交通流量检测系统 VS3001、深圳神州交通系统有限公司开发的 VideoTraceTM、厦门恒深智能软件系统有限公司开发的 Head Sun Smart Viewer-Ⅱ视频交通检测器等。

图 6-20 显示了车辆识别与跟踪技术的实例。

(a) t_1 时刻状态　　　　　　　(b) t_2 时刻状态

(c) t_3 时刻状态　　　　　　　(d) t_4 时刻状态

图 6-20　车辆识别与跟踪技术的实例

4. 计算机合成音乐

目前,MIDI(Musical Instrument Digital Interface,乐器数字接口)是数字音乐国际标准。从 20 世纪 80 年代初期开始,MIDI 逐渐被音乐家和作曲家广泛接受和使用。MIDI 是乐器和计算机使用的标准语言,是一套指令,它指示乐器(即 MIDI 设备)要做什么、怎么做,如奏出音符、加大音量、生成音效等。这里强调一下,MIDI 不是声音信号,而是发给 MIDI 设备或其他装置,让这些设备产生声音或执行某个动作的指令。

MIDI 将电子乐器键盘的弹奏信息记录下来,包括键名、力度、时值长短等,这些信息称为 MIDI 信息。MIDI 文件相对于普通声音文件有两大优点。一是所需存储空间小。例如,CD-DA 格式的波形声音,如果播放一小时的立体声音乐,需要 600MB 的存储空间;而播放相同时长的 MIDI 音乐仅需要 400KB 的存储。二是编辑和修改十分灵活。例如,可任意修改曲子的速度、音调,也可改换不同的乐器等。

案例 6-14　计算机上 MIDI 的产生过程。

MIDI 将电子乐器的弹奏过程记录下来,当需要播放某首曲目时,根据记录的乐谱指令,通过合成器生成音乐声波,经放大后由扬声器播出。MIDI 音乐的产生过程如图 6-21 所示。

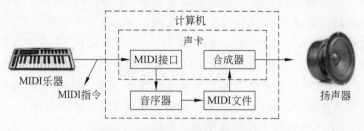

图 6-21　MIDI 音乐的产生过程示意

（1）MIDI 乐器发出的是 MIDI 指令,而不是音频数据。MIDI 乐器只能产生特定音质的音乐合成器,如电子键盘、电吉他、电子萨克斯管等,它们能模拟真实乐器的音质。MIDI 乐器实际上是用数字指令描述乐谱,其中包含音符、强度、持续时间以及乐器等。

（2）MIDI 接口将 MIDI 乐器和计算机连接起来,通过该接口将 MIDI 指令发送给计算机。

音序器是专门用来记录和编辑 MIDI 指令的计算机软件,它可记录来自 MIDI 接口的指令,并将其以文件的方式保存下来,这种文件就是 MIDI 文件,以 mid 为扩展名。MIDI 文件是由一系列 MIDI 消息组成的,每个消息包含若干字节,分为状态信息和数据信息两部分,数据信息包括每个音符的信息,如键、通道号、持续时间、音量、力度等。在计算机上,可通过音序器对 MIDI 文件进行编辑和修改,也可以通过手工的方式直接将乐谱写到 MIDI 文件中。

MIDI 指令最后被送至合成器,由合成器对 MIDI 指令符号进行解释并产生音波,然后通过声音发生器送至扬声器播放出来。

5. 图形处理技术

图形是指能在人的视觉系统中产生视觉印象的客观对象,它包括人眼观察到的自然景物、拍摄到的图片、绘图工具得到的工程图、用数学方法描述的图像等。图形是客观对象的一种抽象表示,它带有形状和颜色信息。构成图形的要素有几何要素（刻画对象的轮廓形状的点、线、面、体等）和非几何要素（刻画对象表面属性或材质的颜色、灰度等）。图形可用形状参数和属性参数来表示,即参数表示法;也可用带有灰度或色彩的点阵图来表示,又称为像素图,即点阵表示法。

图形是计算机图形学（Computer Graphics,CG）研究的对象。国际标准化组织对计算机图形学的定义为"研究用计算机进行数据和图形之间相互转换的方法和技术"。还有人将其定义为"运用计算机描述、输入、表示、存储、处理（检索/变换/图形运算）、显示、输出图形的一门学科"。计算机图形技术主要研究如何在计算机中表示图形以及利用计算机进行图形的计算、处理和显示的相关原理和算法,其核心就是将客观世界对象以图形的形式在计算机内表示出来,主要包括模型生成和图形显示,如图 6-22 所示。模型生成是获取、存储和管理客观世界物体的计算机模型,以在计算机上建立客观世界的模拟环境。图形显示是生成、处理和操纵客观世界物体模型的可视化结果,以在输出设备呈现客观世界物体的图像。

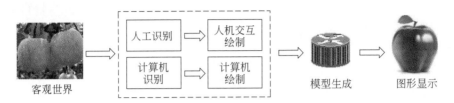

图 6-22 计算机图形技术

计算机图形技术的研究内容非常广泛,如图形硬件、图形标准、图形交互技术、光栅图形生成算法、曲线曲面造型、实体造型、真实感图形计算与显示算法、风格化绘制、科学计算可视化、计算机动画、自然景物仿真、虚拟现实等。

案例 6-15 真实感图形绘制技术和非真实感图形绘制技术。

真实感图形绘制就是借助数学、物理、计算机等学科的知识,使用计算机生成三维场景的真实逼真图形、图像的过程。真实感图形绘制主要包括两个方面的内容:表面特性的精确表示和场景中光照效果的物理描述。真实感图形绘制的应用非常广泛,如计算机动画制作、影视特效仿真、计算机游戏、多媒体教育和虚拟现实等。真实感图形绘制涉及的技术主要有消隐技术、表面细节绘制技术、纹理贴图技术、高级光照与着色技术等。

非真实感图形绘制指的是利用计算机生成不具有照片般的真实感,而具有手绘风格的图形的技术,其目标不在于图形的真实性,而在于表现图形的艺术特质、模拟艺术作品(甚至包括作品中的缺陷)或作为真实感图形的有效补充。其应用领域也非常广泛,其中一个重要的应用领域就是对绘画进行模拟,主要模拟的画种有油画、水彩画、钢笔画、铅笔画、水墨画和卡通动画。非真实感图形绘制涉及的技术主要有:基于像素的绘制,基于线条、曲线和笔画的绘制、模拟绘画绘制,等等。

在图 6-23 中,树和天空是采用真实感图形绘制技术绘制的,而国画是采用非真实感图形绘制技术绘制的。

(a) 树　　　　　　　(b) 天空　　　　　　　(c) 国画

图 6-23 真实感图形绘制和非真实感图形绘制实例

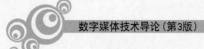

6. 动画处理技术

计算机动画是计算机图形技术与艺术相结合的产物,它综合运用计算机科学、艺术、数学、物理学、生命科学及人工智能等学科和领域的知识,研究客观存在或高度抽象的物体的运动表现形式。计算机动画是采用连续播放静态图像的方法产生的景物运动效果,也就是使用计算机产生的运动图像。一般而言,计算机动画中的运动分为景物属性(包括位置、方向、大小、形状、表面纹理、色彩变化等)变换和虚拟摄像机的运动两种类型。

根据视觉空间的不同,计算机动画可分为二维动画和三维动画两种。二维动画也称平面动画,它的每帧画面是平面的。二维动画虽然也可以展示三维效果,但这仅仅是借助于透视原理、阴影等手段得到的视觉效果,不是真正的三维动画。三维动画也称立体动画,它包含了组成物体模型完整的三维信息,根据物体的三维信息在计算机内生成影像的模型、轨迹、动作等,可以从各个角度表现角色,具有真实的立体感。但与真实物体相比,三维动画又是虚拟的,它显示的画面并不是由摄像机拍摄下来的真实物体的影像,而是由计算机生成的图形,因而它可以创造出现实生活中并不存在的景物,其"虚拟真实性"使动画作品很有感染力。

动画的制作需要计算机动画系统作为支持,计算机动画系统是一种交互式的计算机图形系统,涉及硬件和软件两个平台。计算机动画系统构成如表 6-7 所示。

表 6-7　计算机动画系统构成

平台	组成部分	说　　明
硬件平台	主机	由于动画系统对数据运算与图形图像处理能力要求较高,所以主机一般为图形工作站
	输入输出设备	• 2D/3D 鼠标:2D 鼠标是只能进行二维操作的鼠标,大多数鼠标属于此类;3D 鼠标是指可以在 X、Y、Z 轴上进行像素移动的鼠标
		• 图形输入板:类似于传统绘画模式的专业图形输入设备
		• 图形扫描仪:纹理、贴图等素材的输入
		• 三维扫描仪:三维物体的扫描输入
		• 刻录机、编辑录像机:动画视频输出
软件平台	系统软件	包括操作系统、高级语言、诊断程序、开发工具、网络通信软件等
	应用软件	图形设计:Photoshop、Illustrator 等
		2D 软件:Animator Studio、Flash 等
		3D 软件:3ds Max、Maya 等
		特效与合成软件:Combustion、Maya Fusion、Shake 等

动画的生成技术本质上是对运动的控制技术。为了实现各种复杂的运动形式,动画系统一般提供多种运动方式,以提高控制的灵活度和制作效率。计算机动画生成技术主要有关键帧动画、变形物体动画、过程动画、关节动画、人体动画和基于物理模型的动画等。关键帧动画先使用一系列关键帧来描述每个物体在各个时刻的位置、形状以及其他有关的参数,然后让计算机根据插值规律计算并生成中间各帧。变形物体动画是把一种形状或物体变成另一种形状或物体,而中间过程则通过形状或物体的起始

状态和结束状态进行插值计算。过程动画指的是动画中物体的运动或变形由一个过程来描述,最简单的过程动画使用数学模型去控制物体的几何形状和运动,如水波随风的运动。关节动画与人体动画是最复杂的动画,由于用计算机描述人体运动的难度很大,所以一种解决方法就是运动捕捉法,即通过实时记录真人的运动数据,将其应用到计算机动画中。基于物理模型的动画也称为运动动画,要求其运动对象要符合物理规律。

案例 6-16 运动捕捉技术在人体动画中的应用。

把人体的造型和动作合在一起模拟是计算机动画中最具挑战性的一个问题,这是人体动作的复杂性所造成的,复杂性主要表现在以下几方面:人体具有 200 个以上的自由度和非常复杂的运动,人的形状不规则,人的肌肉随着人体的运动而变形,人的个性、表情等千变万化,人对自身的运动特征非常熟悉,不协调的运动很容易被观察者所察觉。一种实用的解决人体动画的方法是通过实时输入设备记录真人各关节的空间运动数据,即运动捕捉法。

完整的运动捕捉系统一般由传感器、信号捕捉设备、数据传输设备、数据处理设备组成。传感器是固定在运动对象特定部位的跟踪装置,它向运动捕捉系统提供运动物体运动的位置信息。信号捕捉设备负责位置信号的捕捉。数据传输设备负责将运动数据从信号捕捉设备快速、准确地传输到计算机系统进行处理。数据处理设备负责将捕捉到的数据进行修正、处理后,与三维模型相结合。两个典型的运动捕捉演示如图 6-24所示。

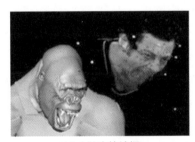

(a) 人脸表情捕捉　　　　　　　(b) 舞蹈动作捕捉

图 6-24　两个典型的运动捕捉演示

6.2.4　数字信息传播技术

数字信息传播技术是利用现代通信技术和计算机网络技术进行数字化信息传递的技术。数字传播技术为数字时代的信息交流提供了更为快捷、便利、有效的传播手段,是构建数字媒体交流与互动服务平台的基础。

信息传播模型最早是由信息论的创始人香农与韦弗一起提出的。该模型由信源、发送器、通道、接收器、信宿组成,如图 6-25 所示。

信源就是信息的产生体,信宿就是信息的接收体。发送器将信源产生的信息变换为便于传输的信号形式,送至通道进行传输。这里的通道可以是有线的,如电话线、光纤

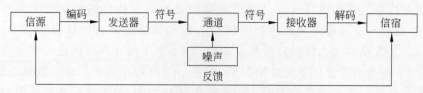

图 6-25　香农-韦弗信息传播模型

等；也可以是无线的，如电磁波等。在通道传输过程中，必然会混入各类噪声，如热噪声、脉冲干扰、衰变等。接收器则负责接收信号，并进行解码，将信息恢复到发送前的状态。

对于数字媒体传播，完全遵循信息论的模式。从通信技术上看，传播模型主要由计算机和网络构成。在数字媒体传播模型中，信源和信宿都是计算机。因此，信源和信宿的位置是可以随时互换的。这与传统的大众传播（如报纸、广播、电视等）相比，发生了深刻的变化和革命。

数字媒体的理想信道是具有足够带宽的、可以传输高比特率的高速网络信道。网络信道可以是电话线、光缆或卫星。图 6-26 描述的是两点之间的传播过程，实际上数字媒体可以是多点之间的传播。

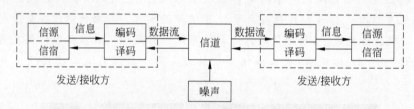

图 6-26　信息在两点之间的传播过程

数字媒体传播方式可分为单播、组播、广播、P2P 4 种。单播（unit cast）是指只向一个信宿传递信息，信宿可以随意控制自己播放的内容。组播（multi-cast）提供了一种给一组指定信宿传递消息的方式。广播（broadcast）是多点消息传递的最普遍的形式，它不限定信宿，但信宿只能选择播放的内容而无法控制其播放。P2P（Peer to Peer）就是点对点的消息传递。P2P 技术源起于文件交换技术，是一种用于不同计算机用户之间、不经过中继设备直接交换数据或服务的技术，打破了传统的客户机/服务器模式，在对等网中，每个结点的地位都是相同的，具备客户机和服务器双重特性，可以同时作为服务使用者和服务提供者。这 4 个概念可以用大众传播相类比。例如，开大会时，一个人在台上讲，就是广播；分组报告，就是组播；一个一个找人谈话就是单播；会场中有人发起了一个话题，邀请所有感兴趣的与会人员一起讨论，就是 P2P。

流媒体是随着网络技术的发展而涌现出来的一种在线媒体传输技术。它应用可变带宽技术，以流（stream）的形式进行数字媒体的传输，使人们可以一边下载一边欣赏高质量音频和视频节目。流媒体技术较好地解决了尽力而为的互联网络不能保证提供数字媒体信息业务的服务质量（Quality of Service，QoS）和文件下载时间过长的问题。流媒体系统要比下载播放系统复杂得多，需要将网络通信、数字媒体数据采集、压缩、存储以及传输技术很好地结合在一起，才能确保用户在复杂的网络环境下也能得到比较稳定的播放质量。

6.2.5　数字信息管理技术

信息管理离不开数据库技术。早期数据多为文本、数字数据,采用关系数据库技术能够将数据以统一的格式存放在数据库中,非常方便查找和管理。但是,随着多媒体信息的急剧增长,图像、声音、视频等非格式化数据利用关系数据库技术已经无法进行有效的管理,这就需要一种更有效的方式进行多媒体信息的存储和管理,多媒体数据库技术就应运而生了。

1. 数字媒体数据库技术

目前对多媒体信息的管理主要有扩展关系数据库和面向对象数据库两种方法。

关系数据库只能描述文本和数字等符号媒体信息,无法描述图像、视频、声音等多媒体信息,只能通过一种变通或扩展的方式进行管理,主要方法有两种:一种是关系数据库中记录多媒体文件的存放路径信息,而多媒体文件则通过文件的方式进行管理;另一种是在关系数据库中引入新的数据类型,用以描述和管理多媒体数据,最常见的是引入一种大二进制对象的数据类型。前一种方法实际上还属于文件管理,不仅效率低,而且可移植性差。后一种方法虽然可以通过数据库对多媒体信息进行管理,但存储的多媒体信息已经失去了其多媒体信息本身所固有的特性,全部是无意义的二进制数据,造成建模能力差,无法反映多媒体信息间的空间关系、时间关系与语义关系等缺点,也难以实现基于内容的查询和检索。

面向对象数据库技术采用对象、方法、属性、消息、类的层次结构和继承特点描述多媒体数据模型。采用面向对象数据库的方法有如下优点:

- 能更好地处理复杂的多媒体对象的结构语义。
- 便于支持新的数据类型及其操作。
- 多媒体对象是独立的,且良好地封闭了各种多媒体数据在类型及其他方面的巨大差异,并且很容易实现并发处理,也便于系统模式的扩充和修改。

由于多媒体信息的数据量非常大,采用单一服务器已无法对大规模数据进行有效管理,所以基于分布式的超媒体数据库技术也是多媒体数据库的一个重要发展方向。分布式模型是指数据和程序可以不放在一个服务器上,而是分散到多个服务器上,以网络上分散分布的地理信息数据及受其影响的数据库操作为研究对象的一种理论计算模型。超媒体是指利用结点和链的方式来表示和组织多媒体信息的技术。其中,结点是信息的单位,可以包括各种多媒体信息;链用来组织信息,表达信息间的关系。

2. 数字媒体信息检索技术

数字媒体信息资源检索广泛使用的是基于文本的检索(Text-Based Retrieval,TBR),但是利用文本来描述数字媒体的特征,无法解释和表达数字媒体信息的实质内容和语义关系。即使能利用文本对数字媒体信息进行描述,也难以充分揭示和描述信息中有代表性的特征,并且这种描述多是人为添加,所以有很大的主观性。

基于内容的检索(Content-Based Retrieval,CBR)简单地说就是根据媒体信息的内容来检索,包含信息内容和检索两方面内容。基于内容的检索突破了传统的基于文本检索技术的局限,直接对图像、视频、音频内容进行分析,抽取信息的特征和语义,利用这些内容特征建立索引并进行检索，这些内容特征主要包括：图像中的颜色、纹理、形状、相对位置，视频中的镜头、场景、镜头的运动，声音中的音调、响度、音色。基于内容的检索是数字媒体信息检索技术的主要发展方向。

基于内容的检索在体系结构上可划分为两个子系统——特征提取子系统和查询子系统，如图 6-27 所示。特征提取子系统首先对数字媒体内容的特征进行分析和提取，在此基础上，用户利用提取的特征进行查询，所以特征提取过程应该先于查询过程，并非同步进行。

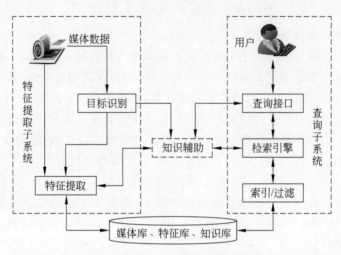

图 6-27　基于内容检索的体系结构

在特征提取子系统中，目标识别模块为用户提供一种工具，以全自动或半自动（需用户干预）的方式标识图像、视频镜头等媒体中人们感兴趣的区域，以及视频序列中的动态目标，以便针对目标进行特征提取并查询。特征提取有两种类型：一种是全局性的，如整幅图像的总体特征；另一种针对某个目标，如图像中的人物或视频中的镜头和运动对象等。当进行整体内容检索时，利用全局特征，这时不使用目标识别功能，目标标识是可选的。生成的数据库由媒体库（集）、特征库（文件）和知识库组成。媒体库包含数字媒体数据；特征库包含用户输入的内容特征和预处理时自动提取的内容特征；知识库中存放知识表达（人工智能、专家系统等领域经常会用到的概念），知识表达可以更换，以适应不同的应用领域。

在查询子系统中，查询接口模块为检索系统提供友好的人机界面，一般有操作交互、模板选择和提交特征样本 3 种输入方式以及多种方式的组合，以提高检索的效率。检索引擎主要对特征进行相似性检索。检索引擎通过索引/过滤模块达到快速搜索的目的，从而可以使数据库集中大量媒体数据。

案例 6-17　基于内容的图像检索系统。

基于内容的图像检索（Content-Based Image Retrieval，CBIR）是从图像数据库中找出与检索内容相似的图像的检索技术。它利用从图像中自动抽取的各种特征进行计算和比较，检索出符合用户需求的结果图像集。图像的特征分为底层特征、中层特征和高层特征。其中，底层特征有颜色、纹理、轮廓和形状等；中层特征有图像中的对象、图像背景、不同对象间的空间关系等;高层特征为语义特征,主要有场景、事件、情感等。目前,图像检索系统技术的具体实现基本上对底层特征信息进行计算和比较,也就是"视觉相似"。

目前,已经实现的基于内容的图像检索系统非常多,这里以百度识图为例介绍 CBIR 技术。

百度识图在 2010 年上线,发展很快,从最初的相同图像搜索的单一功能逐渐发展到具有以图猜词、相似图像搜索、人脸搜索、垂直类知识图谱等丰富功能的产品平台,从最初的日访问量不足十万增长到今天的数百万。

百度识图的网址为 https://image.baidu.com/?fr=shitu,其页面如图 6-28 所示。

图 6-28 百度识图

下面以两幅图片为例来试试百度识图的效果。要尝试的图片如图 6-29(a)和(c)所示,对应的搜索结果如图 6-29(b)和(d)所示。

当前,百度识图的主要功能有 4 种:

(1)相同图像搜索。通过图像底层局部特征的比对,寻找相同或近似相同图像,并能根据互联网上存在的相同图片资源猜测用户上传图片的对应文本内容,满足用户寻找图片来源、去伪存真、小图换大图、模糊图换清晰图、遮挡图换全貌图等需求。

(2)人脸搜索。自动检测用户上传的图片中出现的人脸,并将其与数据库中创建了索引的人脸比对并按照人脸相似度排序展现,帮助用户找到更多相似的人物。

(3)相似图像搜索。该功能可以让用户轻松找到风格相似的素材、同一场景的套图、类似意境的照片等。

(4)图片知识图谱。知识图谱是下一代搜索引擎的趋势,通过对查找的内容进行更精确的分析和结构化的结果展示,更智能地给出用户想要的结果。例如,识别花卉的具体种类,给出相应的百科信息,并把互联网上相似的花卉图片按类别排序展现,从而帮助用户更直观地了解图片背后蕴藏的知识和含义。

6.2.6 数字信息安全技术

随着网络和无线通信的普及,许多传统媒体内容都开始向数字化转变,如音乐、图

(a) 样例图片 1

(b) 搜索结果 1

(c) 样例图片 2

(d) 搜索结果 2

图 6-29　百度识图的搜索示例

片、电子书的网上销售等。在无线领域,随着移动网络由第三代到第四代的演变,移动用户将能更方便快速地访问因特网上的数字媒体内容。与此同时,数字媒体内容的安全问题却成了一个瓶颈问题。数字信息安全主要包括安全传递、访问控制和版权保护 3 方面。

1. 数字信息安全要素与解决方法

数字信息安全的要素包括机密性、完整性、可用性、可控性和不可抵赖性。机密性是指信息不泄露给非授权的个人和实体或供其利用的特性。完整性是指信息在存储或传输过程中保持不被修改、不被破坏、不被插入、不延迟、不乱序和不丢失的特性。破坏信息的完整性是对信息安全防护系统发动攻击的目的之一。可用性是指信息可被合法用户访问并按要求适当使用的特性,即当合法用户需要时可以取用所需信息。可控性是指授权机构可以随时控制信息的机密性。不可抵赖性是防止发送方或接收方否认其与信息相关的行为。数字媒体信息安全的基本要求是机密性、完整性和可用性。

对于安全和保护问题来说,没有完美的安全和保护方案。一个好的安全和保护系统会使得攻破它所付出的代价大于信息的价值。没有万能的安全和保护方案,通常应该综合采用几种解决方案,以达到安全和保护的目的。目前信息安全常见的威胁有重要信息泄露(如密钥外泄)、完整性破坏、信息伪造(A 以 B 的名义发送消息欺骗 C)、拒绝服务(服务器忙于应付恶意的请求,而使得正常的请求无法得到响应)、非法使用(资源的使用超过许可范围)、木马和计算机病毒。数字信息保护的主要目的在于安全传输、作者版权保护、消费者权利保护和防病毒等。

当前有关数字信息安全的主要问题和解决方法可用图 6-30 来概括。

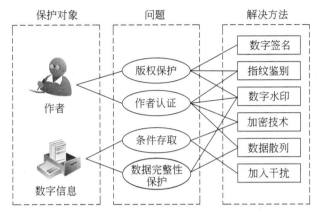

图 6-30　数字信息安全的主要问题和解决方法

2. 数字信息保护技术

目前常用的数字信息保护技术有数字签名、加密技术和信息隐藏技术。

数字签名是附加在数据单元上的一些数据或对数据单元所进行的密码变换。这种数据或变换允许数据单元的接收者据以确认数据单元的来源和数据单元的完整性并保护数据,防止被人伪造。数字签名的主要功能是:保证信息传输的完整性,认证发送者的身份,防止交易中的抵赖发生。

加密技术是最常用的安全保密手段,利用技术手段把重要的数据变为乱码(加密)传送,到达目的地后再用相同或不同的方法还原(解密)。加密技术包括两个元素:加密算法和密钥。加密算法是将普通的文本(或者可以理解的信息)与一串数字(密钥)相结合以产生不可理解的密文的步骤,密钥是用来对数据进行编码和解码的一种转换依据。

信息隐藏技术是利用人类的感觉器官对数字信号的感觉冗余将一个信息隐藏在另一个普通信息中,而普通信息的外部特征不受影响,故并不改变普通信息的本质特征和使用价值。

3. 数字版权保护技术

数字版权保护(Digital Rights Management,DRM)是指对数字化信息产品(如图书、音乐、图像、录像、多媒体文件等)在网络上交易、传输和利用时所涉及的各方权利进行定义、描述、保护和监控的整体机制。数字版权保护技术通过对数字内容进行加密和附加使用规则对数字内容进行保护,其中的使用规则可以断定用户是否符合播放数字内容的条件。这种技术提供了一种可行的知识产权解决方案。

目前,数字版权的保护和管理方案大多基于加密认证或和数字水印两种技术。加密认证技术包括加密和认证两部分。将数据加密后,非法用户即使取得加密过的数据,也无法获取正确的内容,所以数据加密可以保护数据,防止监听攻击,其重点在于数据的安全性。身份认证用来判断某个身份的真实性,确定身份后,系统才可以依据不同的身份给予不同的权利,其重点在于用户的真实性。数字水印技术是用信号处理的方法在被保护的数字对象中嵌入一段有意义的隐藏信息(这些信息通常是不可见的,只有通过专用的检测器或阅读器才能提取),如序列号、公司标志、有意义的文本等,这些信息将始终存在于数据中,很难去除,可以用来证明版权归属或跟踪侵权行为。它并没有对数字内容进行加密,用户也不需要解密就可以查看内容。这两种技术各有特点和优势,表 6-8 列出了这两种技术的比较。

表 6-8　加密认证技术与数字水印技术的比较

技术	加密认证技术	数字水印技术
特点	• 用于对内容访问的控制。 • 一般与内容无关。 • 终端需要解密。 • 攻击方法主要是通过各种信号处理方式使加密失效。 • 可以抵抗 D/A、A/D 转换。 • 系统的安全性一般与终端设备无关	• 用于对隐藏内容的检测和跟踪。 • 一般与内容有关。 • 终端无须解密。 • 攻击方法主要是破解密钥。 • D/A 转换后即失去保护。 • 系统的安全性在很大程度上依赖于终端的安全性

案例 6-18　Apabi 数字版权保护系统。

方正公司的 Apabi 数字版权保护技术一直走在国内前列,且已经形成了完整的系统。在 Apabi 系统中,主要有 4 种支柱型产品。

(1) Apabi Maker。可将多种格式的电子文档转换成电子图书格式。该格式是一种"文字+图像"的格式,可以完全保留源文件中字符和图像的所有信息,不受操作系统、网络环境的限制。

(2) Apabi Rights Server。实现数字版权的管理和保护、电子图书加密和交易的安全鉴定,一般用在出版社服务器端。

(3) Apabi Retail Server。实现数字版权的管理和保护、电子图书加密和交易的安全鉴定,用在书店端服务器。

(4) Apabi Reader。用于阅读电子图书的工具。读者可以通过浏览器在网上买书、读书、下载图书等,并建立自己的电子图书馆,实现分类管理。

方正 Apabi 数字版权保护系统的核心是加密技术,采用了 168 位密钥的加密技术。

基于 Apabi DRM 的电子图书系统是目前唯一采用了完整的数字版权保护技术的中文电子图书系统,可以用来制作、发行、销售电子图书。方正 Apabi 数字版权保护系统的应用范围涵盖了出版社、图书馆、网站、政府、报社等多种行构,包括网络出版、数字图书馆、电子公文等多种业务。

思考与练习

1. 填空题

(1) 从数字媒体产业角度分析,数字媒体技术可以分为_____技术和_____技术两部分。

(2) 从数字媒体流通角度分析,数字媒体技术体系可分为数字信息_____技术、数字信息＿＿＿＿＿技术、数字信息＿＿＿＿＿技术、数字信息＿＿＿＿＿技术、数字信息＿＿＿＿＿技术与数字信息＿＿＿＿＿技术6部分。

（3）流媒体技术是综合了数字＿＿＿＿＿和数字＿＿＿＿＿而形成的综合性技术。

（4）一首3min的MP3歌曲，其采样频率为22.05kHz，样本精度为16位，其存储大小为0.8MB，则其数据压缩率大约为＿＿＿＿＿。

（5）图像的数字化过程主要经过＿＿＿＿＿、＿＿＿＿＿和＿＿＿＿＿3个步骤。

（6）图像压缩技术根据对图像质量有无损伤可分为＿＿＿＿＿和＿＿＿＿＿两种。

（7）数字媒体信息安全的要素包括＿＿＿＿＿、＿＿＿＿＿、＿＿＿＿＿、＿＿＿＿＿和＿＿＿＿＿5个方面。

（8）数字版权保护技术目前主要采用＿＿＿＿＿和＿＿＿＿＿两种技术。

2. 选择题

（1）下列光存储设备中单片单面存储容量最大的是（ ）。

    A. CD   B. DVD   C. HD-DVD   D. 蓝光盘

（2）下列软件中用于3D动画设计的是（ ）。

    A. Photoshop   B. Animator Studio   C. Maya   D. Flash

（3）一幅640×480的真彩色图像，未经压缩的图像数据量为（ ）。

    A. 900KB   B. 921.6KB   C. 1.24MB   D. 1.76MB

（4）闪存是一种新型的（ ）内存。

    A. PROM   B. EEPROM   C. RAM   D. EPROM

3. 简答题

（1）从数字媒体产业角度分析，数字媒体技术包含数字内容生成技术和服务技术。请分析数字内容生成技术和服务技术的关系。

（2）什么是流媒体？流媒体与传统媒体相比有何特点？

（3）在网上下载一首MP3格式的歌曲，用一款音频处理软件将其分别转换为其他数字音频格式，比较其文件大小和声音质量的变化。

4. 拓展题

在网上下载一幅JPEG格式的图像文件，用软件把其转换成其他格式的图像，记录每种文件格式的属性信息，包括文件大小、画面质量，并查阅有关资料，了解表6-9中每种图像格式的主要压缩算法和主要应用领域。

表6-9 几种图像格式的文件大小、画面质量及主要压缩算法和主要应用领域

图像格式	文件大小	画面质量	主要压缩算法	主要应用领域
JPEG				

续表

图像格式	文件大小	画面质量	主要压缩算法	主要应用领域
PNG				
BMP				
GIF				
矢量图				

第7章　数字动画

动画和动画片是两个不同的概念,动画涵盖了一个非常广泛的领域,包括影视动画片、影视特技动画、广告动画、游戏动画、军事演习模拟、科学可视化、医学、教育等。从制作角度来说,数字动画是在传统动画的基础上,采用计算机图形图像技术迅速发展起来的一门高新技术。

7.1　动画概述

7.1.1　动画基本概念

动画是人类有史以来创造的各种艺术形式中的一种。早在旧石器时代,阿尔塔米拉洞穴壁画《奔跑的野牛》中就有成系列的野牛奔跑分析图,这是人类第一次试图用石块等绘画工具捕捉动作的图画。在我国青海马家窑发现的距今四五千年前的舞蹈纹彩陶盆上面绘有手拉手在河边舞蹈的人物,这是我们的先民试图表现人物连续运动最早的动画形式。1888年,法国光学家兼画家米尔·雷诺运用幻灯片技术创造了光学影戏机(Théatreoptique,使用凿孔的画片带)。雷诺绘制的《一杯可口的啤酒》成为世界上第一部比较完整的动画片。该片利用了近代动画片的主要技术,如活动形象与布景的分离、画在透明纸上的连环图画、特技摄影、循环动作等,共有700多幅图画,总长500m,可放映15min,因此雷诺一般被认为是动画的创始人。随着科学技术的进步,经过无数电影工作者和科学家的创造发明,如今,动画片的制作技术已经从手工绘制的传统动画时代进入数字动画时代。

什么是动画?简单地说,动画就是活动的画面。无论何种动画,都是利用人类眼睛的视觉滞留效应产生动感,多幅画面快速连续地更换,使人们看到连续活动的图像,这就是动画的基本原理。视觉滞留效应是指人在看物体时,物体的影像短暂地滞留在人脑视觉神经中,滞留时间约为1/24s。如果每1/24s更替一个画面,人的大脑在前一个画面影像没有消失前又接收到下一个画面的新影像,连续的大脑感受就会使人感觉到连续的影像变化。图7-1展示的是一组传统动画的画面,表现小鸟飞翔的主题,各帧画面的小鸟形态都有所变化,将这组画面快速连续播放,即呈现出小鸟飞翔的优美动感。

从技术角度给动画下一个定义:动画是用一定的速度放映一系列动作前后关联的画面,从而使原本静止的景物成为活动影像的技术。这个定义包含3个要点:

图 7-1　表现小鸟飞翔的一组传统动画的画面

（1）动画中的对象（表演者）原本是静止的，通过动画技术才使得无生命的对象运动起来。这是动画区别于普通电影的地方，也是动画的生命力所在。

（2）动画所表现的是景物的活动影像，是用静止的景物创造出运动的视觉效果。为了让对象动起来，就必须按照对象运动的规律设计出一系列内容相关的画面，考虑前后画面动作的衔接，而单张画面主要考虑如何表现作品主题。这也是动画和漫画的区别。

（3）动画要以一定的速度播放，从而保证画面的流畅、自然。动画播放的速度一般有3种：电影动画播放速度是 24 格/秒，电视动画播放速度是 25 帧/秒（PAL 制式或 SECAM 制式）或 30 帧/秒（NTSC 制式）。电影胶片由一个个画格组成，每个画格简称为格；电视中的一个个画面叫作一帧（frame）。

7.1.2　动画分类

动画的分类可从不同角度考虑：从制作技术和手段分类，可以把动画分成以手工制作为主的传统动画和以计算机生成为主的数字动画；从空间视觉分类，可以把动画分成平面的二维动画和立体的三维动画；按照制作动画使用的材料分类，又有笔绘动画、剪纸动画、布偶动画、泥偶动画、油彩动画和实物动画等许多片种。下面按照传统动画和数字动画两个大类介绍各种动画的基本情况。

1. 传统动画

最早出现的传统动画形式是笔绘动画，动画师用铅笔、钢笔、毛笔等各种画笔在纸张、玻璃、黑板、胶片等材料上绘制动画。1906 年，美国人布莱克顿制作的世界上第一部用胶片拍摄的动画片《滑稽面孔的幽默相》是用粉笔在黑板上创作的。图 7-2 是《滑稽面孔的幽默相》中的画面。1961 年，由上海美术电影制片厂拍摄的《小蝌蚪找妈妈》（见图 7-3）是用毛笔在宣纸上采用水墨画法创作的水墨动画，该片曾获在南斯拉夫举办的第3 届国际动画节一等奖等 5 个国际大奖。

图 7-2　《滑稽面孔的幽默相》中的画面

图 7-3　《小蝌蚪找妈妈》中的画面

剪纸动画是通过对平面或片状材料进行挖剪或镂刻形成线条,完成动画的造型。剪纸动画色彩丰富,场景细腻具体,拍摄时一般为正面用光,观众可以看清动画角色的颜色和材质。1958 年出品的《猪八戒吃西瓜》(见图 7-4)是我国著名动画艺术家万古蟾导演的第一部剪纸动画。接着国内又相继拍摄了《渔童》、《济公斗蟋蟀》和《人参娃娃》等剪纸动画片。

胶片动画是直接在电影胶片上采取刮擦或绘画手段来创造动态影像的动画。由于在胶片上绘制画面,制作完成后无须用摄像机进行拍摄,所以胶片动画也称为无摄像机动画。胶片动画造型较粗糙,但线条流畅、色彩鲜明,给人以清新洒脱、充满活力的视觉感受。图 7-5 是加拿大国家电影局的动画大师诺曼·麦克拉伦创作的胶片动画短片《线与色》(*Blinkity Blank*)。

图 7-4　《猪八戒吃西瓜》中的画面

图 7-5　《线与色》中的画面

2. 数字动画

从制作技术和手段来考虑,所谓数字动画就是借助计算机这个先进工具完成作品制作的动画片种,可以由计算机辅助完成一部分制作工作,也可以由计算机承担全部制作任务。

数字动画从视觉角度来讲也可以分为二维动画和三维动画。自 20 世纪 90 年代起,许多动画大片就借助于计算机来完成部分甚至是全部工作。著名的迪士尼动画片《狮子王》(见图 7-6)、《美女与野兽》以及国内的《宝莲灯》和《喜羊羊与灰太郎》等均属于二维数字动画片。《玩具总动员》(见图 7-7)是第一部三维数字动画长片,该片的巨大成功掀起了三维数字动画的热潮。

图 7-6　《狮子王》中的画面

图 7-7　《玩具总动员》中的画面

二维动画的每帧画面以平面方式展示角色动作和场景内容，它只有高度和宽度信息，没有第三维的深度信息。尽管如此，二维动画可以运用透视和阴影等技术手段达到良好的视觉效果，并具有制作成本低廉、制作周期短等优势，因而受到电影发行商和观众的喜爱。

三维动画包含了物体的完整的三维信息，能够根据物体的三维信息在计算机内生成影片角色的几何模型、运动轨迹以及动作等，可以从各个角度表现场景，具有真实的立体感。

7.2 动画的制作过程

7.2.1 传统笔绘动画的制作过程

尽管传统动画的种类繁多，但它们的制作流程基本相同。笔绘动画的制作流程可分为前期、中期、后期3个制作阶段，如图7-8所示。

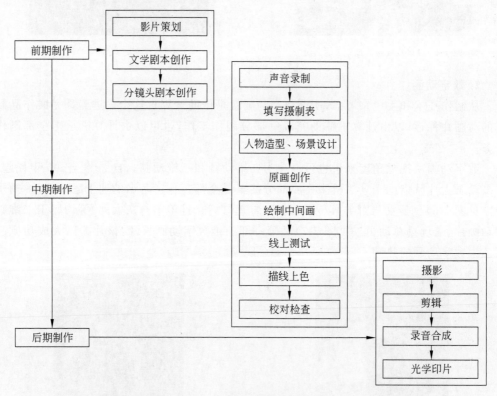

图 7-8 笔绘动画的制作流程

前期包括影片策划、文学剧本和分镜头剧本的创作。文学剧本不同于一般小说，应详尽描述故事具体细节，如角色的外貌特征、服饰、出场次序、对白、周围环境、背景衬托、道具形状等。动画中角色的动作幅度较大，有些夸张、滑稽，对白简单，甚至没有对白，靠画面视觉冲击来激发观众的想象。分镜头剧本则要画出每个镜头中出现的角色位置和背景,并用文字注明镜头编号、拍摄方法、动作内容、对白、音乐等。一部 30min 的动画剧本一般要设置 400 个左右的分镜头,一般要绘制 800 幅分镜头画面。

在中期,导演要编制整个影片制作的进度规划表——摄制表,以指导动画创作集体各部门人员统一协调地工作。设计师要设计动画片中的人物或角色的外部形象和特征,以及对拍摄场景的周围环境、建筑装饰、器具布置、画面色彩、景物透视、光影变化进行设计。这一阶段的一个重要任务是进行原画创作。原画也叫关键动画或关键帧,指标记角色的起始、终止以及转折等关键动作的重要画面。原画画好后,在原画的中间插入中间帧。中间帧是位于关键帧之间的过渡帧,可能有若干张。在关键帧之间可能还会插入一些更详细的动作幅度较小的关键帧,称为小原画,以便于中间帧的生成。有了中间帧,动作就流畅自然多了。动画初稿通常都是铅笔稿,对铅笔稿进行测试检查以后就要用手工将其轮廓描在透明胶片上,并仔细地描上墨线、涂上颜料。动画片中的每一帧画面通常都是由许多张透明胶片叠合而成的,每张胶片上都有一些对象或对象的某一部分,相当于一张静态图像中的不同图层。

后期阶段进行拍摄、剪辑、录音合成、光学印片。摄影师根据摄制表中规定的拍摄要求,将原画和中间画稿放置在摄影台上,叠合成完整画面,逐格拍摄,在胶片上记录一系列连续的动作场景。有了拍摄好的动画胶片以后,还要对其进行编辑、剪辑、配音、配字幕等后期制作工作,才能完成一部动画片。剪辑完成的无声胶片和录音合成后的磁带交洗印部门进行冲洗、组接和印片复制等工序的加工处理,才是观众看到的有声有色的动画片。

案例 7-1 《大闹天宫》制作概况。

《大闹天宫》是上海美术电影制片厂于 1961—1964 年制作的一部彩色动画长片,由著名动画艺术家万籁鸣导演。该动画被认为是中国传统动画的经典之作,曾经在美国、法国、日本、中国香港、中国台湾和东南亚引起轰动。

在这部动画片的制作过程中,参加创作的原画、动画人员共有二三十人,被分为 5 个组,每组由一个原画师、一个助理和几个动画人员组成。原画师创作主要的关键动作,把主要情节按导演的要求画出来,动作从初始到结束的中间过程要画 3~7 张中间画,由动画人员协助完成。一般来说,10min 的动画要画 7000~10 000 张原画,可见一部《大闹天宫》工作量的巨大。整个绘制阶段,动画人员每天都在重复同样的工作,50min 的上集和 70min 的下集,仅绘制的时间就接近两年。

7.2.2 二维数字动画的制作过程

数字动画的前期与传统动画制作相似,也包括策划和剧本创作;中期和后期有计算机参与。由于二维和三维数字动画的中后期制作过程相差较大,这里分别介绍。

目前大型的数字二维动画通常采用计算机辅助制作的方式,其原画创作和描绘中间画仍由手工完成,但原画和中间画输入计算机后,由计算机完成描线和上色等其余工作。

在制作现场不需要摄像机，后期的拍摄工作全部由计算机合成。用计算机辅助完成动画上色和摄影等工作，可以节省很多经费和人力。还有些二维动画制作软件平台（如Flash）提供了关键帧绘制、过渡帧的生成、录音、配音以及影音合成的功能，大大缩短了动画创作的周期。

7.2.3 三维数字动画的制作过程

三维数字动画中期的人物造型、场景设计以及后期合成全部由计算机完成，主要包括建模、动画控制和渲染 3 个阶段。

（1）建模是利用动画设计系统提供的基本几何体和线条、曲面等创建物体的几何模型。动画中场景复杂，人物形态多样，三维建模是三维数字动画的第一步，也是最花费制作人员精力和时间的工序。计算机三维模型可以保存并重复使用，克服了传统动画容易走形的毛病。建模后还要为模型赋予材质和贴图，添加灯光和摄像机。计算机三维软件集多种功能（造型、修改、灯光、色彩、渲染等）于一身，动画的制作质量易于控制。

（2）动画控制是让场景中的模型动起来，在场景中活灵活现地进行表演，一般采用关键帧动画技术。

（3）渲染是动画制作最后阶段的工作。前面的各道工序只是建立了动画的场景，设定了各项参数值，需要计算机将这些参数值代入相关的计算机图形算法和动画算法进行运算，才能真正形成动画，这个运算过程就是渲染。渲染的过程需要大量的复杂运算，复杂场景的渲染时间较长，对计算机的硬件性能要求很高。

三维数字动画在制作的各个阶段采用的技术是相互关联的。基于不同建模技术的物体，其运动控制技术和渲染技术有很大的区别，因而在选择物体的建模方法时必须考虑对它的动画控制和渲染采用何种技术。

7.3 二维数字动画的制作技术

7.3.1 时间轴和层

时间轴是所有动画软件的支柱，时间轴中记录了动画播放过程中的所有静态画面，类似于现实生活中观看电影时所用的胶片。

时间轴主要分为图层编辑区和帧编辑区两个部分。图层编辑区可进行插入图层、删除图层、更改图层叠放次序等操作；帧编辑区可以进行对每一帧的查看以及关键帧的编辑。

所谓图层的概念，就像透明的醋酸纤维薄皮一样，一层一层地向上叠加。图层可以帮助用户组织文档中的所有对象。在一个图层上绘制和编辑对象，不会影响其他图层上的对象。如果某个图层上没有任何内容，那么就可以透过它直接看到下面的图层。

时间轴和图层如图 7-9 所示，其中共有 5 个图层。

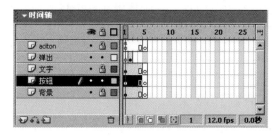

图 7-9 时间轴和图层

7.3.2 帧

帧是动画中的最小单位,是单幅影像画面,一帧相当于电影胶片上的一格。一个完整的动画是由许多帧组成的,播放时依次显示每一帧中的内容。通过连续播放这些帧,从而实现所要表达的动画效果。帧越多,动画需要播放的画面也越多,播放的时间就越长。

帧可以分为关键帧、空白关键帧、普通帧和过渡帧。关键帧是动画中角色或者物体运动变化中的关键动作所处的那一帧,相当于二维动画中的原画。没有添加任何动画对象的关键帧称为空白关键帧。普通帧也称为静态帧,显示同一层上最后一个关键帧的内容。过渡帧包含了一系列帧,其中至少有两个关键帧:一个决定对象在起始点的外观;另一个决定对象在终止点的外观,而在这之间可以有任意多个过渡帧。

7.3.3 动画类型

1. 逐帧动画

逐帧动画是在时间轴上逐帧绘制帧内容,每帧之间变化极为细微,快速且连续地切换这些帧而实现的动画形式。由于逐帧动画是一帧一帧的画,所以逐帧动画具有非常大的灵活性,几乎可以表现任何想表现的内容。

2. 补间动画

补间动画是只需要人工绘制动画开始和动画结束所需的两个关键帧,而两个关键帧之间的过渡帧是由计算机自动运算而得到的动画。

常见的补间动画有两类:一类是形状补间,用于形状间的动画,可以实现两个图形之间的变化,例如将三角形变成四方形的动画;另一类是动作补间,用于图形及元件的动画,可以实现图形元件的大小、颜色、位置、透明度等的相互变化,例如将小球从一个位置移动到另一位置的动画。

3. 遮罩动画

遮罩动画一般情况下是需要两个图层实现的,一层是遮罩层,另一层是被遮罩层,遮罩层中的内容在动,而被遮罩层中的内容保持静止。为了得到遮罩的显示效果,可以在遮罩层上创建一个任意形状的"视窗",遮罩层下方的对象可以通过该"视窗"显示,而"视窗"之外的对象将不会显示。

遮罩动画的用途主要有以下两种：一种是用在整个场景或一个特定区域，使场景外的对象或特定区域外的对象不可见；另一种是用来遮罩住某一元件的一部分，从而实现一些特殊的效果。

7.4 三维数字动画的制作技术

7.4.1 三维视图

在二维空间中，利用 X 轴和 Y 轴表示宽度和高度，事物的全貌很容易被看到。在三维空间中，又增加了 Z 轴，用以表示深度，则事物的全貌不容易被看到。为了能够看到被工作对象的全貌，大多数三维程序都提供多个视口来让建模人员观看。视口指对象所在的不同视图，可在其中进行形体创建与编辑操作。视口通常是带有线框对象的三维网格。一般有 4 个视口，分别是顶视图、前视图、左视图、透视图，如图 7-10 所示。工作过程中，用户可以在每个视口中拉近或拉远焦距，实现视点从近距离到无限远的快速运动。

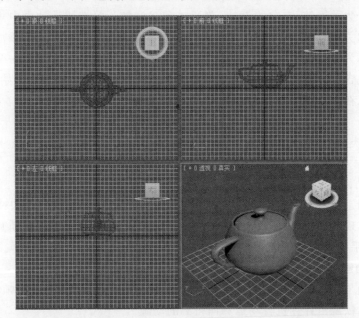

图 7-10 4 个视口

除了视口之外，建模人员还需要选择视图显示模式。大多数三维程序提供多种视图显示模式，常用模式有线框显示模式、实体着色显示模式、边面显示模式和边界盒子显示模式。其中，线框显示模式是最常用的显示模式，便于观察模型结构和编辑，如图 7-11（a）所示；实体着色显示模式则便于观察模型表面颜色和纹理，如图 7-11（b）所示；边面显示模式则同时显示模型表面边线和纹理，较为消耗显示资源；边界盒子显示模式是最快速的显示模式，如图 7-11（c）所示，在不移动视图时正常显示，在移动视图时模型自动切换为边界盒子显示模式。

(a) 线框显示模式　　(b) 实体着色显示模式　　(c) 边界盒子显示模式

图 7-11　线框显示模式、实体着色显示模式和边界盒子显示模式

7.4.2　建模

三维建模是三维动画的第一步，是三维世界的核心和基础。没有一个好的模型，就难以表现出好的动画效果。三维建模的基本技术归纳起来有以下 3 种。

1. 利用二维形体的技术

大多数三维模型都是从简单的形体（或形状）开始的，通过对这些形体进行各类变换、组合，从而生成复杂的三维形体。

利用二维形体进行建模的技术在三维建模领域的地位十分重要。其主要思想是：首先创建简单的二维形体，如样条曲线和形状等，然后对这些创建的二维形体进行挤压、旋转、放样等操作来创建三维形体。

挤压是将平面图形"挤"到三维空间中并赋予它厚度。挤压为平面图形添加 Z 轴并使图形沿 Z 轴延伸，这就使平面图形拥有了体积。例如，通过垂直挤压圆形，就可以制作圆柱。挤压效果如图 7-12 所示。

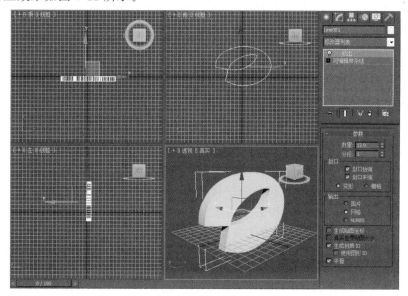

图 7-12　挤压效果

147

旋转是把一个二维图形绕轴旋转，从而生成具有一定体积的新对象。利用曲线旋转生成酒杯的效果如图 7-13 所示。

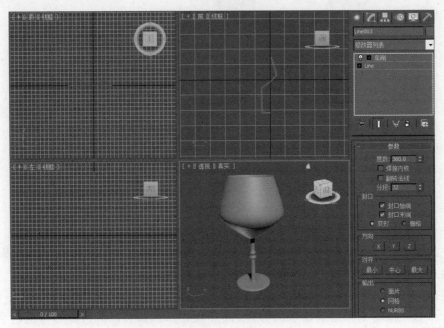

图 7-13　利用曲线旋转生成酒杯的效果

放样是将两个或两个以上的二维图形组合为一个三维物体，即通过一个路径对各个截面进行组合来创建三维模型。放样的基本操作就是创建路径和截面。放样至少需要两条二维曲线：一条用于放样路径，定义放样物体深度；另一条用于放样截面，定义放样物体形状。路径可以是开口的，也可以是闭合的，但必须是连续的。截面也可以是开口的或闭合的曲线，在数量上没有任何限制，更灵活的是可以用一条或一组各不相同的曲线。在放样过程中，通过截面和路径的变化可以生成复杂的模型。

2. 直接进行三维物体建模

三维建模首先要勾画物体的轮廓，常用方法有多边形建模、面片建模、NURBS 建模等。

多边形建模是最传统和经典的一种建模的方式。几乎所有的几何体类型都可以通过塌陷操作转换为可编辑的多边形网格，曲线也可以塌陷，封闭的曲线可以塌陷为曲面，这样就得到了多边形建模的原料——多边形曲面。这种建模方法兼容性极好，制作的模型占用系统资源最少，运行速度最快，在较少的面数下也可制作较为复杂的模型。多边形网格将多边形划分为三角面，可以使用编辑网格修改器或塌陷把物体转换成可编辑的网格，其中涉及的技术主要是推拉表面以构建基本的模型，最后增加平滑网格修改器，进行表面的平滑和提高精度。这种方法大量使用点、线、面的编辑操作，对制作人员的空间控制能力要求比较高，适合创建复杂模型。编辑多边形是在网格编辑基础上发展起来的一种多边形编辑的技术，与编辑网格十分相似，它将多边形划分为四边形的面，实质上和编辑网格的操作方法相同，只是换了另一种模式。图 7-14 为牙膏的多边形建模效果。

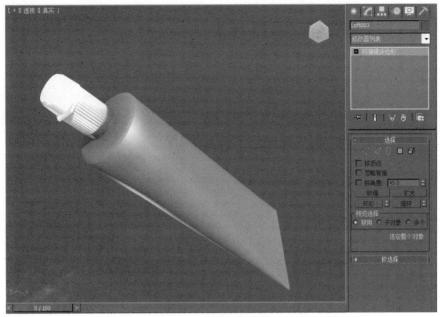

图 7-14 牙膏的多边形建模效果

面片建模是在多边形建模的基础上发展而来的,但它是一种独立的模型类型。面片建模解决了多边形表面不易被弹性编辑的难题,可以使用类似编辑 Bezier 曲线的方法来编辑曲面。面片与样条曲线的原理是相同的,同属 Bezier 方法,并可通过调整表面的控制句柄来改变面片的曲率。面片与样条曲线的不同在于:面片是三维的,因此控制句柄有 X、Y、Z 3 个方向。面片建模的优点是需要编辑的顶点较少,可用较少的细节制作出光滑的物体表面和表皮的褶皱,适合创建生物的模型。

NURBS(Non-Uniform Rational B-Splines,非均匀有理 B 样条曲线)是建立在数学公式基础上的建模方法。它基于控制结点调节表面的曲度,NURBS 与曲线一样是样条曲线,但 NURBS 是一种特殊的样条曲线,其控制更为方便,创建的物体表面更为平滑。若配合放样、挤压和车削操作,利用 NURBS 可以创建各种形状的曲面物体。NURBS 建模特别适合描述复杂的有机曲面对象,适用于创建复杂的生物表面和呈流线型的工业产品外观,如动物、飞机、汽车等,而不适合创建规则的机械或建筑模型。

3. 造型组合

造型组合是把已有的物体组合起来以构成新的物体。其中,布尔运算是最重要的组合技术,即通过对两个实体的外部形体进行各种布尔运算以形成新实体的方法。图 7-15 为通过布尔运算生成机器零件的效果。

7.4.3 贴图

建模完成之后,下面的工作就是为模型添加表面或者皮肤,这个过程称为贴图。贴图的过程还包括添加颜色、图案、材质和纹理以及设置发光度和透明度等属性。

许多建模程序包含大量的预设纹理,这就极大地简化了贴图过程。可以从程序中选

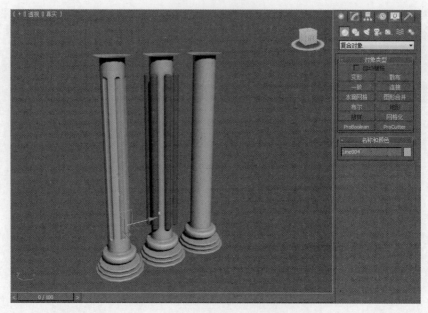

图 7-15　通过布尔运算机器零件的效果

择塑料、木材、金属和玻璃等纹理。自动应用预设纹理可以添加材质的特殊性质,如颜色、透明度和反光方式等。

图 7-16　牙膏模型贴图效果

纹理贴图可以为模型制作者节省时间。在该过程中,位图图像包裹在线框形体的四周。通过选择纹理图片,基本形体可以拥有非常复杂而又模型化的表面,而不需要模型制作者逐点对线框进行细致的编辑。它还减少了对复杂形体进行渲染所花费的漫长时间。例如给图 7-14 所示的牙膏模型赋予贴图,可得到真实效果,如图 7-16 所示。

纹理贴图经常应用于计算机游戏的场景建造。对于游戏玩家比较重视的对象需要精确构建,而对于玩家不重视的对象则利用纹理贴图就可以快速创建。例如,在赛车游戏中,玩家驾驶的赛车需要精确构建,而跑道两边的建筑物和欢呼的人群往往可以直接利用纹理贴图来实现。

7.4.4　灯光

给物体打上灯光可以创造出恰如其分的氛围,让观众的注意力集中起来。设置恰当的灯光会增强对象的效果和突出主题。基本的灯光有 3 种:散射光、直射光和点光源。

散射光弥散在整个场景中。在场景中由散射光照射的对象才具有良好的可见性,但往往比较单调。

直射光来自无穷远外,光线是平行的。

点光源也称聚光灯,它从一点向外发射出光线,通常形成一个光锥。点光源可以产生强烈的阴影和高度集中的光照区域。改变点光源的照射角度可以使场景产生很大的变化。图 7-17 展示了对茶壶应用点光源的效果。

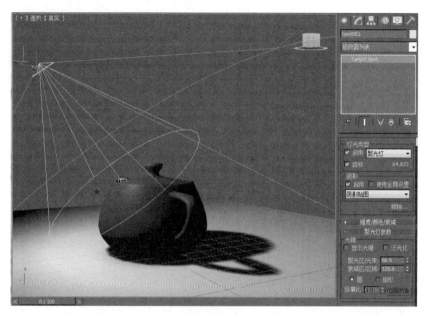

图 7-17 对茶壶应用点光源的效果

7.4.5 渲染

在三维动画制作流程中,渲染是最后一个步骤,通过它得到模型与动画最终的显示效果,即从观众的视点来观察的场景效果。20 世纪 70 年代以来,随着计算机图形的不断复杂化,渲染也越来越成为一项重要的技术。

渲染主要分为预渲染和实时渲染两类,不管是预渲染还是实时渲染,其速度都非常慢。预渲染的计算量很大,通常用于电影制作;实时渲染经常用于三维视频游戏,通常依靠带有三维硬件加速器的图形卡完成这个过程。

渲染的应用领域有游戏、电影和电视特效以及可视化设计。现在已经有很多种渲染工具产品,有些集成到建模或者动画软件中,有些是独立产品。

Video Post(视频合成器)是 3ds Max 中的一个强大的编辑、合成与特效处理工具。它通过加载滤镜为场景提供特效,能得到非常优秀的动画和设计效果图。Video Post 界面如图 7-18 所示。

7.4.6 动画类型

1. 几何变换动画

几何变换动画是通过对场景中的几何对象进行移动、旋转、缩放的几何变换操作而产生动画的效果。其特点是:几何对象自身大小或在场景中的相对位置发生变化,而本

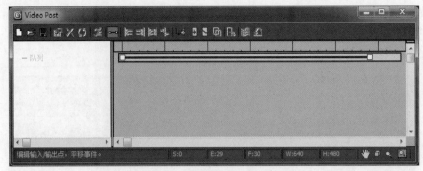

图 7-18　Video Post 界面

身形状并未改变。几何变换动画可采用的技术有关键帧技术、指定运动轨迹的样条驱动技术、实现几何对象间精确的相对运动的反向动力学技术等。图 7-19 为电风扇的旋转动画，它是几何变换动画的示例。

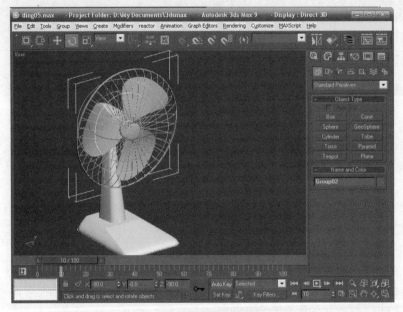

图 7-19　电风扇的旋转动画

2. 角色动画

角色动画主要是指人体动画，也包括拟人化的动物、植物以及卡通角色。在计算机三维动画中，构建人体造型是一个颇为艰巨的任务。所以，人体动画是计算机三维动画中最富有挑战性的课题之一。图 7-20 为一个角色动画模型。

3. 粒子系统动画

粒子系统中的粒子在任一时刻都具有随机的形状、大小、颜色、透明度、运动方向和运动速度等属性，并随时间推移发生位置、形态的变化。每个粒子的属性及动力学性质均由一组预先定义的随机过程来说明。粒子在系统内都要经过产生、活动和死亡这 3 个具有随机性的阶段，在某一时刻所有存活粒子的集合就构成了粒子系统的模型。粒子系统充分体现了不规则模糊物体的动态和随机性，能很好地模拟火、云、水、森林和原野等。

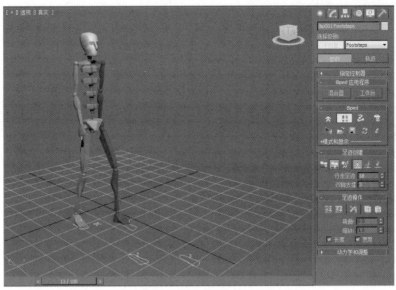

图 7-20 角色动画模型

以茶壶为粒子生成的粒子动画效果如图 7-21 所示。

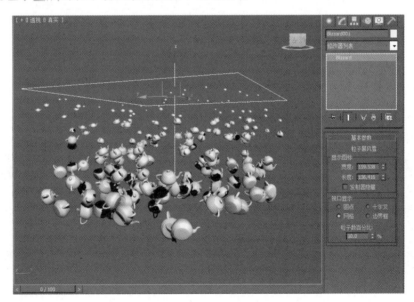

图 7-21 以茶壶为粒子生成的粒子动画效果

4. 摄影机动画

摄影机动画也称为镜头动画,是通过对摄影机的推、拉、摇、移使镜头画面改变,从而产生的动画效果。它常用于制作建筑物漫游动画,要求摄影机在运行过程中要平稳、节奏自然、镜头切换合理、重点内容突出。

5. 变形动画

变形是一种基于结点的动画技术,是通过物体结点序列的变换矩阵实现的。相对于几何变换动画缺乏生气的不足,变形动画可以赋予每个角色以个性,并以形状变形来渲

染某些夸张的效果。

7.5　数字动画的应用

有了数字动画的制作工具，艺术家就可以将奇思妙想变为现实，富有创意的设计可以不受环境的限制，作出全新的、梦幻般的精彩画面，给人带来强烈的视觉冲击。除了数字动画片制作之外，数字动画技术还广泛应用于影视特技、科学仿真、产品设计、教学、娱乐等领域。

7.5.1　影视特技

现在绝大多数影视片都需要借助数字动画技术，在计算机的帮助下完成特技镜头。例如，使用数字动画技术制作出传统摄像技术无法实现的镜头或者人物、影像，或者使用数字动画技术对拍摄的镜头进行特技处理和后期加工，取得普通拍摄方法无法达到的效果。图 7-22 为 1997 年出品的电影《泰坦尼克号》中的特效画面，著名的数字工作室（Digital Domain）公司花费了一年半时间，用了 300 多台 SGI 超级工作站和 50 多个特技师日夜不停地轮流制作电影中的特技。2009 年出品的影片《阿凡达》（见图 7-23）片长 166min，制作周期 4 年，只有 37 个真人演员，但有上千个 CG 动画角色，另外有 2000 名幕后工作人员，其中 800 人是 CGI 特效人员，特效镜头数量超过 3000 个，只有 20 几个镜头没有使用任何特效，动用了 40 000 个处理器和 68TB 的存储器来创造潘多拉星球。

图 7-22　电影《泰坦尼克号》中的特效画面　　　图 7-23　电影《阿凡达》中的特效画面

7.5.2　科学仿真

数字动画技术应用于科学研究中的仿真，将科学计算过程以及计算结果转换为几何图形或图像信息，并在屏幕上显示出来，为科研人员提供直观分析和交互处理的手段，以提高科研工作的效率。一些复杂的科学研究以及工程设计，如航空、航天、水利、建筑，在研究或设计过程中往往借助数字动画技术进行模拟分析、仿真，预测工程结果，避免设计

154

误区,保证工程质量。图 7-24 是"嫦娥三号"登陆月球模拟画面,图 7-25 是奥运主场馆"鸟巢"模拟夜景画面。

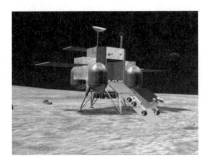

图 7-24 "嫦娥三号"登陆月球模拟画面

图 7-25 "鸟巢"模拟夜景画面

7.5.3 产品设计

数字动画也应用于很多行业的产品设计中。在产品设计中,使用数字动画技术对产品开发进行仿真、性能试验以及产品的内部细节和外部形状展示。目前,在室内装潢设计和服装设计等行业中已普遍使用了数字动画技术,使得房屋装修前就可以看到完工后的效果,服装在没有裁剪前就已经穿在了电子模特身上。

7.5.4 教学

在教学中借助于数字动画进行直观演示和形象教学,可以取得传统教学手段无法比拟的教学效果。有些基本概念、原理和方法需要学生有感性的认识,但实际教学中受各种条件的限制无法用实物或实际场景来演示;而采用数字动画可以将大到宇宙形成、小到原子结构的天地万物以及复杂的化学反应、物理定律、生物现象等生动形象地表现出来。

7.6 数字动画系统

数字动画系统包括硬件平台和软件平台两部分。硬件平台大致可分为基于 Windows 操作系统的图形工作站和基于 UNIX 操作系统的图形工作站。软件平台除了二维、三维数字动画制作软件外,还包括图像处理、特效合成以及非线性编辑等辅助软件。

7.6.1 硬件系统

数字动画系统的基本框架如图 7-26 所示。用于数字动画制作的计算机系统为满足大数据量的图形图像处理,对计算机的硬件结构和系统软件有特殊的要求,理想情况下

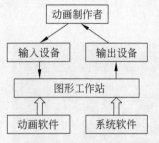

图 7-26　数字动画系统的基本框架

用户应该使用优于普通计算机的图形工作站，另外需要专用的输入输出设备，如平面扫描仪、三维立体扫描仪、数码摄像机、绘图板、打印机等。图形工作站在运行速度、存储容量、图形显示质量等方面优于普通计算机。

数字动画系统，尤其是三维数字动画系统，需要高速、海量的图形图像数据计算，才能实时显示优质的动画画面。为减轻计算机中 CPU 的负担，数字动画系统的图形处理任务往往交给专门的图形显示系统——显卡来完成。图 7-27 是以显卡为核心的图形显示系统结构，主要由图形处理器、显示内存(显存)、D/A 转换器、显示 BIOS 芯片以及输入输出接口等几部分组成。数字动画显示画面生成前，CPU 先把需要显示的物体几何形状、材质、纹理等数据传到显存中，而后由图形处理器读取显存数据，经过计算将这些数据转换成一个一个的像素值并加上二维和三维特效，再放回显存，然后通过 D/A 转换器将其转换成模拟信号输出到显示器，从而在显示器上形成图像。

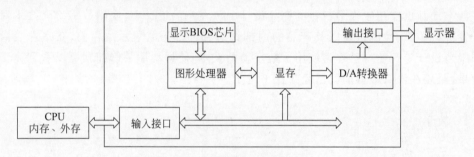

图 7-27　图形显示系统结构

图形处理器是显卡的核心芯片，它的性能直接决定了显卡性能的高低。它负责绝大部分图形计算工作，处理 CPU 发过来的对象几何、材质、纹理数据，并提供专门的图形函数来加速图形计算工作。

7.6.2　软件平台

二维动画制作的软件分计算机辅助制作平台软件和全计算机制作平台软件。高质量的影院动级画往往使用专业的计算机辅助制作平台软件，如著名的 Anomo(Cambridg Animation 公司)、TOONZ(Digital Video 公司)、USAnimation(ToonBoom 公司)等，这些软件通常具有画面输入、画面线条处理、上色、画面合成和特效制作、录制和输出等功能。全计算机制作平台软件有 Flash(Adobe 公司)、Animator(Autodesk 公司)等，这类软件允许用户直接使用计算机进行原画创作，用计算机完成二维动画的全部流程的制作工作。这类软件一般都具有比较完善的平面绘画功能，提供中间画的生成、上色、画面编辑合成、特效以及预演等功能。

计算机动画技术的成熟推动了三维动画软件的发展，其中影响较大的商品化三维动画软件有 Maya、Softimage 3D 和 3ds Max。它们集动画制作的各个主要功能于一身，包括建模、灯光、动画、环境以及渲染等多个模块。Maya 是美国 Alias 公司在工作站软件基础上开发的新一代产品,可运行在 Windows 与 SGI IRIX 操作系统上。Maya 擅长角色动画的制作,建模功能也相当强大,除了一般三维视觉效果的制作以外,还集成了最先进的建模、布料模拟、毛发渲染以及运动匹配等技术。3ds Max 三维动画软件运行在 Windows 系统中,操作简便,功能强大,建模性能非常出色,和其他相关软件配合流畅,在国内外有大量的用户群,是当今最畅销的三维动画软件。而且 3ds Max 的插件非常多,包括建模、纹理、动画、光影、渲染以及文件链接等,大大丰富了它的三维动画功能。

数字动画的制作除了使用二维或三维动画制作软件之外,还必须借助许多配套软件来完成声音录制与编辑、图像处理,特效处理、合成等方面的工作。声音录制与编辑软件通常有 Garage Band、Soundtrack 等,提供声音录制、处理等功能。图形图像处理软件有 Photoshop、Illustrator、CorelDraw 等,提供图形绘制、图像处理、扫描控制、颜色校正、画面润色以及特效生成等功能。画面合成和特效制作软件有 After Effects、Apple Shake、Commotion、Edit/Effect/Paint 等。在数字动画的后期制作阶段有一款非常好的软件——Adobe 公司的 Premiere,它是一个非常优秀的非线性编辑软件,运行于 Windows 和 Mac 平台,能够编辑合成多轨的视频音频文件,完成 AVI 和 MOV 等格式的动态影像输出。

7.7 常用动画制作软件

当前,计算机动画的应用越来越广泛,大量优秀的动画制作软件也不断涌现。本节精选两款优秀的二维动画制作软件——Flash 和 JOONZ 以及两款三维动画制作软件 3ds Max 和 Maya 进行介绍。

7.7.1 Flash

Flash 是一款设计与制作二维动画的专业软件。Flash 的前身是 FutureSplash,该软件于 1996 年 11 月正式卖给 Macromedia 公司,改名为 Flash 1.0。经过 Macromedia 公司近十年的经营,先后推出 10 个版本,Flash 已经发展为一款风靡 Internet 的二维动画设计与制作软件,取代了 GIF 等动画的地位,成为这一领域的霸主。2005 年,Adobe 公司耗资 34 亿美元并购 Macromedia 公司,从此 Flash 冠上了 Adobe 的名头,陆续推出 Adobe Flash CS3、Adobe Flash CS4、Adobe Flash CS5、Adobe Flash CS6 等版本。

Flash 具有友好的操作界面,易学易用。Flash 支持 SWF、AVI、EXE 等多种动画格式输出,适用于在线、离线观看动画,或将动画嵌入其他程序中播放。Flash 生成的文件体积小,易于网络传输。Flash 采用矢量图形和流式播放技术生成动画,生成的动画文件体积小,图像不易失真,可自由缩放,自动调整图像尺寸,文件大小不改变,适合网络流式传输。Flash 功能强大,使得设计者可以随心所欲地设计出高品质的动画,通过 ActionScript 脚本语言可以实现交互,使 Flash 具有更大的设计自由度。

普遍使用的 Flash CS4 界面如图 7-28 所示。

菜单栏

时间轴

工具栏

舞台

工作区

属性面板

颜色面板

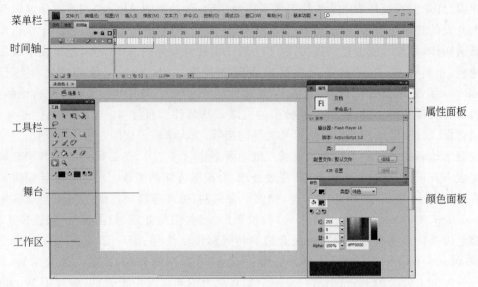

图 7-28　Flash CS4 界面

案例 7-2　公交车。

本案例是一辆公交车驶过站台的动画，要求公交有进站台减速和出站台加速的动画效果。需要事先准备好"站台"背景素材和"汽车"前景素材。按以下步骤操作：

（1）创建文件。启动 Flash CS4，创建新文件，将其命名为"汽车行驶"，在菜单栏选择"修改"→"文档属性"命令，修改文件大小为 720×576 像素。

（2）导入素材。选择"文件"→"导入"→"导入到库"命令，导入"站台.jpg"和"汽车.gif"文件，如图 7-29 所示。

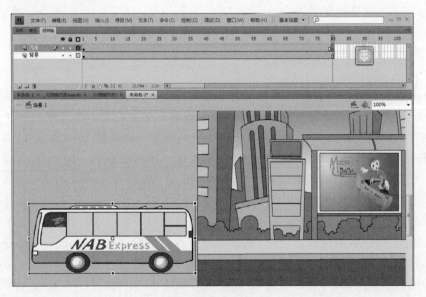

图 7-29　导入素材

（3）在时间轴上修改图层 1 的名称为"背景"，从库中将"站台"对象拖到舞台中间位置,适当调整对象大小。新建图层2,命名为"汽车"。从库中将"汽车"对象拖到舞台右侧的工作区,使其在舞台上不可见。

(4)选择"背景"图层,在第80帧按F5键,延长背景图层显示时间。选中"汽车"图层第1帧的"汽车"对象,选择"修改"→"转换为元件"命令,将"汽车"对象转换为图形元件,为下面制作动画做准备。在该图层的第80帧按F6键。插入第80帧的汽车向左移动,移出舞台。

(5)在"汽车"图层的第1帧和第80帧之间右击,选择快捷菜单中的"创建传统补间动画"命令,在第1帧到第80帧之间创建传统补间动画。

(6)在菜单栏选择"控制"→"播放"命令,或按Enter键播放动画,在舞台上查看动画效果,可以看到汽车匀速驶过站台。可以通过调整补间动画的"缓动"参数制作汽车的变速运动效果。

(7)在"汽车"图层的第1帧与第80帧之间单击,在"属性"面板中设置"缓动"参数值,如图7-30所示,观察汽车行驶速度的变化。

(8)在"属性"面板中单击"缓动"右侧的编辑按钮,打开"自定义缓入/缓出"对话框,在曲线上单击添加控制点,并通过拖动控制点调整控制线,形成图7-31所示的曲线。至此,动画制作完毕。

图7-30　调整曲线(1)

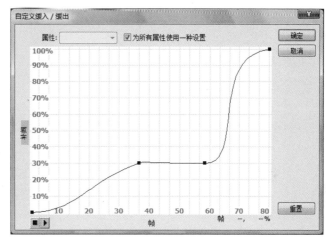

图7-31　调整曲线(2)

7.7.2　TOONZ

TOONZ是一款优秀的卡通动画制作软件系统,它使传统动画制作中需要很长时间的绘画、合成和特殊效果制作变为自动化过程。它可以快速扫描、记录和合成原稿,保持线型的细微差别,以使其具有作家的艺术风格和个性。它还可以实时地将手绘稿变成动画。

TOONZ可以运行于SGI超级工作站的IRIX平台和PC的Windows平台上,被广泛应用于卡通动画系列片、音乐片、教育片、商业广告片中的卡通动画制作。

TOONZ利用扫描仪将动画师所绘的铅笔稿以数字方式输入计算机,然后对画稿进

行线条处理，检测画稿，拼接背景图，配置调色板，画稿上色，建立摄影表，将上色的画稿与背景合成，增加特殊效果，合成预演，生成动画，最后利用不同的输出设备将结果输出到录像带、电影胶片、高清晰度电视以及其他视觉媒体上。

TOONZ 使声音、音乐和画面同步的制作变得非常容易。音频模块可在屏幕上跟踪编辑声音，而不再使用传统的磁带系统、发声装置以及声音模拟装置。它把声音样品输入 X-Sheet 表，进行声音和图像的逐帧回放。TOONZ 可通过对语音进行分解生成相应的口型。

TOONZ 在扫描手绘稿时，能够使其中的任何一个细微的笔触都保持艺术家的创作风格。Smart Sheet 功能可很快识别标准的和自定义的纸张大小，根据纸张的定位孔对画稿进行对位。

TOONZ 4.6 版本的界面如图 7-32 所示。

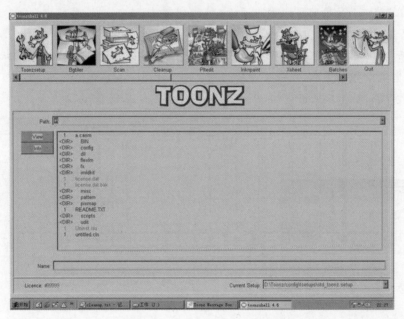

图 7-32　TOONZ 4.6 版本的界面

7.7.3　3ds Max

3ds Max 是 Autodesk 公司开发的基于 PC 系统的三维动画渲染和制作软件。在 Windows NT 出现以前，工业级的计算机图形制作被 SGI 图形工作站所垄断。3ds Max＋Windows NT 组合的出现降低了计算机图形制作的门槛。3ds Max 首先参与制作电脑游戏中的动画，而后更进一步开始参与影视片的特效制作，如《X 战警Ⅱ》《最后的武士》等。

3ds Max 广泛应用于广告、影视、工业设计、建筑设计、多媒体制作、游戏、教学以及工程可视化等领域。拥有强大功能的 3ds Max 被广泛地应用于电视及娱乐业中，如片头动画和视频游戏的制作，深深扎根于玩家心中的劳拉角色形象就是 3ds Max 的杰作。3ds Max 在影视特效方面也有一定的应用。而在国内发展得比较成熟的建筑效果图和建筑动画制作中,3ds Max 更是占据了绝对优势。不同行业对 3ds Max 的应用程度不同。例如,建筑方面的应用只要求单帧的渲染效果和环境效果,只涉及比较简单的动画;片头动画和视频游戏应用中动画占的比例很大,特别是视频游戏对角色动画的要求比较高;影视特效方面的应用则把 3ds Max 的功能发挥到了极致。

3ds Max 2014 版本的界面如图 7-33 所示。

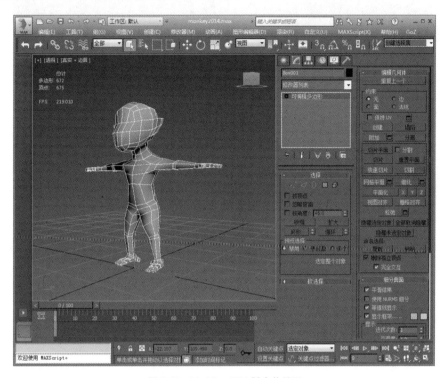

图 7-33　3ds Max 2014 版本的界面

7.7.4　Maya

Maya 是美国 Autodesk 公司出品的世界顶级的三维动画软件,其应用领域主要是专业的影视广告、角色动画、电影特技等。Maya 功能完善,工作灵活,易学易用,制作效率极高,渲染真实感极强,是电影级动画的高端制作软件。

Maya 集成了先进的动画及数字效果技术。它不仅提供了一般三维动画和视觉效果制作的功能,而且提供了先进的建模、数字化布料模拟、毛发渲染、运动匹配技术。Maya 可在 Windows 与 SGI IRIX 操作系统上运行。在目前市场上的三维制作工具中,Maya 是首选解决方案。

很多三维设计人员应用 Maya 软件的原因是,它可以提供完美的三维建模、动画、特效功能和高效的渲染功能。另外,Maya 也被广泛地应用到平面设计(二维设计)领域。Maya 软件的强大功能正是那些设计师、广告主、影视制片人、游戏开发者、视觉艺术设计专家、网站开发人员对其极为推崇的原因。

Maya 2015 版本的界面如图 7-34 所示。

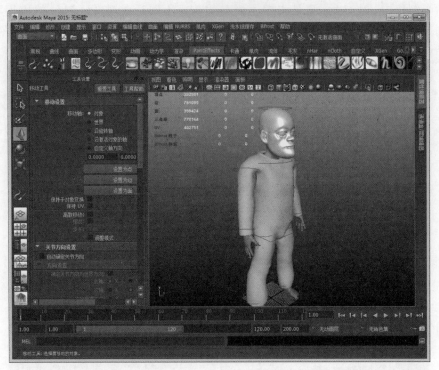

图 7-34　Maya 2015 版本的界面

思考与练习

1. 填空题

（1）数字动画与传统动画制作的根本区别是引入了_____作为工具。

（2）三维动画的制作过程主要包括_____、_____和_____3 个阶段。

（3）在二维动画的制作中，如果想制作人物奔跑动画，如图 7-35（a）所示，应采用
_____动画方式；如果要制作时钟动画，如图 7-35（b）所示，应采用_____动画方式。

（a）人物奔跑动画

（b）时钟动画

图 7-35　人物奔跑动画和时钟动画

（4）三维动画主要有_____、_____、_____、_____和_____5 种动画
类型。

（5）在三维动画中，为了表现雨雪天气，应该采用_____动画类型；为了介绍旅游

景点,应该采用_____动画类型。

2. 简答题

（1）简述传统笔绘动画的制作过程,并指出数字动画的制作相对于笔绘动画做了哪些方面的改进。

（2）三维动画的建模技术有哪几种?

（3）数字动画的应用领域有哪些?

3. 拓展题

小王准备制作一段校园三维动画,向下一届新生介绍校园各建筑物的分布及名称、学校的历史、学校的生活等概况,以便更好地帮助他们快速融入学校生活,但小王对于具体制作过程还不是太了解,请查阅有关资料,帮助小王解决以下问题:

（1）项目开发的具体过程和步骤有哪些?

（2）进行这个项目开发,要使用哪些软硬件资源?

（3）对于刚开始学习三维动画的同学,可能有不少难点。请说出三维动画制作的难点主要有哪些。

第8章　数字游戏

　　游戏是伴随着动物的产生而产生的。各种动物为了熟悉生存环境、彼此相互了解、练习竞争技能,就开始了追逐、打闹等游戏活动。随人类活动的展开,这些简单的游戏活动已经不能满足人类的需要,人类为了自身发展的需要创造出多种多样的游戏活动。所以,游戏并非单纯的娱乐活动,而是一个严肃的人类自发活动,它以生存技能培训和智力培养为目标。

　　数字游戏(digital game)是伴随着人类科技的进步而产生的。数字游戏是以数字技术为手段设计开发,并以数字化设备为平台实施的各种游戏。这个概念的提出可以追溯到 2003 年,数字游戏研究协会(Digital Game Research Association,DiGRA)正式使用该词。目前,数字游戏作为一个名词已经得到广泛认可。

8.1　数字游戏概述

8.1.1　数字游戏的界定

　　在数字游戏这一概念提出之前,已经有了许多相似的概念,如电子游戏(electronic games)、计算机游戏(computer game)、视频游戏(video game)、交互游戏(interactive game)等。那么,为什么还要提出数字游戏的概念呢?下面看看数字游戏与这些游戏概念上的区别。

　　电子游戏的概念在国内流传得比较普遍,这主要是由于历史的机缘。在 20 世纪 80 年代中期,正值我国电子技术方兴未艾,而"数字"概念尚未萌动之时,西方各类游戏机引入我国,于是将此类游戏定名为电子游戏。时至今日,电子游戏更倾向于指代基于传统电子技术的老式游戏,而较少用来指代网络游戏、虚拟现实游戏等新型游戏。

　　计算机游戏将游戏概念限定为较小的范畴,单指计算机平台上的游戏,而其他基于手机、PS2、Xbox、PSP、街机等平台的游戏均具有类似的设计特性和技术手段,却被划到这个范围之外。

　　视频游戏指通过终端屏幕呈现文字或图像画面的游戏方式,将游戏限定为凭借视频画面进行展示的范畴。随着技术的发展,数字化的游戏将逐渐超越视频的范畴,朝向更为广阔的现实物理空间和赛博空间(cyberspace)发展。

　　交互游戏着重游戏的交互性。所谓交互就是指参与活动的对象可以相互交流和互

动。所以,只要参与游戏活动的对象可以相互交流和互动,都可以将游戏归为交互游戏,而不论活动的对象是人、动物还是各类电子设备、计算机。

数字游戏是以数字技术为手段、以数字化设备为平台,可以涵盖电脑游戏、网络游戏、电视游戏、街机游戏、手机游戏等各种基于数字平台的游戏。这个定义从本质层面概括了该类游戏的共性。这些游戏虽然彼此面目迥异,但是却有着类似的原理,即在基本层面均采用以信息运算为基础的数字化技术。所以,数字游戏作为一个新的名词,有效概括了这些基于各类数字平台和采用各类数字技术的游戏。

8.1.2 数字游戏的发展阶段

数字游戏的产生与发展是伴随着电子技术和计算机技术的发展进程,时至今日,也不过半个多世纪,但数字游戏的发展非常迅速。根据流行的游戏运行平台的不同,数字游戏的发展大致可以分为以下4个阶段。

1. 数字游戏的出现(1958—1979年)

1958年,由美国人威利·希金博萨姆利用电气装置制作,在示波器屏幕上显示画面的简单游戏 *Tennis for Two*(见图 8-1),可以算是世界上最早的数字游戏。

1972年,美国的雅达利公司划时代地开发出了数字游戏 *Pong*(见图 8-2),这个由简单的圆点和方块组成的模拟乒乓球运动的程序在当时取得了令人震惊的10万套销量。雅达利公司随后对 *Pong* 的程序进行了改良,推出《打砖块》游戏。数字游戏也就是从这一年开始由个人制作向商业模式过渡。

图 8-1　Tennis for Two 游戏界面

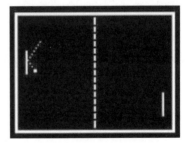
图 8-2　Pong 游戏界面

随后,又出现了一些游戏,这些游戏虽然界面简单,但其游戏模式对后来的游戏发展影响很大。例如,迷宫型游戏《洛古》的基本模式就是 RPG(Role-Playing Game,角色扮演游戏)。

由于这个阶段处在游戏发展的早期,游戏运行平台多种多样,这一阶段后期最流行的就是街机。

2. 家用游戏机时代(1977—1989年)

1977年,美国的雅达利公司推出了 Atari 2600 型游戏主机,这是世界上第一台家用专业游戏机,从而开启了家用游戏机时代。随后日本的任天堂公司和 SEGA 公司迅速崛起,彻底占领了游戏机的市场。

1983年,日本任天堂公司的 FC(Family Computer)横空出世,当时的售价是 14 800

日元(折合人民币 1300 元左右),采用 6502 芯片作为主 CPU,还有一块专门处理图像的 PPU 芯片,性能在当时非常好。与 FC 同时发售的经典游戏有《大金刚》《大金刚 JR》《大力水手》《马里奥兄弟》等。FC 一推出就马上引起了业界的轰动。

1985 年,SEGA 公司异军突起,在家用机市场上推出 SEGA MARK Ⅲ 来抗衡任天堂公司的游戏机,游戏移植自街机市场的《太空波利》和《幻想地带》。随后几年中,任天堂公司和 SEGA 公司都不断推出自己的新机型和新游戏,竞争非常激烈。

3. 单机游戏时代(1990—1996 年)

进入 20 世纪 90 年代后,电脑游戏迅速流行起来,这主要取决于 PC 的普及。这个阶段,PC 硬件价格迅速下降,而性能却不断提高,操作系统也由原来的 MS-DOS 向 Windows 演化,这些都促进了电脑游戏的快速发展。

在这个阶段中,有影响力的游戏有很多。例如,1992 年,3D Realms 公司和 Apogee 公司联合发布了游戏《德军司令部》(*Wolfenstein 3D*),见图 8-3,这部游戏开创了第一人称射击游戏的先河,更重要的是,它在游戏的 X 轴和 Y 轴的基础上增加了一个 Z 轴,从而开启了 3D 游戏的先河。1996 年 6 月,id Software 公司的经典作品 *Quake* 推出,见图 8-4,这是一款真正意义上的 3D 游戏,对后来的游戏影响非常大。随后,《古墓丽影》《极品飞车》等游戏也都大获成功。

图 8-3 《德军司令部》游戏界面

图 8-4 *Quake* 游戏界面

中国的游戏产业也在这个阶段拉开了帷幕,并取得了不俗的成绩。1994 年 10 月,北京金盘电子有限公司推出了自主研发的一款游戏——《神鹰突击队》。1995 年,由中国台湾大宇资讯股份有限公司制作发行的中文角色扮演游戏《仙剑奇侠传》和由金山软件公司下属游戏工作室——西山居制作的中国第一款武侠类 RPG 游戏《剑侠情缘》将国产游戏推向了一个高潮。

4. 网络游戏和手机游戏时代(1997 年至今)

1997 年,Origin 公司推出了世界上第一款网络大型多人在线角色扮演游戏——《网络创世纪》,被称为"第一网络游戏",从而开启了网络游戏的时代。随后网络游戏在全球迅速流行起来。

2000 年 7 月,第一款真正意义上的中文网络图形 MUD(Multiple User Domain,多用户空间)游戏《万王之王》正式推出,成为我国第一代网络游戏无可争议的王者之作。2001 年 11 月,上海盛大公司代理的《传奇》正式上市,不久就成为大陆网络游戏市场的霸主。同年,网易公司推出《大话西游 ONLINE》,吹响了门户网站进军网络游戏产业的号角,自此网络游戏成为门户网站新的利润增长点。

2002 年开始,中国网络游戏进入空前繁荣的时期,达到 9.1 亿元的市场规模。随后,网络游戏一直发展迅速,2003 年曾出现过两个月内有 25 款游戏同时测试的盛况。2010年网络游戏的市场销售达到了 323 亿元人民币。2014 年,网络游戏的市场规模达到了1144.8 亿元人民币,网络游戏用户达 3.58 亿人。2020 年,网络游戏的市场规模达到了2786.9 亿元人民币,网络游戏用户达 6.65 亿人。

手机游戏是随着手机的普及而发展起来的。早期的手机屏幕都较小,只能进行一些文字类的游戏,如短信游戏。1998 年,诺基亚推出的 5110 手机被认为是第一款内置游戏的手机,它支持的游戏《贪食蛇》影响深远。2000 年,诺基亚 3310 又推出了《贪食蛇 2代》。

2001 年,随着彩屏手机的推出,手机游戏变得更加丰富多彩了,如赛车游戏、射击游戏等。在 2005 年,RPG 游戏也开始在手机上兴起。

2007 年,苹果公司推出 iPhone 手机,其一个重要的特点就是可触摸宽屏,这为手机游戏的开发提供了更友好的交互性和更大的视角。随着手机屏幕从早期的 3.5in 发展到现在的4.7in、5.5in 等更大的屏幕,手机游戏的用户体验感也越来越好,游戏类型也从早期的小游戏发展到现在的大型游戏,例如 EA 公司推出的《极品飞车》和《模拟人生》。

8.1.3 数字游戏的分类

数字游戏的分类方法有很多,最常见的方法是按照游戏内容进行划分。按照游戏内容来分,数字游戏大致可以分为以下几种类型。

1. RPG

RPG(角色扮演游戏)是由玩家扮演游戏中的一个或数个角色,有完整的故事情节的游戏。RPG 更强调的是剧情发展和个人体验。一般来说,RPG 可分为日式和美式两种,主要区别在于文化背景和战斗方式。日式 RPG 多采用回合制或半即时制战斗,如《最终幻想》系列;美式 RPG 的代表是《暗黑破坏神》系列。

2. ACT

ACT(Action Game,动作游戏)是玩家控制游戏角色用各种武器消灭敌人以过关的游戏,不追求故事情节,如《超级玛丽》《波斯王子》等。该类游戏一般有一点解谜成分,操作简单,易于上手,紧张刺激,属于大众化游戏。

3. AVG

AVG(Adventure Game,冒险游戏)是由玩家控制游戏人物进行虚拟冒险的游戏。与 RPG 不同的是,AVG 的故事情节往往是以完成一个任务或解开某些谜题的形式出现的,而且在游戏过程中刻意强调谜题的重要性。该类游戏有《生化危机》《古墓丽影》《恐龙危机》等。

4. SLG

SLG(Simulation Game,策略游戏)是玩家运用策略与计算机或其他玩家较量,以取得各种形式的胜利(或统一全国,或开拓外星殖民地)的游戏。策略游戏可分为回合制和即时制两种,回合制策略游戏有《三国志》系列、《樱花大战》系列;即时制策略游戏有《命令与征服》系列、《帝国》系列、《沙丘》等。

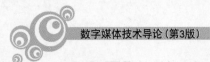

5. FTG

FTG(Fighting Game,格斗游戏)是由玩家操纵各种角色与计算机或另一玩家所控制的角色进行格斗的游戏。比较著名的有《街霸》《侍魂》《铁拳》等。此类游戏场景、人物、操控等比较单一,但操作难度较大,主要依靠玩家迅速的判断和微操作取胜。

6. PZL

PZL(Puzzle Game,益智类游戏)原指用来培养儿童智力的拼图游戏,引申为各类有趣的益智游戏,比较经典的有《俄罗斯方块》《华容道》等。

7. SPT

SPT(Sports Game,体育类游戏)是在计算机上模拟各类竞技体育运动的游戏,花样繁多,模拟度高,广受欢迎,如 *FIFA* 系列、*NBA Live* 系列、《实况足球》系列等。

8. 其他

其他类游戏是指无法归入上述种类中的游戏,常见于种类丰富的电视游戏、音乐游戏、MUD 游戏等。

另外,按照游戏是否联网,可以分为单机游戏和网络游戏两种;按照游戏平台的不同,可以分为电脑游戏、电视游戏、街机游戏、手机游戏和其他平台游戏等。

8.1.4 数字游戏的功能

正如本章开头所讲的,游戏最初的目的是培养游戏者的生存技能和智力水平,但由于数字游戏以数字设备为道具,可以让游戏者脱离现实生活,完全沉浸在与网络中的虚拟对象进行交互上,因此也造成了一些负面影响。于是,很多人开始抵制数字游戏,特别是网络游戏,片面地认为玩游戏有害无益。数字游戏的积极作用是占主要方面的,只要正确对待数字游戏,它就不仅能够为人的智力发展提供良好的帮助,而且可以让人更好地了解社会、完善人格。

概括起来,数字游戏的功能主要体现在以下几个方面。

1. 促进游戏者了解计算机技术

计算机单机游戏与在线游戏的盛行使得数字游戏与计算机技术紧密联合在一起。研究者认为,计算机游戏可以帮助游戏者熟悉计算机技术,这甚至能够影响到他们日后的职业选择。对大学生的调查显示,计算机系学生在上大学前玩计算机游戏的比例更高,而非计算机系的学生在上大学前更喜欢传统的玩具,如绒毛玩偶。

2. 促进游戏者认知的发展

根据皮亚杰的认知心理学理论,在儿童认知发展的每个时期,游戏都起着举足轻重的作用。对于成年人,游戏同样显示出认知价值。许多成人游戏有助于形成科学认知,并具有丰富的想象力和创造性。游戏把认知寓于娱乐,科学把娱乐寓于认知。今天的数字游戏更是游戏与科学结合的典范,数字游戏是推动计算机软硬件技术飞跃发展的动力之一;反过来,计算机技术的发展又带给数字游戏无穷无尽的智慧和魅力,使数字游戏成为一种重要的认知学习工具。

3. 促进游戏者社会性的发展

在日益流行的网络游戏中,需要游戏者合作才能完成游戏。游戏者需要交流、协作,共同选择、组织游戏,共同制定游戏规则,并严格遵守游戏规则,要不断地监督、评价自己与同伴的游戏行为。在游戏过程中,游戏者必须遵守共同的规则,和大家和谐相处,接受集体的支配,履行集体的一致要求,这就需要游戏者不断地清除自我中心观念,公正地评价伙伴和自己的行为举止,逐渐培养友好、公正、负责的意识和观念。可以说,游戏的过程也是游戏者社会意识不断发展完善的过程,不断社会化的过程。

4. 在身体运动和空间技能方面为游戏者提供练习机会

玩某些数字游戏能够提高现实生活中的身体运动和空间技能,因为数字游戏软件可以使游戏者得以处于各种情景中,获得不同领域的知识,从而能够更快、更好地做出反应。例如,台球、高尔夫等数字游戏提供了非常精确、现实的过程,使游戏者能够获得适当的知识和技能。

5. 促进游戏者健康人格的形成与完善

健康的人格是个体身心和谐发展的重要体现。在现实社会中,人们往往会受到不同程度的压制与束缚,容易产生各种形式的情感压力。游戏是一种从容自在的自主性活动,尤其是数字游戏比传统游戏具有更高的虚拟程度,更能表现更复杂的事物,可以是对历史的模拟,可以是对未来的幻想,也可以是对神话魔幻的体验⋯⋯在数字游戏中,游戏者可以使自己从当前情景的束缚中解放出来,宣泄不良情绪,消除紧张,获得心理平衡与心情的愉悦。游戏者可在短时间内体验成功与失败,体验人生,个人价值的自我实现不再像现实生活中那样遥不可及。由此观之,游戏是人们保持良好情绪状态与健康人格的重要途径与手段。

6. 促进游戏者创新意识与潜能的萌发

游戏是一种自主、自由、能动、充满想象的活动,游戏的这些品质正是创新意识、潜能得以滋生的土壤。在游戏特别是假想性游戏中,人们的想象可以上天入地,无所不能,而且电子技术的发展将会带给游戏者越来越大的想象和创造的空间,自由驰骋于假想与现实之间。在这一游戏氛围中,游戏者易于在一些客体与观念之间形成一些独特的关联和联想,这些独特的关联和联想一旦遇到日后现实可能性的催化,就会有所创新。因此,在此意义上可以说数字游戏是创新意识与潜能的发源地。

8.2　数字游戏开发

开发一款商业游戏往往可以和工程相比,需要一个完整的团队才能完成。一个小型的游戏开发团队需要几个人分别负责策划、编码、美术、测试等工作;而一个大型的游戏开发团队往往需要几十人甚至上百人,分工就非常详细了。

游戏开发是软件开发的一个分支,完全可以利用软件工程的理论来指导数字游戏开发;但游戏又是一门艺术,所以游戏开发与其他软件开发相比,也包含了一些自己特有的元素。

游戏的效果追求视觉的冲击和享受,所以在技术方面更新很快。目前主要的图形API(Application Programming Interface,应用程序接口)是 OpenGL 和 DirectX。

8.2.1　数字游戏开发团队

数字游戏开发团队主要由以下 7 类人员组成。

1. 制作人

游戏制作人需要全程参与游戏的策划、研发、营销，其职责类似电影导演，是整个游戏制作团队的领导者。

在游戏进入实质性开发阶段之前，制作人最重要的职责就是选择项目和游戏框架规划的决策。这样的决策必须基于对市场需求的广泛调查和了解，以及对竞争对手的深入分析。整个调查分析活动和关于激励机制在内的游戏整体价值取向的最后决策都应该是游戏制作人完成，并为此直接负责的。

当游戏的具体策划通过了详细论证并进入开发阶段时，制作人的角色就增加了组织和执行的职能。当然，在有些项目组中，这些角色会由项目经理来负责；但游戏制作人既对"做什么"负责，也对"怎么做"负责的情形并不少见。一个好的游戏项目必须做到"既叫好又叫座"，或者说必须既有人气还能赚钱，营利的主要条件就是开源加节流。对于人力成本占项目支出大部分，而且上市时间对营收有重大影响的游戏项目来说，如何综合考虑和平衡成本、档期、内容和质量的限制，是制作人必修的功课和开发阶段最重要的责任。

当游戏开发进入测试和市场准备阶段时，制作人的角色又增加了推销和联络职能。对于不够了解游戏内容，又往往手中不止一个项目的市场、运营维护和客户部门来说，他们需要通过和游戏制作人的沟通，用最有效的方式和最短的时间了解这个游戏的卖点、潜在的技术、设计问题和风险，以及相应的解决措施等相关信息，并确定如何协同开发团队将产品的文字和影像介绍内容、促销方式、广告宣传口号、信息发布渠道等营销手段进行最优化的组合，在最合适的时机推向市场。

在产品推向市场后，制作人的任务没有结束，还需要对反馈的市场信息和玩家的意见——进行甄别和过滤，围绕激励机制上的缺陷对游戏内容不断优化和改进。在玩家的需求和相应的各项开发成本、玩家的需求和游戏经营的理念、项目改进需求和项目资源容许度等各种矛盾冲突中，制作人还需要进行各方的协调和利弊的权衡。

在整个项目开发体系中，制作人是沟通的枢纽和管理的大脑。在这样的架构中，对于制作人来说，不仅有垂直管理，还有更重要的平行管理，也就是说，如何对没有直接管辖权的部门和个人施加影响，使其能够配合本团队共同达成项目目标。

2. 游戏设计师

游戏设计师又称为游戏策划，主要职责是负责游戏项目的设计以及管理等策划工作。其主要工作职责如下：

- 以创建者和维护者的身份参与游戏开发，将想法和设计思路传递给程序员和艺术设计师。
- 设计游戏世界中的角色，并为之赋予性格和灵魂。
- 在游戏世界中添加各种有趣的故事和事件，丰富整个游戏世界的内容。
- 调节游戏中的变量和数值，使游戏世界平衡、稳定。

- 制作丰富多彩的游戏技能和战斗系统。
- 设计前人没有想过的游戏玩法和系统,带给玩家前所未有的快乐。

通常游戏策划在大部分公司有更详尽的分工,具体分工如下。

1）首席设计师

首席设计师又称为游戏策划主管,是项目的整体策划者。其主要工作职责在于设计游戏的整体概念以及日常工作中的管理和协调,同时负责指导策划组以下的成员进行游戏设计工作。

2）规则设计师

规则设计师又称为游戏系统策划,一般主要负责游戏的系统规则的编写。规则设计师策划和程序员在工作上联系比较紧密。

3）数值设计师

数值设计师又称为游戏平衡性设计师,一般主要负责游戏平衡性方面的规则和系统的设计,包括 AI、关卡等,除了剧情方面以外的内容都需要数值设计师负责。游戏数值设计师的日常工作主要和数值打交道。例如,游戏中的武器伤害值、HP 值,甚至包括战斗的公式等,都由数值策划设计。

4）关卡设计师

关卡设计师主要负责游戏场景的设计以及任务流程、关卡难度的设计,其工作包罗万象,包括场景中的怪物分布、AI 设计以及游戏中的陷阱等。简单地说,关卡设计师就是游戏世界的主要创造者之一。

5）剧情设计师

剧情设计师又称为游戏文案策划,一般负责游戏的背景以及任务对话等内容的设计。游戏的剧情设计师不仅是自己埋头写游戏剧情,还要与关卡设计师配合,做好游戏关卡设计工作。

6）脚本设计师

脚本设计师主要负责游戏中脚本程序的编写,类似于程序员但又不同于程序员,因为脚本设计师会负责游戏概念上的设计工作,通常是游戏设计的执行者。

3. 程序员

游戏设计师编写好了游戏文档,完成了游戏制作的蓝图,下面就需要程序员来具体实现了。程序员的主要职责就是编写程序,实现游戏的所有功能,主要包括 3D 引擎、网络库、各类游戏工具等。

在游戏公司中的程序员一般也有详细的分工,具体的分工如下。

1）首席程序员

首席程序员通常要完成游戏中最有挑战性的编程任务,一般由团队中最有经验的程序员担任。一般情况下,首席程序员除了完成代码编写外,还要负责指导其他程序员的工作,以及检查程序员的工作进度,并直接向项目经理汇报的任务。

2）结构程序员

结构程序员需要将游戏的设计内容转变为可以运行的代码。结构程序员一般需要具有良好的沟通能力,因为他需要多次与游戏设计师交流,将游戏设计师想象中的游戏变成一款真正的游戏。

3）3D图像程序员

3D图像程序员需要编写有关三维图像方面的代码，需要具有较高的数学水平，包括微积分、矢量和矩阵、三角函数和代数方面的知识。

4）人工智能程序员

人工智能开发也是游戏开发中最有挑战性的任务之一。不同游戏类型对人工智能开发的需求也有所不同。一般情况下，在大型游戏中，对人工智能开发的需求比较大。

5）工具程序员

为了顺利完成游戏开发，一般需要先建立一些辅助工具。在很多游戏制作中，工具制作的任务量很大，美国著名的 id Software 游戏公司要耗费50％的编程资源在开发工具制作上。这些工具包括游戏辅助工具、任务编辑器、关卡编辑器等。在一些小公司，可能没有专门的工具程序员，其工作一般由其他程序员来完成。

6）网络程序员

网络程序员需要编写一些底层或应用层的代码，使得游戏玩家通过调制解调器、局域网或 Internet 共同玩一个游戏。现在的游戏一般运行在 Internet 上，所以要求网络程序员深入了解 TCP/IP 和 UDP 协议。

4. 艺术设计师

艺术设计师的具体分工如下。

1）艺术指导

艺术指导是艺术设计团队的总负责人。他一方面要带领团队，提早确保项目内部的依赖关系；保证艺术设计人员可以准时地为项目开发的其他人员完成艺术作品；另一方面要使得每一部分的艺术作品都与游戏项目其他部分的艺术作品在风格上保持一致。

2）原画师

原画师需要将游戏的创意转化成可见的内容，是所有美术工作中专业性最强的人员。原画师一方面需要对整款游戏的所有表现内容进行综合定位，例如角色和人物体系、游戏色彩等；另一方面还需要有足够的创新能力，以实现游戏的新颖性。

3）建模师

建模师的主要工作是游戏元素数字模型的建立，包括人物、NPC（Non-Player Character，非玩家角色）、怪物、道具等。相比原画师，人物建模更侧重于实现过程而不是创造过程，将策划者的要求转化为具体的实现效果才是建模师的工作重点。

4）纹理设计师

建模师创建的模型还不能体现游戏元素的最终效果，还需要纹理贴图来达到最终的视觉效果。行业内有"三分建模、七分贴图"的说法，由此可见纹理贴图设计的重要性。

5）动作设计师

动作设计师需要实现所有物体的动作，包括人物、动物、怪物的动作，也包括风车、天线、雷达旋转等。

6）界面设计师

界面设计师通常是由具有相当专业审美水平的平面艺术设计师担任，需要完成游戏的界面、菜单等的设计。由于游戏界面对游戏的成败至关重要，所以界面设计师是一个关键的团队成员。

5. 音效师

音效师主要完成游戏中各类声音的处理,包括音响效果、音乐和画外音。在游戏开发早期,游戏中一般只使用粗糙的声音,如嘟嘟声、嘀嘀声等;但现在游戏的声音种类不仅增多,而且有时还需要原创音乐,这就需要专门的音效师来完成。

在很多游戏公司,没有专门的音效师,通常的做法就是将音效部分外包。

6. 质量保证工程师

质量保证工程师是游戏开发过程中非常重要的成员,他们的主要职责就是在游戏发布之前发现游戏中的问题和错误,并整理上报。发现问题最好的方法就是不断地玩游戏。发现问题后随时记录并上报,经过修改后,重新再玩,直到没有问题后再发布游戏。

7. 商业运营团队

现在,越来越多的游戏公司,特别是网络游戏公司,为了获得市场竞争优势,倾向于自主运营,因此商业运营团队是必不可少的。

一般的商业运营团队由市场部、技术部、客服部、企划部等部门构成。市场部主要负责游戏运营的宣传与推广。技术部主要负责为运营工作提供技术保障。客服部主要起承上启下的作用:对公司上层以及其他相关部门,负责及时反馈玩家的意见、建议、游戏里发生的问题等;对游戏玩家,负责解答常见的各类问题。

8.2.2 数字游戏开发流程

数字游戏的开发流程一般分为 4 个阶段:前期准备、开发制作、后期制作和游戏发布。其中,各个阶段又可以分为若干步骤,详细的步骤如图 8-5 所示。

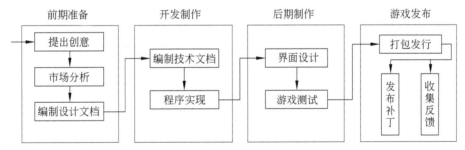

图 8-5 数字游戏开发流程

1. 前期准备

前期准备阶段包括提出创意、市场分析和编制设计文档 3 个步骤。

1) 提出创意

游戏开发的第一步就是提出创意,而提出创意最好的方法就是召开会议,在会议上利用头脑风暴法进行创意的收集。所谓头脑风暴法就是在会议上大家畅所欲言,将游戏的核心创意写在一张纸(白板、墙面等)中心,然后以核心创意为中心,将想到的各种功能以放射的形式写出来,内容比较多或者很简短的游戏功能应该靠近中心,然后在远一点的地方写下详细的想法。

每个人都必须拿出自己的建议和想法,然后大家一起进行讨论。在会场上,要有专

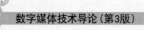
人进行会议记录,随后整理成创意文档。撰写创意文档的目的在于使得小组内每个成员对即将开发的项目有大体的认识,并且对目标进行明确。

2）市场分析

市场分析最重要的一点就是游戏用户的分析,即该游戏是面向核心玩家还是大众玩家。如果是面向核心玩家开发的游戏,则需要游戏的难度高一些;反之,如果是面向大众玩家开发的游戏,则需要游戏的难度低一些。最好的方法是允许玩家自定义游戏的难度。

市场分析的另外一点就是成本和收益的估计。

3）编制设计文档

对于游戏设计文档,目前在工业界还没有标准的、正式的规定,各个游戏公司都有自己的要求和格式。小型游戏的设计文档往往只存在于设计师的头脑中,而大型商业游戏的设计文档由上百个文件组成,差别比较大。

一个完整的游戏设计文档应该向开发团队中每个成员都说明他们应该完成的功能,以确保游戏开发的顺利进行。更具体一点,游戏设计文档应该满足以下要求:

- 编程人员可以通过游戏设计文档理解游戏内容,并且可以根据它有效地起草游戏软件技术需求文档和软件技术设计文档。
- 由艺术指导带领的艺术设计团队可以通过阅读游戏设计文档理解游戏的艺术内容的范围、外观和感觉。
- 开发团队中的其他游戏设计者可以通过游戏设计文档理解游戏的哪些部分需要他们细化说明,如 3D 关卡、界面以及脚本。
- 音频设计师可以通过该文档理解游戏需要什么音响效果、声音以及音乐。
- 市场人员可以通过设计文档理解他们在制订市场营销计划时应该围绕的游戏主题和相关信息。
- 制作人可以通过设计文档了解游戏的各个组成部分,可以怎样将游戏分解,以制订开发计划。
- 管理团队可以通过通读设计文档找出游戏的热点和值得投资开发的切入点。

这里值得一提的是,游戏设计文档往往不是一次就完成的,而是需要在后续实现过程中不断完善和维护的。

2. 开发制作

开发制作阶段包括编制技术文档和程序实现两个步骤。

1）编制技术文档

技术文档是指技术设计文档,是程序员在开发游戏时所参考的设计图。理想的技术设计文档不仅能向程序员说明要开发什么,还能够详细说明如何去实现。

技术设计文档的撰写涉及 UML（Unified Modeling Language,统一建模语言）中的各种图。其中,类图和用例图最为常见,另外还有序列图、状态图、活动图、组件图和部署图等。

2）程序实现

在游戏开发中,最常用的编程语言有 C++ 和 Java。C++ 对图形功能的支持非常好,适合开发逼真的 3D 游戏;而 Java 具有跨平台的特点,非常适合开发各类网络游戏和手

机游戏。

有时为了优化程序核心代码,也要使用 C 语言甚至汇编语言来编写游戏。

3. 后期制作

后期制作阶段包括界面设计和游戏测试两个步骤。

1)界面设计

界面设计是游戏设计中非常重要的,因为界面是与用户打交道最多的一个环节。界面总的目标是提供良好的交换手段,传达丰富的信息内容,使玩家享受精彩的视觉效果。

游戏界面主要分为主菜单和 HUD(Heads Up Display,抬头显示)两个部分。主菜单是指进入正式游戏场景前供玩家选择游戏方式、进行参数配置的界面;HUD 是指浮动在游戏场景之上的界面元素,它的位置不会随场景变化而变化。

2)游戏测试

游戏软件在正式发布前通常需要执行 Alpha 测试和 Beta 测试,目的是从用户的使用角度对软件的功能和性能进行测试,以发现可能只有用户才能发现的错误。

Alpha 测试又叫内测,一般是在程序员完成游戏所有功能后进行的,是由用户在开发环境下进行的测试,也可以是公司内部的用户在模拟实际操作环境下进行的受控测试,但不能由程序员担任测试者。对于 Alpha 测试发现的错误,可以在测试现场立刻反馈给开发人员,由开发人员及时分析和处理。

Beta 测试是在 Alpha 测试完成之后进行的测试,由游戏用户在实际应用环境中进行。用户把在测试过程中遇到的一切问题(真实的或可能的)定期地报告给开发者。接收到在 Beta 测试期间报告的问题之后,开发者对软件产品进行必要的修改,并准备向全体用户发布最终的软件产品。

4. 游戏发布

游戏发布阶段包括打包发行、收集反馈和发布补丁 3 个步骤。

1)打包发行

经过各类测试后,游戏就可以打包发行了。当然,游戏发行前的广告宣传是必不可少的,很多游戏由于各类问题不能做到按广告宣传的期限发行。

2)收集反馈

游戏一旦进入用户手中,各类问题就出现了,这些问题包括游戏存在的各类错误、各类用户对游戏的看法、游戏的控制难度等。这些问题需要广泛收集,以便使游戏更完善并且供以后的游戏设计参考。收集反馈信息最好的方法就是游戏论坛。

3)发布补丁

用户发现游戏的各类问题后,游戏开发者就需要发布补丁来完善游戏的功能。游戏官方网站一般会定期发布新的游戏补丁,供用户下载。

8.3　数字游戏开发相关技术

数字游戏属于软件,所以软件开发所使用的方法和开发技术都能够应用到数字游戏开发中。数字游戏又是一种特殊类型的软件,它的开发技术又侧重于图形绘制、人机交

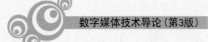

互等软件开发方向。

对于数字游戏开发，有些人直接利用 C++ 提供的基本图形绘制软件包来编写游戏，有些人则利用 DirectX/OpenGL 技术来编写游戏，还有人直接利用游戏引擎来建造游戏。那么，这些技术之间是什么关系呢？数字游戏开发技术层次如图 8-6 所示。

图 8-6　数字游戏开发技术层次

在该层次中，显卡是运行游戏的硬件基础；计算机图形学主要研究通过高级语言（如 C++）来实现如何在显卡上计算、处理和显示图形，属于底层的图形处理技术；DirectX/OpenGL 实现了对底层图形处理的一个封装，利用该技术可以轻松完成复杂图形绘制、摄像机的移动、光照模型的实现等；游戏引擎实现了对 DirectX/OpenGL 的封装，利用游戏引擎可以轻松实现游戏场景的搭建、碰撞检测、光源设置等。

一般来讲，利用的技术越高级，游戏的实现就越简单；利用的技术越底层，游戏的实现就越灵活。

案例 8-1　一个网友的回答：游戏开发需要学什么。

怎样学习游戏开发呢？比如想开发像《星际争霸》《帝国时代》或者《大话西游》那样的游戏。其实开发游戏的秘密就是努力工作，没有其他什么秘密可言。

成为一名优秀的游戏开发人员的前提就是成为一名优秀的程序开发人员。除了优秀的编程能力之外，你还需要一些其他方面的知识。最基础的就是数学知识，包括线性代数、几何和代数等。假如说你对于数学毫无兴趣，那么就可以考虑改行了。当然，如果你数学不好，还想成为游戏开发中的一员，也不是没有办法，你可以成为游戏开发中的测试人员、艺术人员、设计人员或者管理人员等。

数学是开发游戏的基本条件。此外还需要的专业的知识如下：

（1）程序设计语言。

在程序设计语言方面，要精通一两门语言，还需要了解其他的语言。目前开发游戏使用得最多的就是 C++ 或者 C，因此精通其中一门语言很有必要。如果你对手机游戏开发很感兴趣，Java 也是很好的选择。

开发游戏还需要其他一些语言，如脚本语言。这样就需要了解一下动态语言，比如 Python 等。

（2）数据结构。

不管计算机发展到什么程度，只要是编写程序，就少不了数据结构。目前，基本上不用自己编写常用数据结构了，更重要的是学会理解和使用 STL（Standard Template Library，标准模板库）或者其他更好的数据结构库。精通 STL，就基本上解决了数据结构的问题。

（3）浮点数。

浮点数是开发游戏使用得最多的数据类型。比如，3D 游戏里的点坐标就是使用 3 个浮点数来表示的。浮点数的计算往往会有不精确的现象，如判断一个数是否等于 0 的问题。

（4）编程工具。

编程工具就像自己的柴刀，如果没有柴刀，就砍不到柴。当然，磨刀不误砍柴工。因此，一定要对自己的编程工具非常熟悉，如调试工程配置、编辑、编译等，还有经常出现的编译错误等。

如果使用 C++ 语言，建议使用 Visual Studio 2008 或者 Visual Studio 2010 作为开发工具。如果使用 Java 语言，建议使用 Eclipse 作为开发工具。

(5) 计算机体系结构。

从计算机体系结构出发有助于了解程序的运行机制和资源分配。目前的计算机体系结构为多核体系结构。对于编写程序，要发挥多核 CPU 的性能，就需要了解怎样合理地分配 CPU 资源，可以控制哪个 CPU 进行渲染操作，控制哪个 CPU 进行网络通信。如果是四核 CPU，又可以分配哪个 CPU 进行数据库的查询工作。

(6) Windows 编程。

目前 90% 的游戏运行环境是 Windows，所以要了解 Windows，主要内容包括 Windows 的消息处理过程和事件响应、Windows 的网络通信过程、Windows 提供的 API 等。

(7) DirectX。

DirectX 是由微软公司创建的多媒体编程接口，是用 C++ 编程语言实现的，被广泛应用于 Microsoft Windows、Microsoft Xbox 和 Microsoft Xbox 360 电子游戏开发，并且只能支持这些平台。这对于每个游戏开发者来说都是必备常识。

(8) 软件工程。

软件工程是一门研究用工程化方法构建和维护有效的、实用的和高质量的软件的学科。毕竟现在的游戏开发都不是一个人就可以完成的，一定是一个团队。如何进行协作就成为需要解决的问题。另外，每个人写的一部分程序最后如何连接在一起，怎样安排进度，怎样进行测试，也是必须面对的问题。

最后一个问题就是如何快速进入 3D 游戏的开发。最好的方法就是下载 DirectX SDK，利用 Microsoft Studio 2010 工具打开一个空的工程，看看 DirectX 创建了什么文件，以及这些源程序有何用处。接着创建一个三角形显示出来，试着改变它的颜色，试着让它转动起来。最后创建两个三角形，计算一下这两个三角形会不会相交，会不会碰撞。

8.3.1　计算机图形学

计算机图形学主要的研究内容是如何在计算机中表示图形，以及利用计算机进行图形的计算、处理和显示的相关原理与算法。

计算机图形学的研究对象是图形，计算机图形学中研究的图形是从客观世界的物体中抽象出来的带有颜色及形状信息的图和形。

计算机图形学的研究内容非常广泛，包括图形硬件、图形标准、图形交互技术、光栅图形生成算法、曲线和曲面造型、实体造型、真实感图形计算与显示算法、非真实感绘制、科学计算可视化、计算机动画、自然景物仿真、虚拟现实等。

案例 8-2　野外场景的模拟。

野外场景的模拟是当前计算机图形学的研究热点之一，这是因为野外场景远远复杂于室内场景，绘制难度更大，方法更趋多样化。野外场景绘制的内容主要包括山、水、云、树、草、火等,绘制的方法主要有绘制火的粒子系统(particle system)、基于生理模型绘制植物的方法、绘制云的细胞自动机方法等。

图 8-7 为由清华大学自然景物平台生成的野外场景效果。

图 8-7　野外场景效果

8.3.2　DirectX/OpenGL

DirectX 和 OpenGL 都是目前被广泛接纳的 2D/3D 图形库,它们都提供了丰富的图形 API,可供用户调用,以实现游戏中各类图形的建立、人机交互、声音处理等,是游戏开发需要掌握的基础知识。

DirectX 是由微软公司开发的图形 API。DirectX 月多个版本,目前的最新版本是 DirectX 12。DirectX 通过硬件抽象层和硬件仿真层来保证设备无关性,使程序员不必了解硬件的工作机制也能编写游戏程序,并使其正确运行。

OpenGL 是在 SGI 等多家世界著名的计算机公司的倡导下,以 SGI 的 GL 三维图形库为基础制定的一个通用的开放式三维图形标准。1992 年 7 月,SGI 公司发布了 OpenGL 的 1.0 版本,随后又发布了 1.1、1.5、2.0、3.0、3.1、3.2、4.1 等版本,目前最新版本是 2018 年发布的 OpenGL 4.6。OpenGL 是一个与硬件无关的软件接口,可以在不同的平台(如 Windows、UNIX、Linux、MacOS、OS/2)之间进行移植,因此,支持 OpenGL 的软件具有很好的移植性,可以获得非常广泛的应用。OpenGL 可以与 Visual C++ 紧密结合,便于实现有关计算和图形算法,可保证算法的正确性和可靠性。

案例 8-3　利用键盘控制场景漫游。

利用 OpenGL 图形库可以很方便地创建各类场景。OpenGL 图形库中的核心函数有 115 个。OpenGL 图形库除了提供基本的点、线、多边形的绘制函数外,还提供复杂的三维物体(球、锥体、多面体、茶壶等)以及复杂的曲线和曲面的绘制函数。

OpenGL 程序基本结构由 OpenGL 初始化的绘图状态描述和绘制对象组成。OpenGL 为用户提供了 3 个函数库:OpenGL 基本库 opengl32.1ib,操作函数前缀为 gl;OpenGL 实用库 glu32.lib,操作函数前缀为 glu;OpenGL 辅助库 glaux.lib,操作函数前缀为 aux。

OpenGL 中生成场景的过程和平时利用照相机拍照的过程相似,具体过程及相关函数如表 8-1 所示。

表 8-1 OpenGL 场景生成过程及相关函数

步骤	照相机过程	OpenGL 过程名称	对应的 OpenGL 函数
1	确定照相机位置,将镜头对准场景	视图变换	gluLookAt(x1,y1,z1,x2,y2,z2,x3,y3,z3) 该函数主要用于确定视点如何看向物体,其中 x1、y1、z1 定义了视点的位置;x2、y2 和 z2 指定了参考点的位置,该点通常为照相机所瞄准的场景中心轴线上的点;x3、y3、z3 变量指定了向上向量的方向
2	放好场景物体,如果是人则站好位置	模型变换	glTranslatef(x,y,z) 该函数主要用于移动场景中的物体,其中 x、y、z 分别代表位移
			glRotatef(θ,x,y,z) 该函数主要用于旋转场景中的物体,其中 θ 代表旋转的角度,x、y、z 用于设定围绕哪个轴进行旋转
3	调节照相机镜头的放大倍数	投影变换	gluPerspective(θ,aspect,zn,zf) 该函数主要用于设置透视投影,θ 代表角度,aspect 代表视景体的宽高比,zn 代表沿 z 轴方向的两截面之间的距离的近处,zf 代表沿 z 轴方向的两截面之间的距离的远处
4	确定最终相片的大小	视口变换	glViewport(x,y,width,height) 该函数主要用于设置视口的大小,其中 x、y 指定视口矩形左下角,默认值为(0,0),width 和 height 分别指定视口宽度和高度

下面利用 OpenGL 的函数建立一个由键盘控制的漫游动画。在白色的场景中,绘制一棵绿色的树,并且可以用方向键来移动照相机(即移动视点在场景中漫游)。左右箭头键为视角转动,上下箭头键将视点前后移动。

程序的完整源代码如下:

```c
#include <math.h>
#include <GL/glut.h>
#include <stdlib.h>
static float angle=0.0,ratio;
static float x=0.0f,y=1.75f,z=5.0f;
static float lx=0.0f,ly=0.0f,lz=-1.0f;
/*各个变量的含义如下:
    angle:绕 y 轴的旋转角,这个变量允许旋转照相机
    x,y,z:照相机位置
    lx,ly,lz:一个向量,用来指示视线方向
    ratio:窗口宽高比(width/height)
    changeSize 函数用于当窗口发生改变时进行处理,w 和 h 分别代表窗口的宽和高 */
void changeSize(int w,int h)
{
    if(h==0)                                //防止被 0 除
        h=1;
    ratio=1.0f*w/h;                         //设置宽高比
    glMatrixMode(GL_PROJECTION);            //矩阵模式选择为投影模式
```

```
    glLoadIdentity();                                    //导入单位矩阵
    glViewport(0,0,w,h);                                 //设置视口为整个窗口大小
    gluPerspective(45,ratio,1,1000);                     //设置投影变换
    glMatrixMode(GL_MODELVIEW);                          //矩阵模式选择为视图模式
    glLoadIdentity();                                    //导入单位矩阵
    gluLookAt(x,y,z,x+lx,y+ly,z+lz,0.0f,1.0f,0.0f);//设置视图变换
}
//drawTree 函数用来画一棵绿树
void drawTree() {
    glColor3f(0.1f,1.0f,0.1f);                           //设置绿色
    glPushMatrix();                                      //将当前位置压入堆栈
    glRotatef(-90.0,1.0,0.0,0.0);                        //按顺时针方向旋转 90°
    glutSolidCone(0.8,2.0,20,4);                         //画一个圆锥,代表一棵树
    glPopMatrix();                                       //弹出堆栈
}
//initScene 函数用于初始化场景
void initScene() {
    glEnable(GL_DEPTH_TEST);                             //开启深度测试
}
//renderScene 函数用于渲染场景
void renderScene(void) {
    glClear(GL_COLOR_BUFFER_BIT | GL_DEPTH_BUFFER_BIT);
    //清除颜色和深度缓冲区的内容
    glColor3f(0.9f,0.9f,0.9f);                           //设置白色
    glBegin(GL_QUADS);                                   //画一个正方形的场景
        glVertex3f(-100.0f,0.0f,-100.0f);               //场景的第一个点
        glVertex3f(-100.0f,0.0f,100.0f);                //场景的第二个点
        glVertex3f(100.0f,0.0f,100.0f);                 //场景的第三个点
        glVertex3f(100.0f,0.0f,-100.0f);                //场景的第四个点
    glEnd();
    drawTree();                                          //画树
    glutSwapBuffers();                                   //交换缓冲区中的数据
}
/* orientMe 函数用于旋转照相机,angle 为旋转的角度
    新的 lx 和 lz 映射在一个平面的单位圆上,因此:
    lx=sin(angle);
    lz=cos(angle);
    就像把极坐标(angle,1)转换为欧几里得坐标一样
    然后设定新的照相机方向
    注意: 照相机并未移动,照相机位置没变,仅仅改变了视线方向 */
void orientMe(float angle) {
    lx =sin(angle);
    lz =-cos(angle);
    glLoadIdentity();
    gluLookAt(x,y,z,x+lx,y+ly,z+lz,0.0f,1.0f,0.0f);
```

```
}
```

/ * moveMeFlat 函数将沿视线移动照相机

　　为了完成这个任务,把视线里的一小部分加入到我们的当前位置.新的 X、Z 的值为

　　x=x+direction * (lx) * fraction

　　z=z+direction * (lz) * fraction.

　　方向是 1 或者-1,这取决于是前移还是后移

　　fraction 可以实现移动速度的变化,franction 增大可以移动得更快

　　接下来的步骤和 orientMe 函数一样 * /

```
void moveMeFlat(int direction) {
    x=x+direction * (lx) * 0.1;
    z=z+direction * (lz) * 0.1;
    glLoadIdentity();
    gluLookAt(x,y,z,x+lx,y+ly,z+lz,0.0f,1.0f,0.0f);
}
```

//inputKey 函数主要用于处理键盘输入事件

```
void inputKey(int key,int x,int y) {
    switch(key) {
        case GLUT_KEY_LEFT:                  //当按下向左箭头键
            angle-=0.01f;
            orientMe(angle);break;
        case GLUT_KEY_RIGHT:                 //当按下向右箭头键
            angle+=0.01f;
            orientMe(angle);break;
        case GLUT_KEY_UP:                    //当按下向上箭头键
            moveMeFlat(1);break;
        case GLUT_KEY_DOWN:                  //当按下向下箭头键
            moveMeFlat(-1);break;
    }
}
```

// * main 函数为主函数.在主函数中利用了 OpenGL 中的 GLUT 工具包,它是一个和 Windows 系
　　统无关的软件包,可以创建一个与 Windows 系统无关的窗口 * /

```
void main()
{
    glutInitDisplayMode(GLUT_DEPTH | GLUT_DOUBLE | GLUT_RGBA);  //初始化显示模式
    glutInitWindowPosition(100,100);                           //设置窗口位置
    glutInitWindowSize(640,360);                               //设置窗口大小
    //创建一个窗口,参数为窗口的标题
    glutCreateWindow("一个键盘控制的 OpenGL 漫游程序");
    initScene();                              //初始化场景
    glutSpecialFunc(inputKey);                //指定键盘响应时的回调函数
    glutDisplayFunc(renderScene);             //指定显示时的回调函数
    glutIdleFunc(renderScene);                //指定空闲时的回调函数
    glutReshapeFunc(changeSize);              //指定窗口大小发生改变时的回调函数
    glutMainLoop();                           //程序进入下一轮循环
}
```

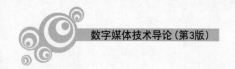

8.3.3　游戏引擎技术

引擎的含义为可以驱动车辆行驶、提供动力的机器。引擎是车辆的"心脏"，直接决定车辆的各项性能，车辆的速度、操纵感这些直接与驾驶相关的指标都是建立在引擎之上的。游戏引擎可以比作车辆引擎，玩家所体验到的剧情、关卡、视觉效果以及操作等都是游戏引擎直接控制的。游戏引擎再加上其他外设的游戏元素，相互捆绑之后才形成一个完整的游戏。游戏引擎在后台指挥所有游戏元素完整、有序地工作。总的来说，游戏引擎就是用于控制所有游戏功能的主程序，从计算碰撞、物理系统和物体的相对位置，到接收玩家的输入，再到按照正确的音量输出声音，等等。

游戏引擎目前已经成为游戏开发过程中必不可少的一部分，无论是二维游戏还是三维游戏，无论是角色扮演游戏、即时策略游戏、冒险解谜游戏还是动作射击游戏，都少不了游戏引擎。下面首先介绍游戏引擎的发展现状。

1. 游戏引擎的发展现状

从20世纪90年代初开始，欧美就开始大力发展游戏引擎，目前在研发水平上居世界领先水平的著名游戏引擎，例如Quake Ⅲ、Unreal Tournament、LithTech、Source、BigWorld、CryENGINE2等，均出自欧美的游戏公司。国内只有完美时空、目标软件、涂鸦软件等少数几家公司具有游戏引擎的研发能力，而且以自用为主。国内高校在游戏引擎领域的研究较为薄弱，尚处于起步探索的阶段，有代表性的游戏引擎有浙江大学的CAP小型三维游戏引擎、电子科技大学的网络游戏引擎。表8-2给出3款游戏引擎的综合比较。

表 8-2　3 款游戏引擎的综合比较

引擎名称	Unreal	Torque	Unity
功能描述	提供功能强大的游戏引擎解决方案，支持 PC、Xbox、PS 等多种平台，对硬件要求较高	提供较完整的游戏引擎解决方案，支持 PC、Mac、Wii、Xbox 360、iPhone、Web 等	提供完整的游戏引擎解决方案，支持 Windows、Mac、iOS、Android、PSP、Xbox 等绝大部分主流游戏平台
费用	几十万美元	1000 美元左右	个人版免费
代表游戏作品	*Gears of War*、*Unreal Tourna-ment*、*Shadow Complex*、*Medal of Honor*	*Penny Arcade Adventures*、*Dreamlords*、*Larva Mortus*、*Mass Effect Galaxy*	《绝代双骄》《坦克英雄》《七日杀》《轩辕剑 6》
适用对象	资金实力雄厚的游戏企业，可用于开发大型商业游戏	独立开发者、中小型游戏企业	个人、中小型游戏企业等各类用户

2. 游戏引擎的结构

游戏引擎已经发展成为一套由多个子系统共同构成的复杂平台。当前主流的三维游戏引擎在功能和性能上尽管各有千秋，但它们的框架和主要模块大同小异。图8-8是游戏引擎的层次结构。

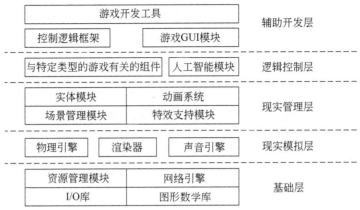

图 8-8 游戏引擎的层次结构

游戏引擎的最底层是基础层,由资源管理模块、网络引擎、I/O 库和图形数学库 4 部分组成,主要用于处理与平台相关的组件。其中,资源管理模块能够管理游戏资源,负责内存的分配和释放,在内存有限的情况下正确地调度资源;网络引擎分局域网和互联网交互两种,解决数据通信、用户并发、系统计费和道具管理等方面的问题;I/O 库提供对键盘、鼠标、摇杆和其他外设的支持;图形数学库提供有关三维的数据结构(如向量、矩阵、四元数、直线、平面等)以及相应的操作(如矩阵的转置、求逆等)。

游戏引擎的第二层是现实模拟层,由物理引擎、渲染器和声音引擎 3 部分组成。其中,物理引擎一方面提供游戏世界中的物体之间、物体和场景之间的碰撞检测和力学模拟,另一方面提供物体的运动模拟;渲染器提供具有真实感的图像,包括图形、纹理、模型和动画的渲染、光照和材质处理、LOD 管理等,是游戏引擎的核心之一;声音引擎提供音效、语音和背景音乐的播放功能。

游戏引擎的第三层是现实管理层,由实体模块、动画系统、场景管理模块和特效支持模块 4 部分组成。其中,实体模块将游戏世界中的物体抽象为通用的数据结构,提供相关的操作;动画系统提供渐变动画、蒙皮骨骼动画效果;场景管理模块组织游戏物体在室外(室内)的位置和相关的特性;特效支持模块提供粒子系统和自然模拟(如水纹、雨、烟等),使游戏画面更为漂亮。

游戏引擎的第四层是逻辑控制层,由与特定类型的游戏有关的组件和人工智能模块两部分组成。其中,与特定类型的游戏有关的组件针对特定应用提供专门的处理方法,例如 FPS、SLG、RPG 游戏组件;人工智能模块提供游戏运行的逻辑处理,运用智能技术提高游戏的可玩性。

游戏引擎的第五层是辅助开发层,由控制逻辑框架、游戏 GUI 模块和游戏开发工具 3 部分组成。其中,控制逻辑框架是针对不同类型的游戏提供的框架将游戏引擎的各个模块整合起来,降低利用游戏引擎进行开发的复杂性;游戏 GUI 模块提供用户可视化操作界面辅助设计功能;游戏开发工具包含关卡编辑、场景编辑、粒子编辑、材质编辑、DCC 软件插件等辅助开发工具。

案例 8-4 Unity 引擎。

Unity 是由 Unity Technologies 公司开发的一款专业游戏引擎,可以让开发者轻松

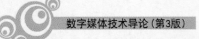

创建建筑可视化、三维视频游戏、实时三维动画等多种类型的三维场景、游戏和动画。

采用 Unity 引擎开发成功的游戏非常多，其中手机游戏主要有风靡一时的卡牌策略类游戏《炉石传说》、著名的移动端跑酷游戏《神庙逃亡 2》、写实风格的手机 3D 格斗游戏《失落帝国》等，网页游戏主要有 3D 即时战斗网页游戏《绝代双骄》、3D 音乐类网页游戏《QQ 乐团》、3D 坦克对战网络游戏《坦克英雄》等，单机游戏主要有开放世界僵尸游戏《七日杀》、经典单机角色扮演游戏《轩辕剑 6》、益智游戏《捣蛋猪》等。

利用 Unity 游戏引擎进行游戏开发具有很多优点：

（1）个人版免费下载。Unity 的个人版可供免费下载，用户只需注册一个网络账号即可使用 Unity。

（2）可以制作多种类型的游戏。Unity 支持二维、三维游戏开发，目前市面上的 FAS、RPG、动作、竞速、MOBA、跑酷等类型的游戏都采用 Unity 引擎进行开发。另外，Unity 还支持虚拟现实游戏的开发。

（3）开发简单，容易上手。Unity 开发环境界面功能丰富，简单易用，是最容易上手的开发环境。另外，Unity 引擎推荐使用 C♯语言进行游戏逻辑开发，脚本系统非常灵活。

（4）优质的资源管道。Unity 引擎支持多种格式的图像、音频、视频、文本、三维美术资源导入。

（5）跨平台开发和团队协作。由于采用开源 C♯语言，Unity 引擎开发的游戏可以跨平台部署在 Windows、Mac、iOS、Android、PSP、Xbox 等绝大部分主流游戏平台上。另外，Unity 提供项目的管理工具，可以协调大型游戏开发团队打造高品质的游戏。

（6）良好的资料来源和技术论坛。Unity 引擎打造了资源商店（asset store）和技术论坛，以方便开发者找到游戏资源，解决游戏开发中的问题。

8.4 网络游戏

网络游戏是通过数字化网络传递信息的一种互动娱乐方式，是信息化与社会文化交织在一起形成的产业。网络游戏中的网络这个词所代表的不仅是家喻户晓的互联网，还包含了移动网、电话网、卫星通信网、光纤通信网、有线电视网、电线通信网等所有基于网络协议并且能够实现互通的网络。网络游戏作为互联网产业、电子游戏产业、娱乐产业、动漫产业和信息化产业结合的产物，有多产业的性质。

网络游戏是电子游戏的一个分支。在互联网出现以前，所有的电子游戏都不能进行大规模网络交互，最多就是几个人的局域网对战。而随着互联网的出现，这种局面被打破。通过使用互联网上的服务器，成千上万的游戏玩家同时出现在同一个游戏世界中，并能相互交流，这就大大增强了游戏的互动性，使越来越多的人喜欢上了这种娱乐方式。网络游戏如今已成为最流行的娱乐方式之一，它同传统的娱乐方式有本质的不同。网络游戏是应用在互联网上的一种娱乐软件，有一定的文化基础，是一种新颖的娱乐手段。与传统的游戏相比，网络游戏互动性非常强，玩家好像生活在另一个世界中，使用虚拟的身份同其他的玩家一起交流、互动，可以感受真实世界中不能感受到的快乐与痛苦，还可

以扮演现实世界中不能扮演的角色。

8.4.1 网络游戏的分类

网络游戏的分类方法有很多种,常见的分类方法如下:

- 根据游戏运行平台可以将网络游戏划分为电脑网络游戏、平台游戏机网络游戏、掌机网络游戏和手机网络游戏。
- 根据游戏的内容可以将网络游戏划分为角色扮演网络游戏、策略类网络游戏、动作冒险类网络游戏、经营养成类网络游戏、体育类网络游戏和棋牌类网络游戏。
- 根据游戏的性质可以将网络游戏划分为休闲类网络游戏和即时对战类网络游戏。

目前的主流分类方式是将网络游戏划分为大型多人在线角色扮演游戏、棋牌桌面类游戏、休闲动作类游戏和网页游戏4类。

1. 大型多人在线角色扮演游戏

大型多人在线角色扮演游戏(Massive Multiplayer Online Role-Playing Game, MMORPG)可以让大量玩家同时在线并处于同一个游戏世界中,整个游戏世界也是持续发展的,而不是每次游戏都要初始化。这是现在最流行的游戏类型,这种游戏构建了一个同真实世界相仿的虚拟世界,拥有自己的社会和经济体制。玩家在虚拟世界中扮演一个角色,通过自己的努力和其他各个方面的投入使自己所扮演的角色在虚拟世界中成长。玩家还可以在这个虚拟世界中建立自己的人际关系并参加虚拟社交活动。现在上市的网络游戏中,大部分是这种游戏类型。大型多人在线角色扮演游戏之所以得到广大玩家的青睐,主要原因是这类游戏通过互联网构建了一个有着完整世界体系,与现实社会对应的虚拟世界。在这个世界中,有着完整的社会观、价值观和世界观。

当然,最吸引广大玩家的还是这个虚拟世界的故事背景以及在这个故事背景下得到的知识和快乐。现在较为流行的大型多人在线角色扮演游戏有《魔兽世界》《梦幻西游》《完美世界》等。

2. 棋牌桌面类游戏

棋牌在现实生活中无处不在。棋牌桌面类游戏实际就是把现实生活中的棋牌通过互联网来实现。游戏玩家通过网络通信并通过游戏厂商提供的游戏平台进行对战。一般来讲,棋牌桌面类游戏都依附于某个网络游戏运营商提供的游戏平台,而游戏就通过这个游戏平台下载。通过游戏平台,玩家就可以自己寻找登录这个平台的其他玩家,一起进行游戏。除了传统的棋牌游戏,游戏平台还提供许多非常受欢迎的益智类或者趣味类小游戏。现今流行的棋牌桌面类游戏平台有联众世界、腾讯游戏等。

3. 休闲动作类游戏

休闲动作类游戏,顾名思义,其目的是为了休闲,使玩家的心情得以放松。这类游戏没有大型多人在线角色扮演游戏所拥有的虚拟世界,不需要扮演一个特定的角色。休闲动作类游戏玩起来十分轻松畅快,没有非常紧张的感觉。玩家可以在工作和学习之余玩这类游戏,好好享受游戏带来的乐趣。通过玩此类游戏,玩家还可以找到和自己兴趣相同的其他玩家,并进行充分的交流。这类游戏故事背景比较简单,主要注重操作性,上手容易,耗费时间少,因此休闲动作类游戏是许多玩家最喜爱的休闲娱乐方式。市面上知名的《劲舞团》《跑跑卡丁车》等都属于此类游戏。

4. 网页游戏

开发网页游戏从技术上讲同开发网站相似,它们都是以超文本传输协议(HTTP)为基础,而客户端则使用浏览器。网页游戏比起普通的网络游戏最大的优势在于不用下载庞大的客户端,这就使得网页游戏可以很方便地被移植到其他可以使用浏览器的平台中。2008年是网页游戏开始活跃的一年,许多游戏公司也把研发方向转向了网页游戏,而玩家也越来越关注网页游戏。网页游戏不仅是一种网络游戏类型,而且是网络游戏发展的最终模式。

8.4.2　网络游戏体系结构

网络游戏由客户端和服务器端两部分组成,其中,服务器端又是网络游戏的核心。随着网络游戏的复杂度越来越高,规模越来越大,对游戏服务器的设计要求也越来越高。网络游戏服务器是比较复杂的服务器系统之一,因为它要保证游戏数据计算的正确性和一致性,又要应付大量同时在线的用户,还要兼顾系统运行管理的便捷性、系统的安全性以及反作弊、反外挂等。

目前主要的网络游戏体系结构有以下4种:客户/服务器(Client/Server,C/S)结构、浏览器/服务器(Browser/Server,B/S)结构、对等结构(Peer-to-Peer,P2P)和分布式结构。在实际应用中,这4种结构往往互相借鉴,交叉运用。

1. C/S结构

C/S结构是当前网络游戏使用得最多的结构。这种体系结构主要用于大型多人在线游戏,如大型多人在线角色扮演游戏,这种游戏可以同时容纳上万人在线。服务器上存有整个游戏世界的数据,包括地图信息、人物信息等。玩家通过客户端连接到服务器,得到游戏世界的所有信息。在这种体系结构中,客户端之间是不能直接通信的,所有客户端的消息都必须先发送给服务器。在客户端发送的消息通过服务器分析验证并处理之后,才能由服务器转发给其他的客户端。

网络游戏C/S结构如图8-9所示。服务器端是由一个服务器构成的,包括登录服务器、数据库服务器和游戏服务器等。登录服务器是游戏的唯一入口,客户端首先连接的就是登录服务器。登录服务器可以起到两方面的作用:一是使得游戏运营商能够对用

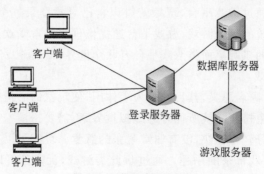

图 8-9　网络游戏 C/S 结构

户和收费等项目进行统一管理;二是向导作用,负责向客户端提供游戏类型及游戏服务器列表以及游戏服务器当前在线人数等信息。数据库服务器主要负责游戏中大规模数据(如在线用户、各类怪物等数据)的管理和访问。数据库管理是网络游戏服务器的瓶颈之一,把数据库服务器独立出来,更有助于游戏服务器的良好运行。游戏服务器主要负责与用户的交互、游戏的逻辑计算、游戏 NPC 的 AI 等处理等功能。由于游戏服务器的工作量比较大,在大型网络游戏中,它往往由一组服务器构成。

2. B/S 结构

B/S 结构是随着 Web 的兴起而出现的一种网络游戏体系结构模式。在这种结构模式下,所有客户端的数据都是从服务器端动态加载的,系统功能的实现就集中在服务器端,这就使系统的开发、维护和使用得到简化。

B/S 结构目前主要用于网页游戏的开发,对于需要三维效果的 MMORPG 游戏,Web 浏览器的功能不够强大,但是这种瘦客户端的思想已经渗透到 MMORPG 游戏的开发中,当前有些开源的网络游戏引擎已经开始尝试使用 B/S 结构。

B/S 结构的优势在于只需要对服务器进行维护。当游戏需要更新时,只要更改服务器上的内容即可,因为客户端的数据是动态加载的,所以会自动完成更新,这个过程对于玩家来说是透明的。B/S 结构也存在一些缺陷,由于所有的系统功能都集中在服务器端,这样就加大了服务器的负担,影响了服务器的性能和负载量。

3. P2P 结构

网络游戏 P2P 结构如图 8-10 所示。在该结构中,没有明显的客户端和服务器的区别,每台主机既要充当客户端又要充当服务器,承担一些服务器的运算工作,整个游戏被分布到多台计算机上,各台主机之间都要建立对等连接,通信在各台主机之间直接进行。现在市面上出现了很多格斗类的网络游戏,这种游戏对实时性要求比较高,所以大部分采用了 P2P 结构。

由于这种体系结构的计算不是集中在某几台主机上的,因此不会有明显的瓶颈,这种体系结构本身就要求游戏不会因为某几台主机的加入和退出而发生失败,因此,它具有容错性。它的缺点在于容易作弊,网络编程由于连接数量的增加而变得复杂。

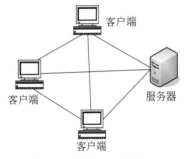

图 8-10 网络游戏 P2P 结构

4. 分布式结构

分布式结构是综合了 C/S 结构和 P2P 结构的优点而产生的一种更好的结构,由于玩家所在的地区不同,使用该结构能够很好地解决此问题。这种结构有很多种实现方式,最常用的方式是使用镜像服务器来构建,如图 8-11 所示。在这种结构中,取消了单一的中心服务器,取而代之的是通过分布式技术连接起来的多个镜像服务器,这些镜像服务器都保存着相同的游戏数据。玩家在登录服务器的时候,客户端会首先查找离自己最近的服务器,也就是查找网络延迟最小的服务器,然后使用这个服务器登录。客户端和服务器端的通信方式和 C/S 结构相同,但镜像服务器之间则使用私有的、低延迟的网络相互连接,它们之间的数据交换采用的是对等网络技术。使用分布式体系结构时,每个镜像服务器都保存了相同的游戏数据,这样就算有一个服务器瘫痪了,游戏照样能够运行下去。但这就需要客户端判断服务器的状态，当客户端发现服务器状态异常时，可以自动连接其他镜像服务器。随着网络游戏的不断发展，游戏玩家的数量也急剧上升，网络游戏服务器的处理能力受到了极其严峻的挑战。不管怎么提高服务器的硬件性能，仅仅使用一台服务器也不能满足玩家日益增长的需求，更不能从根本上解决问题。分布式结构具有高可扩展性、高可靠性和高性价比，是较好的网络游戏服务器方案。

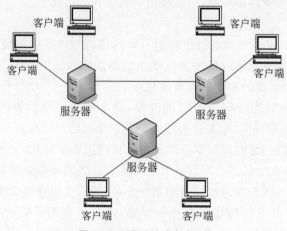

图 8-11　网络游戏分布式结构

案例 8-5　《九剑 OL》网络游戏的开发技术介绍。

《九剑 OL》是由上海火游公司开发并发行的武侠回合制网络游戏。该游戏以明朝中后期的正德年间为时代背景，结合《绝代双骄》《笑傲江湖》等武侠小说的故事情节展开。任务流程呈现出一个内有宦官专权、外有蛮夷横行的乱世武林的景象。

《九剑 OL》是一款 Q 版 MMORPG 游戏，不仅需要精美的游戏画面展现及流畅的操作，还需要稳定的服务器与及时的数据通信，所以采用典型的 C/S 结构。程序主体采用 C++ 进行开发，数据库采用 MySQL，图形引擎采用 OGRE，在 UI 方面采用 MyGui 引擎，使用 XML 对 UI 进行布局配置，并通过 Lua 进行 UI 的控制。

C++ 是一种使用非常广泛的计算机编程语言。它是一种静态数据类型检查、支持多重编程范式的通用程序设计语言。在《九剑 OL》网络游戏项目中，使用 C++ 作为主要编程语言，主要用在客户端和服务器端的程序主体上，包括游戏架构、消息通信以及游戏的功能逻辑，其中用到了虚函数、多重继承、STD 库、模板技术等。

MySQL 是一个开放源码的小型关系型数据库管理系统，开发者为瑞典 MySQLAB 公司。目前 MySQL 被广泛应用在 Internet 上的中小型网站中。《九剑 OL》网络游戏项目选择 MySQL 作为数据库，主要是因为 MySQL 体积小、速度快，并且支持 SQL（Structured Query Language，结构化查询语言）作为数据库语言；另外，MySQL 数据库是开源的，可以减少成本。在《九剑 OL》网络游戏项目中，使用 MySQL 保存游戏角色的数据，并通过 C++ 载入到程序中；另外，还通过存储过程编辑数据库中的数据。

OGRE（Object-Oriented Graphics Rendering Engine，面向对象图形渲染引擎）是一个非常灵活的三维引擎，旨在让开发人员更容易、更直接地利用硬件加速的三维图形系统开发应用。由于 OGRE 采用面向对象的编程理念，使用 C++ 作为编程语言，而《九剑

OL》的客户端使用的也是 C++ 编程语言,这样客户端和 OGRE 之间可以无缝对接,使用十分方便。另外,OGRE 在三维图形上表现非常优秀,并且支持碰撞检测、粒子特效等,非常适合游戏开发。在《九剑 OL》网络游戏项目中,使用 OGRE 作为图形表现工具,用于地图图形、三维角色、粒子特效等。

MyGui 是一个用于创建游戏和三维应用程序图形用户界面的库。它是由 Source Forge 公司发布的开源项目,可以灵活运用到项目中。由于 MyGui 引擎的易用性和灵活性,《九剑 OL》网络游戏项目使用 MyGui 引擎作为游戏的用户界面表现工具。MyGui 引擎可以灵活地编辑界面布局,展示多种多样的界面效果和特效。并且支持更换皮肤和多种字体、颜色显示等,使游戏界面开发更加便利。在《九剑 OL》网络游戏项目中,还扩展了一些 MyGui 支持的控件来表现丰富的界面效果,例如多列表结构等。MyGui 引擎是开源项目,可以免费使用,并且使用 C++ 作为编程语言,这也是《九剑 OL》选择它的原因之一。

XML 意为可扩展的标记语言(Extensible Markup Language),是定义语义标记的规则。在《九剑 OL》网络游戏项目中,XML 主要在 MyGui 中实现界面格式配置,设置字体、默认文字以及事件函数,这样可以配置非常复杂的界面结构,完成更多功能。另外,在客户端和服务器的配置中,也使用 XML 作为配置格式的模板。

Lua 是一个简洁、轻量、可扩展的脚本语言。Lua 被设计成支持通用的过程式编程,并有数据描述功能。在《九剑 OL》网络游戏项目中,使用 Lua 作为客户端界面操作的编程语言。使用 Lua 触发事件主要有两种办法:一种是在 XML 代码中配置界面控件触发的对应 Lua 函数,在触发这些事件时,调用对应的 Lua 函数以触发游戏功能;另一种是使用 toLua 库,在 C++ 程序中调用 Lua 函数,可以将 C++ 程序中的数据传递到 Lua 中,也可以将 Lua 中的数据传递到 C++ 中。另外,Lua 处理表和字符串的效率非常高,在客户端这种频繁使用字符串的环境中表现非常优秀。

8.5 手机游戏

手机游戏是指运行在手机上的游戏软件。手机游戏是伴随着手机硬件的发展而发展的。早期的手机硬件性能较低,只能内嵌一些简单游戏,如《俄罗斯方块》《贪食蛇》等。随着手机性能的提高,特别是智能手机的出现,目前很多手机已经开始支持三维游戏了。

8.5.1 手机游戏的特点

由于手机游戏是运行在手机上的,所以手机游戏的特点也就是手机的特点。

1. 拥有庞大的用户群体

工业和信息化部发布的数据显示了我国手机用户 2020 年达到 15.94 亿户,而根据国际电信联盟最新公布的统计数据显示,截至 2020 年年底,全球智能手机用户数量达到 35 亿户。在除美国之外的几个发达国家,手机用户都比计算机用户要多,因此手机游戏潜在的市场比其他任何平台都要大。

2. 便携性

在 20 世纪 80 时代,掌上游戏机热销的一个重要原因就是其便携性——人们可以随时随地沉浸在自己喜欢的游戏中。就目前来看,手机和 PC 相比,虽然其在玩游戏方面的性能还不是太高,但由于人们可随身携带手机,也就是可在任何闲暇时间玩游戏,因此手机游戏很可能成为人们消遣的首选。

3. 支持网络

因为手机本身就是网络设备,因此手机游戏在网络的支持下不仅可以实现大型多人在线游戏,而且还可以实现小型的在线休闲游戏。

8.5.2 手机游戏的分类

手机游戏的分类方法也很多,这里介绍两种分类方法。

1. 根据游戏显示方式分类

根据游戏显示方式,可以将手机游戏分成文字类游戏和图形类游戏两种。

文字类游戏是以文字交换为游戏形式的游戏,这种游戏一般是玩家按照游戏发送到手机的提示,回复相应信息进行的游戏。例如,手机短信游戏《虚拟宠物》就是典型的文字类游戏。文字类游戏又有两种形式,一种是短信游戏,还有一种是 WAP 浏览器游戏。文字类游戏由于是通过文字描述进行的,所以游戏比较单调。

图形类游戏是用户通过控制图形元素进行交互的游戏,这种游戏需要控制游戏中的小球、动物或者人物造型,与游戏场景中的其他图形元素进行交互,如《极品飞车》等。图形类游戏根据图形的维度又可以分为二维图形游戏和三维图形游戏。图形游戏比较直观,是手机游戏发展的方向。

2. 根据游戏是否联网分类

根据游戏是否联网可以将手机游戏分为单机游戏和网络游戏两种。

单机游戏的模式多为人对战,无须网络的支持。

网络游戏是基于无线互联网,可供多人同时参与的手机游戏。目前网络游戏又以MMORPG 游戏类型和休闲类游戏占主导地位。

手机网游 MMORPG 类型由于游戏本身的剧情、任务、角色、地图、道具等丰富的内容,使得这类玩家具有沉迷性,有可能长时间沉浸在其中。

手机网游休闲类游戏恰巧与之相反,只需很少的网络流量,带给玩家流畅的游戏体验,满足玩家瞬间提升的快感,但玩家很难具有长期的沉迷性,从而较难像 MMORPG 类型一样提升用户的付费冲动。例如,斗地主类的手机休闲网游发挥了手机终端随时随地娱乐的优势,玩家可以在等公交的闲暇时间玩这些游戏。

8.5.3 常见的手机游戏平台

随着手机用户群体的不断增大,手机游戏市场所蕴涵的无限商机和巨大潜力越来越受到重视,厂商纷纷推出了功能强大的手机游戏平台。由于手机生产厂商众多,这些厂商采用的技术相差也较大,所以手机游戏平台也种类繁多,但总的趋势是开源、跨平台手

机游戏。

目前常用的手机游戏平台有 Android、iOS、鸿蒙、Windows Phone、BlackBerry 等。

1. Android

Android 是基于 Linux 开放性内核的操作系统,是谷歌公司于 2007 年 11 月 5 日公布的手机操作系统。Android 早期由 Android 公司开发,谷歌公司在 2005 年收购 Android 公司后,继续对 Android 系统进行开发运营。2007 年 11 月,谷歌公司与 84 家硬件制造商、软件开发商及电信营运商组建开放手机联盟(Open Handset Alliance),共同研发改良 Android 系统。随后谷歌公司以 Apache 开源许可证的授权方式发布了 Android 的源代码。第一部 Android 智能手机发布于 2008 年 10 月,此后 Android 逐渐扩展到平板电脑及其他领域,如电视、数码相机、游戏机等。2011 年第一季度,Android 在全球的市场份额首次超过塞班系统,跃居全球第一。2013 年的第四季度,Android 平台手机的全球市场份额已经达到 78.1%。截至 2013 年 9 月 24 日,全球采用 Android 系统的设备数量已经达到 10 亿台。2014 第一季度 Android 平台已占所有移动广告流量来源的 42.8%,首度超越 iOS。

Android 平台之所以发展如此迅速,并且大受欢迎,主要原因归结为以下 3 方面。

(1) 开放性。Android 平台允许任何移动终端厂商加入 Android 联盟,这样可以使其拥有更多的开发者,有利于积累人气,这里的人气包括消费者和厂商。而对于消费者来讲,最大的受益之处是丰富的软件资源。开放的平台也会带来更大的竞争,如此一来,消费者将可以用更低的价位购得心仪的手机。

(2) 丰富的硬件。正是由于 Android 的开放性,众多厂商推出了千姿百态、功能各异的多种产品。功能上的差异和特色不会影响数据同步和软件的兼容,联系人等资料可以方便地进行转移。

(3) 方便开发。Android 平台提供给第三方开发商一个十分宽泛、自由的环境,不会受到各种条条框框的限制,这样会有更多新颖别致的软件诞生。

2. iOS

iOS 是由苹果公司为 iPhone 开发的操作系统,它主要是给 iPhone、iPod Touch 以及 iPad 使用的。iOS 操作简单、直观,性能良好,引领着智能手机的潮流。iOS 原名为 iPhone OS,在 2010 年 6 月 7 日 WWDC(Worldwide Developers Conference,全球开发者大会)上宣布改名为 iOS。2010 年第四季度,苹果公司的 iOS 占据了全球智能手机操作系统 26% 的市场份额。2011 年 10 月 4 日,iOS 平台的应用程序已经突破 50 万个。2012 年 6 月,苹果公司在 WWDC 2012 上宣布了 iOS 6,提供了超过 200 项新功能。2013 年 6 月 10 日,苹果公司在 WWDC 2013 上发布了 iOS 7,重新设计了几乎所有的系统 App,去掉了所有的仿实物化设计,整体设计风格转为扁平化设计。2014 年 6 月 3 日,苹果公司在 WWDC 2014 上发布了 iOS 8,并提供了开发者预览版更新。2021 年 1 月,苹果公司发布了 iOS 14.4 正式版。

iOS 系统主要采用的开发语言为 Objective-C、C 和 C++。2014 年,苹果公司在 WWDC 上发布了新的开发语言 Swift,它可以与 Objective-C 共同运行于 Mac OS 和 iOS 平台,用于搭建基于苹果平台的应用程序。

App Store 是苹果公司创立的、为第三方软件商提供的软件销售平台。该平台使得

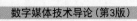

第三方软件商参与软件开发的积极性空前高涨,从而使得手机软件业进入了高速、良性发展的轨道。App Store 允许用户从 iTunes Store 或 Mac App Store 浏览和下载一些为了 iPhone SDK 或 Mac 开发的应用程序。用户可以购买或免费试用,将应用程序直接下载到 iPhone 或 iPod Touch、iPad、Mac,其中包含游戏、日历、翻译程序、图库以及许多实用的软件。

案例 8-6　App Store。

Aoo Store 的官方网站为 http://www.appstoreapps.com/。2008 年 3 月 6 日,苹果公司对外发布了针对 iPhone 的应用开发包(SDK),供用户免费下载,以便第三方应用开发人员开发针对 iPhone 及 iPod Touch 的应用软件。2008 年 3 月 12 日,苹果公司宣布已获得超过 10 万次的下载;3 个月后,这一数字上升至 25 万次。App Store 应用程序数目和累计下载次数见表 8-3。2011 年 1 月 6 日,App Store 扩展至 Mac 平台。App Store 平台上大部分应用的价格低于 10 美元,并且有约 20% 的应用是免费下载的。用户购买应用所支付的费用由苹果公司与应用开发商按 3∶7 分成。

表 8-3　App Store 应用程序数目和累计下载次数

日　　期	应用程序数目	累计下载次数
2008 年 7 月 11 日	500	250 000
2008 年 7 月 14 日	800	10 000 000
2008 年 12 月 5 日	10 000	300 000 000
2009 年 4 月 23 日	35 000	1 000 000 000
2009 年 11 月 4 日	100 000	2 000 000 000
2010 年 1 月 5 日	100 000	3 000 000 000
2010 年 7 月 12 日	250 000	5 000 000 000
2011 年 1 月 23 日	—	10 000 000 000
2012 年 3 月	—	25 000 000 000
2012 年 4 月	630 000	—
2012 年 6 月	650 000	30 000 000 000
2012 年 10 月	700 000	35 000 000 000
2013 年 6 月	900 000	50 000 000 000

App Store 年收入近 24 亿美元。根据调研机构 AdMob 的最新报告,每位 iPhone 用户从 App Store 平均每月下载 10.2 个应用程序,每位 iPod Touch 用户平均每月下载 18.4 个应用程序。苹果公司从 App Store 每月平均收益近 2 亿美元。根据 AdMob 的调查,大多数苹果用户会从免费版升级到收费版,每位 iPhone 用户平均每月在 App Store 上花费 9.49 美元,2640 万个 iPhone 用户每月会给 App Store 带来 1.25 亿美元的收入。每位 iPod Touch 用户平均每月会在 App Store 上花费 9.79 美元,1860 万个 iPod 用户每月给 App Store 带来 7300 万美元的收入。

App Store 的产业链共涉及 3 个主体,即苹果公司、开发者和用户;此外,还包括第三方支付公司,但它只是收费渠道,不是产业链的主要参与者。App Store建立了用户、开发者、苹果公司三方共赢的商业模式。苹果公司掌握App Store的开发与管理权,是App Store的主要掌控者。其主要职责包括4点:一是提供平台和开发工具包;二是负责应用的营销工作;三是负责收费,再按月结算给开发者;四是经常公开一些数据分析资料,帮助开发者了解用户最近的需求点,并提供指导性的意见,指导开发者进行应用程序定价、调价或确定是否免费。开发者是应用软件的上传者。其主要的职责包括两点:一是负责应用程序的开发;二是自主运营平台上自有产品或应用,如自由定价或自主调整价格等。用户是应用程序的体验者,只需要注册登录App Store并捆绑信用卡即可下载应用程序。App Store为用户提供了丰富的实用程序、良好的用户体验及方便的购买流程。

3. 鸿蒙

鸿蒙系统是由华为公司开发的操作系统,它是一款基于微内核的面向全场景的分布式操作系统,主要面向手机、平板电脑、智能汽车、可穿戴设备等多种终端设备。

2019年8月9日,华为公司正式发布鸿蒙系统。2020年9月10日,鸿蒙系统升级至2.0版本。

鸿蒙系统的架构如图8-12所示。鸿蒙系统整体按照分层设计,从下向上依次为内核层、基础服务层、程序框架层和应用层。

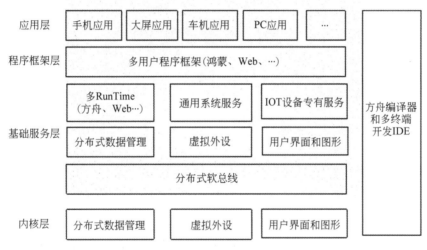

图8-12 鸿蒙系统的架构

鸿蒙系统主要的特点有以下3个:

(1)微内核。鸿蒙系统采用微内核,外核服务相互隔离,可以按需扩展,细粒度权限控制,从源头上提升系统安全。

(2)模块化解耦。鸿蒙系统实现了模块化解耦,可以弹性部署不同设备。可部署的设备有智慧屏、可穿戴设备、车机、音箱、手机等。

(3)分布式架构。鸿蒙系统采用分布式架构,包括分布式任务调度、分布式数据管理、硬件能力虚拟化、分布式软总线等,可以实现跨终端无缝协同体验。

案例8-7 鸿蒙系统的发展历程。

鸿蒙系统由华为公司2012实验室旗下的欧拉实验室一部负责研发。其发展历程如

图 8-13 所示。

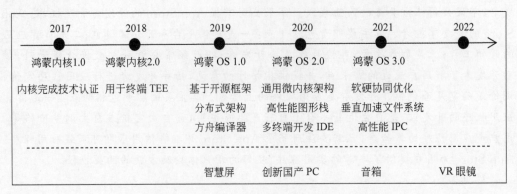

图 8-13　鸿蒙系统的发展历程

2020 年 9 月 10 日,华为开发者大会(HDC.Together)正式将鸿蒙系统升级到 2.0 (图 8-14)。鸿蒙 2.0 内核及应用框架都是自主研发的,同时具有通用微内核架构、高性能图形栈;支持多语言统一编译、多终端开发 IDE 的特性,并且满足车规级标准。在这次大会上,华为公司还发布了落地产品——创新国产 PC、手表/手环和车机。

图 8-14　华为开发者大会现场

2021 年,鸿蒙系统将升级到 3.0。它将实现软硬协同优化,拥有垂直加速文件系统和软硬件协同高性能 IPC。同时,华为公司计划发布落地产品——音箱、耳机。

2022 年,华为公司计划发布 VR 眼镜等更多设备的落地产品。

思考与练习

1. 填空题

(1) RPG 的特点是＿＿＿＿＿＿＿＿＿＿＿＿＿＿＿＿＿＿＿。

(2) 目前主要的图形 API 有＿＿＿＿和＿＿＿＿。

(3) 游戏开发过程中需要涉及各类人员,其中＿＿＿＿的主要职责是负责游戏项目的设计以及管理等策划工作。

（4）游戏测试中的 Alpha 测试一般是由_____进行的。

（5）_____手机游戏开发平台是谷歌公司开发运营的。

2. 简答题

（1）简述数字游戏开发的过程。

（2）简述游戏引擎在游戏开发中的地位。查阅有关资料，看看你喜欢的几款游戏所采用的游戏引擎是什么。

（3）常见的网络游戏体系结构有哪些？简述其特点。

（4）常见的手机游戏平台有哪些？简述其特点。

3. 拓展题

某风景区网站需要开发一个网络游戏项目。该项目采用三维动画软件完成游戏建模和美工制作，通过客户端程序与服务器进行交互操作。

（1）为了提高客户端与服务器的交互效率，保证游戏画面流畅，对游戏场景中的三维模型有什么要求？为什么？

（2）在该项目开发中需要完成三维动画制作、剪辑与后期合成及配音和声音处理、交互式网站建设等一系列工作，请给出完成这些任务的软件组合。

（3）通过三维动画软件浏览自然景观及展示游览路线应采用何种动画方式实现？简述动画的基本实现过程。

（4）在项目开发过程中，剪辑与后期合成完成的主要功能有哪些？（请答出至少 3 种功能。）

第 9 章　数字影音

20 世纪初,随着电子科学技术的迅速发展,人类社会进入了电子时代。作为信息传播的媒体,影视与其他传播媒体相比,具有视听统一、形象直观的特点。影视节目的影响力也日益深入到人们生活的方方面面。21 世纪是信息科技高速发展的时代,也是数字影音迅速传播的时代,作为主流媒体的电影和电视也以新的姿态呈现在观众面前,数字影音节目的制作流程和制作技术逐渐向非线性化、网络化、信息化方向发展,影视媒体与网络媒体、通信媒体的融合也越来越紧密。

9.1　数字影音概况

数字影音技术的出现与普及给影视制作方式和视觉媒体都带来了深刻的变化。数字影音技术也改变了传统的影音放映发行和播放体系。为了能够更好地了解数字影音技术,首先了解传统影音技术的概况。

9.1.1　传统影音技术概述

1. 电影

电影是根据视觉暂留原理,运用照相(以及录音)手段把外界事物的影像(以及声音)摄录在胶片上,通过放映(同时还原声音)在银幕上呈现活动影像(以及同步声音),以表现一定内容的技术。

我国流传已久的皮影戏(图 9-1)可以说是现代电影的先导。人们用剪刀将兽皮或纸片剪成各种人物的剪影式造型,然后由人的双手来操作皮影做出各种动作,同时用灯光将皮影投射在一张白布上,以供人们观看。

1829 年,比利时著名物理学家约瑟夫·普拉多发现:当一个物体在人的眼前消失后,该物体的形象还会在人的视网膜上滞留一段时间,这一发现被称为视像暂留。普拉多根据此原理于 1832 年发明了诡盘(phenakistiscope)。诡盘能使被描画在锯齿形的硬纸盘上的画片因运动而活动起来,而且

图 9-1　皮影戏

能使视觉上产生的活动画面分解为各种不同的形象。诡盘的出现标志着电影的发明进入了科学实验阶段。1889年,美国发明家爱迪生发明了电影留影机,又经过5年的实验,发明了电影视镜。电影视镜是利用胶片的连续转动造成活动的幻觉。电影视镜传到我国后被称为西洋镜。1895年,法国的卢米埃尔兄弟在爱迪生的电影视镜和他们自己研制的连续摄影机的基础上,研制成功了活动电影机。活动电影机有摄影、放映和洗印3种主要功能。它以每秒16格的速度拍摄和放映影片,图像清晰稳定。1889年12月28日,卢米埃尔兄弟在巴黎的卡普辛路14号咖啡馆里正式公映了他们摄制的12部纪实短片。

图9-2　卢米埃尔兄弟放映《火车进站》

卢米埃尔兄弟是第一个利用银幕投射式放映电影的人,其拍摄和放映活动已经脱离了实验阶段,因此1895年12月28日被认为是电影诞生日,卢米埃尔兄弟也被称为"电影之父"。图9-2展示了卢米埃尔兄弟放映电影《火车进站》的情景。

电影的分类方法主要有以下几种。按电影银幕不同可以分为普通银幕电影、超大银幕电影、动感球幕电影、水幕电影、环幕电影等;按显示技术可分为平面电影和立体电影;按播放平台可分为影院电影、电视电影、网络电影等。

2. 电视

电视是在电影的基础上发展起来的。它是利用电影的动态影像产生原理,并结合现代通信技术和电子成像技术发展起来的广播和视频通信工具。

电视的起源可以追溯到1883年,德国电气工程师尼普科夫用他发明的尼普科夫圆盘,使用机械扫描方法做了首次发射图像的实验,每幅画面有24行线,但图像相当模糊。1908年,英国人肯培尔·斯文顿、俄国人罗申克夫提出电子扫描原理,奠定了近代电视技术的理论基础。1923年,美籍苏联人兹瓦里金发明电子扫描式显像管,这是近代电视摄像术的先驱。1927年,英国人贝尔德通过电话电缆首次进行了机电式电视试播,英国广播公司也开始长期连续播发电视节目。1931年,美国人费罗·法恩斯沃斯发明了每秒可以显示25幅图像的电子管电视装置。1936年,英国广播公司采用贝尔德机电式电视,第一次播出了具有较高清晰度、步入实用阶段的电视图像。1940年,美国古尔马研制出机电式彩色电视系统。1951年,美国人洛伦发明单枪式彩色显像管。目前,电视向着超大、超薄和高清晰方向发展。

电视的分类方式很多,主要有以下几种。按色彩可分为黑白电视机和彩色电视机;按显像管屏幕可分为球面电视、平面直角电视、超平电视、纯平电视;按技术原理可分为模拟电视和数字电视;按显示比例可分为4∶3电视、16∶9电视、5∶4电视、16∶10电视等。

3. 音频

人能够听到的所有声音都可称为音频,所以习惯上将音频和声音两个概念等同起来。

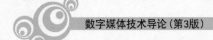
案例 9-1　人耳是如何听到声音的。

声音是由物体振动产生的，发声的物体叫声源。声音以声波的形式传播。声音只是声波通过固体或液体、气体传播形成的运动。外界的声波由耳廓和耳道组成的外耳收

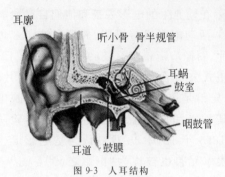

图 9-3　人耳结构

集，如图 9-3 所示。当声音进入耳朵后，耳道将声音响度提高，使它更易于分辨。同时，耳道还保护着耳朵的另一个重要部分——鼓膜。鼓膜是一层有弹性的圆形膜，当声波撞击它的时候会产生振动。声波的振动一直传到中耳。中耳包含 3 块很小的骨头（锤骨、砧骨和镫骨），合称听小骨。听小骨架起一座从鼓膜到内耳的桥梁，它将声音提高，加大声音的振动，直到声波安全到达内耳。

内耳又称耳蜗，是一个蜗牛状的环形外壳，覆盖着一系列充满液体的管子。当声波到达内耳后，液体开始运动，使微小的毛细胞也跟着运动。这些毛细胞将振动转换成电脉冲，沿着听神经传送到大脑。

声波的分类以人耳可听到的频率范围为基准，正常人能够听到 20～20 000Hz 的声波，频率高于 20 000Hz 的声波称为超声波，低于 20Hz 的声波称为次声波。

9.1.2　数字影音技术概述

1. 数字电影

数字电影是指以数字技术和设备摄制、制作和存储，并通过卫星、光纤、磁盘、光盘等物理介质传送，将数字信号还原成符合电影技术标准的影像与声音，放映在银幕上的电影作品。

自从卢米埃尔兄弟发明电影拍摄和放映技术以来，在相当长的时间里，胶片成为电影图像和声音的唯一载体。电影银幕所展现出的色彩斑斓、声情并茂的影像令全世界亿万电影观众如痴如醉。在科学技术飞速发展的今天，数字技术已成为当今世界领先的技术，电影经过百年磨砺，已经走向数字化发展。

数字电影诞生于 20 世纪 80 年代，是伴随着计算机技术的飞速发展而出现的。在传统电影制作过程中，有很多镜头无法完成，这就需要借助计算机完成。运用计算机技术会使影片更加完美，于是传统电影引入了数字技术。

数字电影的发展大致经历了 3 个阶段。

1) 起步阶段（1987 年—1992 年）

1987 年，美国休斯公司首先发明了液晶光电子管，它可以用来显示影像和高分辨率的图形，奠定了数字电影放映技术的基础。

1988 年，美国德州仪器（Texas Instruments，TI）公司研制第一个数字微镜设备，该设备的原理是：根据数字信号 0 和 1 开关驱动多组镜片膜，使其高速联动并按一定的角度偏转，从而反射出影像光线逼真的色彩和细腻的层次。它实际上是一种计算机化的光开关系统。

1992 年 2 月，德国制造出了第一台稳定的激光影像放映机。

2) 市场试验阶段(1992年—1997年)

1992年5月,美国太平洋贝尔公司启动了"电影的未来技术实验系统"项目。作为试验的一部分,他们通过电话网传输了高清晰度格式的故事片 *Bugsy*。1992年年底,美国AMC剧场放映系统用影片 *Bram Stoker's Dracula* 对太平洋贝尔公司的"未来电影系统"进行了测试。

1997年1月,美国 TI 公司开始制造 DLP(Digital Light Processor,数字光学处理器,使用 TI 公司的 DMD 数字微镜芯片)数字电影放映机原型机。1997年5月,TI 公司发起基于 1280×1024 像素分辨率 DMD 芯片(DMD1210)的数字放映机展示活动。

1997年底,欧盟 Cinenet 数字电影实验项目从法国里昂分别向巴黎和英国伦敦实况转播巴赫的 *Orpheus in the Underworld* 音乐会。

3) 商业运作阶段(1998年至今)

1998年10月,美国低预算影片 *The Last Broadcast* 被传输到美国5个城市的电影院并首次使用 DPI 公司制造的 DLP 数字电影放映机进行了放映。

1999年6月18日,由著名导演乔治·卢卡斯执导的《星球大战Ⅰ——幽灵的威胁》开始在美国的6家影院中进行为期一个月的数字放映,采用了基于 TI 公司 DLP 芯片技术的放映机。这是数字电影的首次商业放映,它被称为世界数字电影发展史元年。该片的放映取得空前成功,其全球票房超过4亿美元。

1999年7—11月,迪士尼公司使用 DLP 数字放映机先后成功放映了影片《泰山》《玩具总动员2》《火星任务》《恐龙》以及 *Bicentennial Man* 等。

2000年6月,福克斯公司和思科公司首次合作进行了基于网络传送的数字电影放映试验。该试验使用思科公司基于 IP 协议的 Internet 技术,将福克斯公司一部由真人和计算机生成影像有机合成的动画片 *Titan A.E* 的信号通过 Qwest 公司的虚拟专用光纤网络直接从福克斯公司在好莱坞的制片厂传输到亚特兰大的 Super Comm 展会计算机服务器上,然后使用 DLP 数字放映机现场放映。

2002年5月,乔治·卢卡斯执导的《星球大战》系列电影新作《星战前传Ⅱ:克隆人的进攻》在全球进行数字放映。在《星球大战Ⅰ——幽灵的威胁》中,还只是应用了大量的数字特技制作技术;而在《星战前传Ⅱ:克隆人的进攻》的拍摄中,乔治·卢卡斯第一次抛开传统的胶片电影机,全面采用了数字拍摄设备。整部电影完全不使用胶片,全部影像都用数字来记录和表现,成为第一个真人表演的没有胶片的电影。

2. 数字电视

数字电视是指在节目拍摄、编辑、制作、播出、传输、接收等电视信号播放和接收的全过程中都使用数字技术的电视系统。在这个过程中没有 D/A 或 A/D 转换,仅在显像管激励终端经 D/A 转换生成负极性图像信号,扬声器功率推动终端经 D/A 转换生成正弦波音频信号,使显像管荧屏显示高清晰画面,扬声器还原出声音。

数字电视技术最先出现在欧洲。从20世纪80年代开始,欧洲几个电视技术较先进的国家开始研究数字电视技术,并且诞生过 MAC1~MAC3 数字卫星电视节目广播。与此同时,日本的数字电视技术也达到了很高的水平,日本是世界上第一个采用多重压缩编码技术进行高清电视节目广播的国家,但试播不到两年,由于新的数字技术不断出现,不得不放弃该技术。

1982 年,新一代数字电视机由美国首先研制成功。这种电视机的结构主要由 5 块超大规模集成电路组成,元器件比模拟电视机减少一半以上,因而使生产工艺大为简化,生产成本降低。1995 年 9 月 15 日,美国正式通过 ATSC(Advanced Television Systems Committee,高级电视系统委员会)数字电视国家标准。1998 年 11 月,美国开始数字电视广播。2006 年,美国全面实现数字电视广播并全部收回模拟电视的 NTSC 频道。

1993 年,欧洲成立了由 30 多个国家 230 多个成员组成的国际机构——数字电视广播(Digital Video Broadcasting,DVB)联盟。DVB 联盟制定了 DVB 数字电视标准,这些标准现在已经作为世界统一标准被大多数国家接受。世界上许多国家采用 DVB 技术进行商业广播。1996 年 4 月,法国第一个开始数字电视商业广播。

由于欧美已完成数字式高清晰度电视的研制,迫使日本也发展数字高清晰度电视。日本在欧洲 DVB 技术的基础上,研制出世界上第三个拥有自主知识产权的数字电视地面广播标准——ISDB(Integrated Services Digital Broadcasting,综合业务数字广播)。ISDB 和 DVB 非常类似,可以说是经修改的欧洲方案。ISDB 的传输方案和使用的编码方式与 DVB 相同。

2002 年 7 月,我国开始研制具有自主知识产权的 AVS(Audio Video Standard,音视频标准),于 2003 年 7 月基本取得成功。AVS 是音视频压缩标准,其技术性能比 MGEG2 更优越,活动图像更清晰,图像压缩比更大。2003 年 11 月 18 日,我国又宣布 EVD(Enhanced Video Disk,增强视频光盘)技术标准制定成功,EVD 光盘图像信息量是 DVD 的 3 倍。EVD 技术标准使我国的数字电视技术又向国际先进国家行列跨进了一大步。但是,由于中国还没有一个像飞利浦、先锋、松下这样知名的强势集团或联盟,要想使 AVS 和 EVD 成为国际标准根本不可能,而且作为本国标准推行起来也很困难。

数字电视的分类方法有以下几种。按信号传输方式可以分为地面数字电视、卫星数字电视、有线数字电视。按清晰度可以分为低清晰度数字电视(图像水平清晰度大于 250 线)、标准清晰度数字电视(图像水平清晰度大于 500 线)、高清晰度数字电视(图像水平清晰度大于 800 线)。

3. 数字音频

数字音频是一种利用数字化手段对声音进行录制、存储、编辑、压缩和播放的技术,它是随着数字信号处理技术、计算机技术、多媒体技术的发展而形成的一种全新的声音处理手段。

数字音频是多媒体业务的重要组成部分。数字音频编码技术已经成为多媒体的一个重要研究领域,广泛地应用于数字音频广播、高清晰度电视、多媒体网络通信等领域中。

数字音频编码技术按数据量的压缩性能可分为非压缩音频(如波形音频、MIMI 音频和 CD 音频)和压缩音频(如 MEPG 音频、杜比 AC-3 等)两类。在网络应用中,为了提高带宽的利用率,增强数据的安全性和传输的可靠性,往往需要对数字音频进行压缩处理。

数字音频的发展最初是从无损压缩开始的,例如 20 世纪 70 年代开始采用的瞬时压扩技术和块压扩技术,这种技术的编码效率低。20 世纪 80 年代末至 90 年代初,研究者利用人耳的掩蔽效应和临界频带的特性进行子带编码和变换编码,设计了 MUSUCAM 系统、128kb/s 的 AC-2 系统、AC-3 系统等。20 世纪 90 年代至今,有损压缩把音频数据

的压缩率提高到 12∶1,也带来了音频质量的下降,比较著名的压缩技术有 MP3、AAC、RM 等。

将连续的模拟信号变换成离散的数字信号有多种方法,在数字音响中普遍采用的是脉冲编码调制(Pulse Code Modulation,PCM),PCM 方法由采样、量化和编码 3 个基本环节组成。具体步骤见案例 6-5。

9.1.3　数字影音属性

本节介绍数字视频和音频的主要属性。

1. 数字视频属性

1) 帧和场

为了能够得到平滑且不闪烁的视频,一般需要保持的帧率为 24～30f/s(frame per second,帧/秒)。现代电影的帧率为 24f/s,电视节目的帧率在美国、日本为将近 30f/s(NTSC 标准),在中国为 25f/s(PAL 标准)。

将视频帧提供给观众有两种方式:逐行扫描和隔行扫描。逐行扫描是最简单的扫描方式,每帧图像由电子束按顺序一行接着一行连续扫描而成,下一帧扫描线的位置与上一帧完全相同。为了在有限的带宽资源条件下提高图像刷新率,标清电视采用了 2∶1 隔行扫描。2∶1 隔行扫描是把一帧电视画面分两次交错扫描,下一场扫描线的位置与上一场相差一行,在空间上两个相邻场的扫描线位置相差一行。这两种扫描方式如图 9-4 所示。

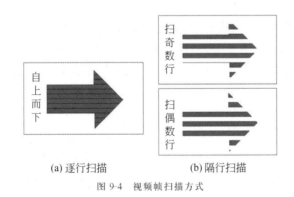

(a) 逐行扫描　　　　　(b) 隔行扫描

图 9-4　视频帧扫描方式

逐行扫描的优点是有利于图形和图像的计算机处理,没有隔行扫描所特有的场间闪烁感,长时间观看眼睛不易疲劳;它的缺点是与相同垂直扫描频率的隔行扫描方式相比数据量大一倍。目前数字电影的拍摄和放映、计算机显示以及部分数字电视的制作和播出采用逐行扫描。隔行扫描的优点是与相同垂直扫描频率的逐行扫描方式相比数据量小一半;它的缺点是场间闪烁感觉明显,不利于图形和图像的计算机处理,长时间观看眼睛容易疲劳。

2) 分辨率

视频的分辨率代表了每帧的信息量,是影响视频质量的一个重要因素。常见的视频分辨率如图 9-5 所示，其中横坐标表示图像的宽度，纵坐标为图像的高度，单位都是像素。对于不同的屏幕类型，可以看到的视频分辨率有很大变化，它们可以在电视、DVD、计算机、互联网和手持设备上使用。

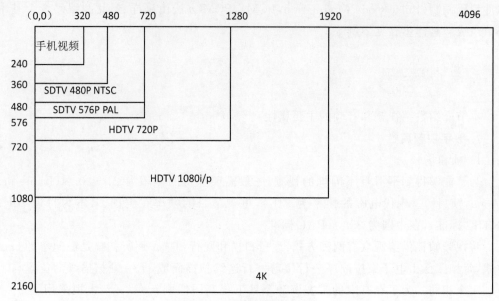

图 9-5　常见的视频分辨率

模拟视频的分辨率表示为每幅图像的扫描线数目，实际上是电子束在屏幕上画的线数，也就是垂直分辨率。

在计算机显示器和数字电视机上，数字图像的分辨率用屏幕的像素数目表示，通常表示为"水平像素数目×垂直像素数目"。例如，640×480 和 720×480 为标清（Standard Definition，SD）数字电视分辨率，1920×1080 为高清（High Definition，HD）数字电视分辨率。

3）宽高比

视频的宽度与高度之比称为视频的宽高比（aspect ratio）。视频的宽高比是视频的另一个重要属性。将视频缩放为不同的大小以适应不同的屏幕和分辨率时，就很容易改变视频初始的宽高比例关系，即失真。当出现这种情况时，失真的视频让人感觉不舒服，甚至无法观看。

从开始出现运动图像直到 20 世纪 50 年代早期，4∶3 的宽高比（通常直接表示为 1.33∶1 或者 1.33）专用于制作电影和确定电影院银幕的形状。当电视出现后，摄影机也开始使用 4∶3 的镜头，并使一系列传播媒体也选用同样的宽高比作为标准。今天，通常将 4∶3 格式称为全屏格式。

20 世纪 50 年代后，电影工作室引入各种先进技术，使观众可以获得更大的画面、更精美的画质和更激动人心的感官体验。其中最显著的变化就是具有更宽的画面，各工作室开始使用多种显示格式生产宽银幕电影。常见的宽高比如下（用此值表示）：Cinemascope 为 2.35，Warnerscope 为 1.85，Technicscope 为 1.75，Panascope 为 1.67。为

了能够在电视上观看宽银幕电影,一个最快、最没有技术含量的办法就是将已经拍摄好的电影胶片上下用不透明的遮幅遮住,使胶片的宽高比仍为原来的4∶3,如图9-6所示。

(a) 4∶3正常显示效果　　　　　　　　　(b) 宽银幕显示效果

图 9-6　宽高比为 4∶3 的电视屏幕观看宽银幕电影的效果

高清电视的应用促使电视的宽高比从 4∶3 变为 16∶9(1.78),它非常适合电影最流行的 1.85 的宽高比。

案例 9-2　为什么使用 16∶9 的宽高比?

美国新泽西州的普雷斯顿 David Sanroff 研究中心在促进电视技术发展方面处于领先地位。Kerns Powers 博士研究了广泛使用的所有主要的宽高比,并将它们叠放在一起。随后,他发现了一些有趣的事情。如果他画出一个特定比例的矩形,并以两种不同的缩放比例对其缩放后得到两个矩形,那么这两个矩形就能够包括所有其他宽高比的宽和高,如图 9-7 所示。这个神奇矩形是 16 个单位宽和 9 个单位高,即 16∶9,它被称为Kerns 矩形,即图 9-7 中外面的虚线矩形。正是由于这个发现,HDTV 电视机采用了16∶9 作为新的宽高比标准,并且大多数具有高清晰度电视功能的电视机屏幕也被设计成 16∶9 的宽高比。

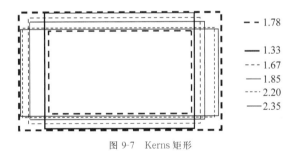

图 9-7　Kerns 矩形

2. 数字音频属性

衡量数字音频质量的两个重要属性是采样频率和量化深度,它们直接决定了音频数字化过程中的采样点个数和量化的精度。除了这两个属性外,数字音频还有一个间接衡量音频质量的属性,那就是音频流码率,也称为比特率,即每秒音频的二进制数据量。

在没有压缩的情况下,流码率越大,音质越好;在数据被压缩后,流码率的大小跟采用的压缩算法关系较大。

9.1.4 数字影音文件格式

1. 数字影视文件格式

1) AVI

比较早的 AVI(Audio Video Interleaved,音频视频交错格式)是微软公司开发的,它把视频和音频编码混合在一起存储。AVI 也是使用最久的格式,从 1992 年推出到现在已经二十余年了。AVI 格式的限制比较多,只能有一个视频轨道和一个音频轨道(可以有一些附加轨道,如文字等)。AVI 格式不提供任何控制功能。AVI 文件的扩展名为 avi。

2) WMV

WMV(Windows Media Video)是微软公司开发的一种采用独立编码方式并且可以直接在网上实时观看视频节目的文件压缩格式。WMV 格式的主要优点包括可以在本地和网络回放、可扩充的媒体类型、部件下载、流的优先级化、多语言支持等。

3) MPEG

MPEG(Moving Picture Experts Group,运动图像专家组)是国际标准化组织认可的媒体封装形式,受到大部分设备的支持。目前 MPEG 视频格式常见的压缩标准有MPEG-1、MPEG-2、MPEG-4。

MPEG-1 制定于 1992 年,其分辨率为 352×240 像素,帧速率为 25f/s 帧(PAL),被应用到 VCD 上。常见的文件扩展名有 mpg、mpeg、dat 等。

MPEG-2 制定于 1994 年,其设计目标为高级工业标准的图像质量以及更高的传输率,根据不同的应用提供不同的分辨率,被应用在 DVD 和 SVCD 上。常见的文件扩展名有 mpg、m2v 以及 DVD 光盘上的 vob 等。

MPEG-4 制定于 1998 年,是为了播放流式媒体的高质量视频而专门设计的,主要应用于视频电话、视频电子邮件和电子新闻等,其传输速率要求较低,为 4.8～64Mb/s,分辨率为 176×144 像素。常见的文件扩展名有 asf、mov 和 DivX 的 avi 等。

4) DivX

DivX 是由 DivX Networks 公司设计的类似于 MP3 的数字多媒体压缩技术。DivX基于 MPEG-4,可以把 MPEG-2 格式的多媒体文件压缩至原来的 10%,还可把 VHS 格式的录像带文件压至原来的 1%。采用 DivX 格式的文件很小,图像质量更好,一张 CD-ROM 可容纳 120min 的质量接近 DVD 的电影。

5) RM / RMVB

RM(Real Media)是由 Real Networks 公司制定的音视频压缩规范,通常只能容纳Real Video 和 Real Audio 编码的媒体。这种文件带有一定的交互功能,允许编写脚本以控制播放,尤其是可变比特率的 RMVB 格式的文件很小,非常受网络下载者的欢迎。常用的文件扩展名为 rm、rmvb。

6) MOV

MOV 是 QuickTime 影片格式,是苹果公司开发的一种音视频文件格式。QuickTime 具有跨平台、存储空间要求小等技术特点,画面效果比 AVI 格式好一些,支持 16 位图像深度的帧内压缩和帧间压缩,帧率为 10f/s 以上。常用的文件扩展名

为 mov。

2. 数字音频文件格式

1) Wave

Wave 是微软公司开发的一种声音文件格式,它符合 RIFF(Resource Interchange File Format,资源交换文件格式)规范,用于保存 Windows 平台的音频信息资源,得到 Windows 平台及其应用程序的广泛支持。Wave 格式支持多种音频位数、采样频率和声道,是 PC 上最流行的声音文件格式,但其文件尺寸较大,多用于存储简短的声音片段。其文件扩展名为 wav。

2) MPEG 音频文件

MPEG 音频文件指的是 MPEG 标准中的音频部分,即 MPEG 音频层(MPEG Audio Layer)。MPEG 音频文件的压缩是一种有损压缩,根据压缩质量和编码复杂程度的不同可分为 3 层(MPEG Audio Layer 1/2/3),分别对应 MP1、MP2 和 MP4 这 3 种声音文件。MPEG 音频编码具有很高的压缩率,MP1 和 MP2 的压缩率分别为 4∶1 和 6∶1～8∶1,而 MP3 的压缩率则高达 10∶1～12∶1,也就是说 1min CD 音质的音乐在未经压缩时需要 10MB 存储空间,而经过 MP3 压缩编码后只有 1MB 左右,同时其音质基本保持不失真,因此,目前使用最多的是 MP3 文件格式。

3) RealAudio

RealAudio 是 Real Networks 公司开发的一种流式音频文件格式,它包含在 Real Networks 公司所制定的音频、视频压缩规范 Real Media 中,主要用于在低速率的广域网上实时传输音频信息。网络连接速率不同,客户端获得的声音质量也不尽相同,对于 14.4kb/s 的网络连接,可获得调幅质量的音质;对于 28.8kb/s 的连接,可以达到广播级的声音质量;如果拥有 ISDN 或更快的线路连接,则可获得 CD 音质的声音。其文件扩展名为 RA、RM、RAM。

4) MIDI

MIDI(Musical Instrument Digital Interface,乐器数字接口)是数字音乐/电子合成乐器的国际标准。它定义了计算机音乐程序、合成器及其他电子设备交换音乐信号的方式,还规定了不同厂家的电子乐器与计算机连接的电缆和硬件及设备间数据传输的协议,可用于为不同乐器创建数字声音,可以模拟大提琴、小提琴、钢琴等常见乐器。在 MIDI 文件中,只包含产生某种声音的指令,这些指令包括使用什么 MIDI 设备的音色、声音的强弱、声音持续多长时间等,计算机将这些指令发送给声卡,声卡按照指令将合成声音。MIDI 声音在重放时可以有不同的效果,这取决于音乐合成器的质量。相对于保存真实采样数据的声音文件,MIDI 文件更加紧凑,其文件尺寸通常比声音文件小得多。其文件扩展名为 mid。

5) AIFF

AIFF(Audio Interchange File Format,音频交换文件格式)是苹果公司开发的一种声音文件格式,得到 Mac 平台及其应用程序的支持,Netscape Navigator 浏览器中的 Live Audio 也支持 AIFF 格式,SGI 及其他专业音频软件包也同样支持这种格式。AIFF 支持 16 位 44.1kHz 立体声。其文件扩展名为 aif、aiff。

6）Audio

Audio 是 Sun Microsystems 公司推出的一种数字声音格式，是 Internet 中常用的声音文件格式，Netscape Navigator 浏览器中的 Live Audio 也支持 Audio 格式的声音文件。其文件扩展名为 au。

9.1.5 数字影音编辑软件

本节介绍几种常用的数字视频编辑软件和数字音频编辑软件。

1. 数字视频编辑软件

1）Vegas

Vegas 是用于视频编辑、音频制作、合成、字幕和编码的专业产品。它具有漂亮、直观的界面和功能强大的音视频制作工具，为 DV 视频、音频的录制、编辑和混合、流媒体内容作品和环绕声制作提供了完整的集成解决方法。

Vegas 4.0 为专业的多媒体制作树立了新的标准，可以制作高质量切换、过滤器、片头字幕滚动和文本动画，创建复杂的合成、关键帧轨迹运动和动态全景/局部裁剪，具有不受限制的音轨和非常卓越的灵活性。利用高效计算机和大容量内存，从时间线提供特技和切换的实时预览，而不必渲染。Vegas 4.0 充分结合特效、合成、滤波器、剪裁和动态控制等多项工具，制作数字视频流媒体，成为 DV 视频编辑、多媒体制作和广播等较好的解决方案。

2）Adobe Premiere

Adobe Premiere 是影视制作领域设计专业人员使用的产品。它提供内置的跨平台支持以利于 DV 设备的选择，具有增强的用户界面，新的专业编辑工具可以与其他 Adobe 应用软件（包括 After Effects、Photoshop）无缝地结合。目前 Adobe Premiere 已经成为桌面制作人员的数字非线性编辑软件中的标准。

Adobe Premiere 包括专业级的音频混合器和自动调整时间线（automate to timeline）功能，可同时从故事板或项目窗口传送剪辑序列到时间线。Adobe Premiere 也具有数目众多的界面优化和自定义特性，在整个制作阶段，很容易使用 Adobe Premiere 功能强大的编辑工具。Adobe Premiere 还有一个显著的优势就是一切编辑的结果都可以实时预览，包括字幕、色调，甚至第三方效果。

3）Speed Razor

Speed Razor 是 Windows 完全多线程非线性视频编辑和合成软件。它具有不受限制的音视频层以及 DAT 品质输出的高达 20 个音频层的实时声音混合。它可以同几乎所有编辑硬件一道工作，提供实时双流媒体或单流媒体配置。Speed Razor 具有专业的实时视频编辑、实时音频混合和实时视频特技合成的能力。Speed Razor 的主要特性包括精确到帧的批量采集和打印到磁带、大量的快捷键、单步调整方法、不受层限制的合成、高达 20 个音轨的实时多通道音频混合、CD 或 DAT 品质立体声输出，可作品发送到网站上。

4）绘声绘影

绘声绘影（Ulead Video Studio）是一套专为个人及家庭设计的影片剪辑软件。它首创双模式操作界面，新手或高级用户都可轻松体验快速操作、专业剪辑、完美输出的影片剪辑乐趣。利用影片制作向导模式,只要 3 个步骤就可快速作出 DV 影片,即使是新手也可以在短时间内体验影片剪辑的乐趣。操作简单、功能强大的绘声绘影编辑模式可以完成从捕获、剪接、转场、特效、覆叠、字幕、配乐和刻录,让用户全方位剪辑出好莱坞级的家庭电影。其成批转换功能以及对捕获格式的完整支持让剪辑影片更快、更有效率。画面特写镜头与对象创意覆叠,可随意作出新奇百变的创意效果。配乐大师与杜比 AC-3 支持让影片配乐更精准、更立体。酷炫的 128 组影片转场、37 组视频滤镜、76 种标题动画等丰富效果让影片精彩有趣。

案例 9-3　个人动态影集制作。

本案例使用绘声绘影 X10 制作一个简单的个人动态影集,具体的制作步骤如下。

(1) 新建项目。

选择“文件”→“新建项目”命令,建立一个新的工程项目。

(2) 素材导入与管理。

单击“添加”按钮,新建一个文件夹,改名为“图片”。用同样的方法建立“视频”和“音乐”文件夹。选择“图片”文件夹,单击“添加”按钮导入图片素材。用同样的方法导入视频和音乐素材。这样便于素材的管理和调用。

(3) 图片参数选择设置。

为了能够快速实现图像动态持续时间、转场效果等,可以利用参数进行设置。选择菜单栏中的“设置”→“参数选择”命令,打开“参数选择”对话框,按图 9-8 所示设置图片的各类参数。

(4) 将图片放入视频轨道中。

将所需的图片全部选中(先选中第一张图片,按 Shift 键的同时选中最后一张图片),拖放到视频轨上,每张图片播放的时间和转场效果为 3s 和随机效果。显示效果如图 9-9 所示。

如果某图片的时间长度要增加或减少,可在视频轨中选中该图片,将光标放在图片的开始或结束位置,待鼠标指针变成双向箭头时按住鼠标左键向左或向右拖动,即可改变时间长度。

若要修改转场效果,则选择两个图片之间的转场效果,单击图 9-9 中的 AB(转场)按钮,选择合适的转场效果,拖放到这两个图片之间即可。

(5) 添加字幕。

单击窗口中的 T 按钮,在监视窗口双击可输入文字,在右侧可对文字的字体、颜色、阴影等进行设置,也可以选用系统自带的文字样式。如需要使文字运动,也可选择系统自带的动态文字效果,如图 9-10 所示。如果要进行动态效果的设置,则单击“属性”按钮,在“应用”前的方框内打勾,默认动画为“淡化”,可单击下拉箭头,选择某种动态效果,再进行效果确认。

此时,在字幕轨 1(1T)中就可出现相应的字幕。调整播放时间的方法为:选中字幕轨道中的文字素材,将光标放在文字素材的最前或最后位置,待鼠标指针变成双向箭头时,按住鼠标左键向左或向右拖动。

(6) 添加音乐。

选择“样本”文件夹,选择某一音乐,在监视器窗口单击播放按钮可进行监听。单击

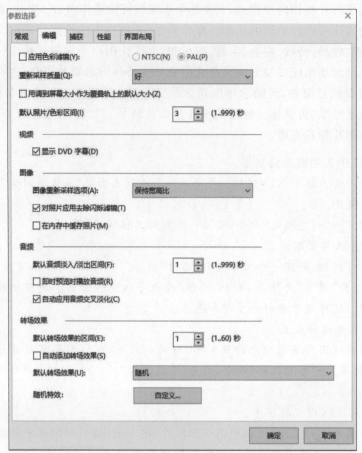

图 9-8　设置图片的参数

图 9-9　图片放入视频轨道的显示效果

图 9-10　添加字幕

进度条后的"\["和"\]"设置音乐的开始和结束位置后,将音乐素材中的音乐文件拖放到音乐轨道,如图 9-11 所示。如果音乐过长或过短,则可用修改图片长度的方法加以调整。如果要对音乐的开头和结尾设置声音的渐变,则单击右侧的"选项"按钮,如图 9-11 所示。

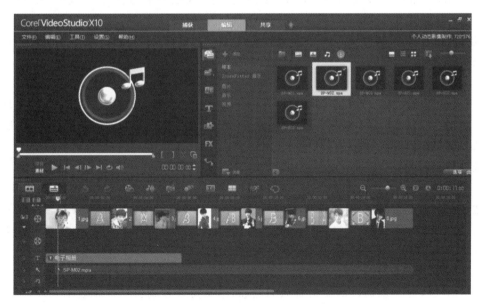

图 9-11　音乐渐变效果编辑

（7）创建视频文件。

选择"分享"→"创建视频文件"命令,选择适当的视频文件格式,如 DVD-MPEG2（720×576）,选择保存的路径,输入要保存的文件名,单击"确定"按钮。

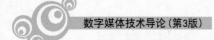

除了上面介绍的 4 款软件外，United Media Online Express、Final Cut、Movie Pack 等视频编辑软件也是在商业和电视节目制作中经常用到的。

2. 数字音频编辑软件

1) Cakewalk

Cakewalk 是世界上最著名的音乐制作软件之一，可以制作单声部或多声部音乐，可以在制作的音乐中使用多种音色。该软件也可用于制作 MIDI 格式的音乐，用户可以方便地制作出规范的 MIDI 文件。

2000 年，Cakewalk 向着更加强大的音乐制作工作站方向发展，并更名为 Sonar。它不仅可以很好地编辑和处理 MIDI 文件，在音频录制、编辑、缩混方面也得到了长足的发展，并达到甚至部分超过了同档次音频制作软件的水平。2007 年推出的 Sonar 7.0 已经完全成为一个功能强大的音乐制作工作站，可以完成音乐制作中从前期 MIDI 制作到后期音频录音缩混烧刻的全部功能，同时还可以处理视频文件。

2) Cool Edit Pro/Adobe Audition

Cool Edit Pro 是一个非常出色的数字音乐编辑器和 MP3 制作软件。不少人把 Cool Edit Pro 形容为音频"绘画"程序。

Cool Edit Pro 能记录的音源包括 CD、卡座、话筒等多种，并可以对它们进行降噪、扩音、剪接等处理，还可以给它们添加立体环绕、淡入淡出、3D 回响等奇妙音效。用它制成的音频文件除了可以保存为常见的 WAV、SND 和 VOC 等格式外，也可以直接压缩为 MP3。

Adobe Audition 是美国 Adobe Systems 公司开发的一款功能强大、效果出色的多轨录音和音频处理软件，其前身是 Cool Edit Pro。它功能强大、控制灵活，使用它可以录制、混合、编辑和控制数字音频文件，也可以轻松创建音乐，制作广告短片，修复录制缺陷。

3) Sound Forge

Sound Forge 是 Sonic Foundry 公司开发的一款功能强大的专业化数字音频处理软件。它能够非常方便、直观地对音频文件以及视频文件中的声音部分进行各种处理，满足从普通用户到专业录音师的所有用户的各种要求，所以一直是多媒体开发人员首选的音频处理软件之一。

Sound Forge 每次处理一条立体声音轨（相当于 2 条单声道声轨）。Sound Forge 非常适合多媒体音频编辑、电台和电视台音频节目处理、录音等。它不需要非常好的硬件系统，最重要的是它的可操作性非常强。Sound Forge 不仅可用于音乐录制，而且更擅长多媒体音频编辑。

4) WaveCN

WaveCN 是一款国产的免费音频编辑软件，支持音频编辑和音频效果处理，主要特性包括强大而灵活的录音功能、多种音频处理特效、灵活的音频编辑等，支持 WAV、OGG、MP3、WMA 等文件格式。

除了上述软件外，还有 FL Studio、Cubase、Nuendo、Vegas Audio、Wavelab 等众多优秀的音频处理软件，这里不再一一介绍。

9.2　数字电视技术

9.2.1　电视制式简介

电视制式也称为电视标准,是电视图像和声音信号采用的技术标准。最先出现的电视是黑白电视,世界各国采用的黑白电视制式有 A、B、C、D、E、G、H、I、K、K1、L、M、N,共 13 种,我国采用其中的 D/K 制。黑白电视制式涉及的主要内容有图像和伴音的调制方式、图像信号的极性、图像和伴音的载频差、频带宽度、频道间隔、扫描行数等。

彩色电视机的图像显示由红绿蓝三基色信号混合而成。为了实现黑白和彩色信号的兼容,色度编码对副载波的调制有 3 种不同方法,形成了 3 种彩色电视制式:NTSC、PAL 和 SECAM。

1. NTSC 制式

NTSC 是 1952 年由美国国家电视标准委员会(National Television System Committee)制定的彩色电视广播标准。它采用正交平衡调幅技术,故也称为正交平衡调幅制式。美国、加拿大等大部分西半球国家以及日本、韩国、菲律宾等均采用这种制式。

2. PAL 制式

PAL(Phase Alternation Line,正交平衡调幅逐行倒相制)是联邦德国在 1962 年制定的彩色电视广播标准,它采用逐行倒相正交平衡调幅技术,克服了 NTSC 制式由于相位敏感所造成的色彩失真的缺点。联邦德国、英国等西欧国家,新加坡、中国、澳大利亚、新西兰等太平洋地区国家采用这种制式。PAL 制式根据不同的参数细节又可以进一步划分为 G、I、D 等制式,其中 PAL-D 制是我国采用的制式。

3. SECAM 制式

SECAM 是法文 Sequential Coleur Avec Memoire 的缩写,意为顺序传送彩色信号和存储恢复彩色信号制,是法国制定的一种彩色电视制式。它也克服了 NTSC 制式相位失真的缺点,但采用时间分隔法来传送两个色差信号。使用 SECAM 制式的国家主要是法国及东欧和中东国家。

3 种彩色电视制式的主要参数对比如表 9-1 所示。从中可以看出,各种制式的参数差异较大,这就使一种制式的电视无法接收其他制式的电视节目,从而给用户造成了很大不便。

表 9-1　3 种彩色电视制式参数对比

制　　　式	NTSC-M	PAL-D	SECAM
帧频/Hz	30	25	25
行/帧	525	625	625
亮度带宽/MHz	4.2	6	6
彩色幅载波/MHz	3.58	4.43	4.25

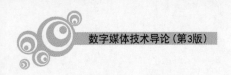

制　式	NTSC-M	PAL-D	SECAM
色度带宽/MHz	1.3(I),0.6(Q)	1.3(U),1.3(V)	>1.0(U),>1.0(V)
声音载波/MHz	4.5	6.5	6.5

9.2.2　数字电视系统

数字电视系统由信源编码、复用系统、信道编码、调制器、信道传输和信号变换逆过程等部分组成,如图 9-12 所示。

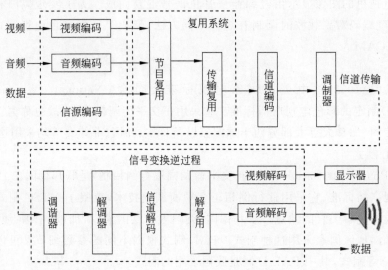

图 9-12　数字电视系统的组成

1. 信源编码

信源编码是通过压缩编码去掉信号源中的冗余成分,以达到压缩码率和带宽,实现信号有效传输的目的,因此压缩编码技术与标准就成为信源编码的核心。

为了使先进的图像数据压缩技术和高性能的数字图像处理技术获得更广泛的应用,必须对图像压缩编码技术建立一个能在全世界范围内通用的标准。从 1980 年开始,几个世界性的标准化委员会协同工作,以实现图像压缩编码技术标准化,参与机构包括国际标准化组织(ISO)、国际电话电报咨询委员会(CCITT)、国际电工委员会(IEC)、联合图像专家组(JPEG)和活动图像专家组(MPEG)等。经过上述机构多年的共同努力,目前已完成并通过了 H.261、JPEG、MPEG 等多种图像压缩编码标准化方案,其中 MPEG-2是专为数字电视制定的压缩编码标准。

2. 复用系统

复用系统是数字电视的关键部分之一,采用了 MPEG-2 标准,对视频、音频、辅助数据等由编码器传送来的数据比特流进行处理,复合成单路串行的比特流,再传送给信道编码部分及调制器。

3. 信道编码

由于信道尤其是无线信道的影响(如多径等),数据在传输时会造成失真和损失,导致在接收端有些数据无法恢复,形成误码。为使数据在信道中可靠地传输,尽量降低误码率,往往在发送端采用编码技术,在传送的数据中以受控的方式引入冗余;而在接收端通过相应的解码技术从冗余的信息中恢复在信道中损失的数据,从而降低误码率,提高数据在信道中的抗干扰能力。

信道编码通过按一定规则重新排列信号码元或加入辅助码的办法来防止码元在传输过程中出错,并进行检错和纠错,以保证信号的可靠传输。数字电视常用的信道编码方法有 RS 码、卷积码以及交织等。

4. 调制器

数字电视信号经压缩的信源编码和增加冗余度的信道编码后,接下来是信号的传输。传输信息有两种方式:基带传输和调制传输。

由信源直接生成的信号,无论是模拟信号还是数字信号,都是基带信号,其频率比较低。基带传输就是将信源生成的基带信号直接传送,如数字录像机间的数据传输等。基带传输系统的结构较为简单,但难以长距离传输,因为一般的传输信道在低频处的损耗都是很大的。

调制就是用基带信号对载波波形某个参数进行控制,形成适合线路传送的信号。当已调制信号到达接收端时,再进行解调,即从经过调制的模拟信号中去掉载波,恢复原来的基带信号。

5. 信号变换逆过程

信号变换逆过程利用接收机来完成,主要是对传输到接收机的信号进行一系列解码的过程,包括调谐器、解调器以及信道解码、解复用和音视频解码部分。由于这个过程是上述过程的逆过程,这里不再赘述。

9.2.3 视频信号接口

连接电视机的电缆时,会碰到各种各样的视频信号接口。这些接口基本上分为两类:一类是模拟信号接口;另一类是数字信号接口。模拟信号接口主要有 3 种类型:复合视频接口、S 端子和分量视频接口。数字信号接口主要有两类:数字视频接口(Digital Video Interface,DVI)和高清晰度多媒体接口(High-Definition Multimedia Interface,HDMI)。各种接口的形状如图 9-13 所示。

复合视频接口通常由红、白、黄 3 种颜色的线组成,其中,黄线为视频传输线,红线和白线负责左、右声道的声音传输。复合视频实现了视频和音频的分离传输,但负责视频传输的只有一条线,故这种传输方式还是将亮度和色度混合,仍属于复合视频信号,在显示设备上进行显示时需要解码,所以在视频传输质量上有一些损失。复合视频接口被广泛应用在早期的 VCD 和 DVD 机与电视机的连接上。

S 端子也称为 S-Video(Separate Video)接口,它将亮度和色度分离传输,避免了复合视频信号传输时亮度和色度的相互干扰。S 端子是一种五芯接口,由两路视频亮度信号线、两路视频色度信号线和一路公共屏蔽地线共 5 条芯线组成。同 AV 接口相比,由于 S

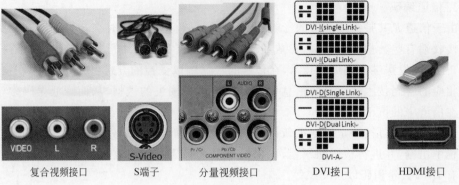

| 复合视频接口 | S端子 | 分量视频接口 | DVI接口 | HDMI接口 |

图9-13 视频信号接口

端子不再进行亮度和色度混合传输，因此也就无须再进行亮度和色度的分离和解码工作，而且使用相互独立的传输通道在很大程度上避免了视频设备内由于信号串扰而产生的图像失真，极大地提高了图像的清晰度。S端子仍要将两路色差信号（Cr/Cb）混合为一路色度信号 C 进行传输，然后再在显示设备内解码为 Cb 和 Cr 进行处理，这样会带来一定的信号损失而产生失真。虽然 Cr/Cb 的混合导致色度信号的带宽也有一定的限制，但考虑到目前的市场状况和综合成本等因素，S端子还是应用最普遍的视频接口之一。

分量视频接口就是 Component/YPbPr/YCbCr 色差接口，通常用红、绿、蓝 3 种颜色来标注线缆和接口，其中，绿色线缆（Y）传输亮度信号，蓝色和红色线缆传输色差信号。该接口通常采用 YPbPr 和 YCbCr 两种标识，前者表示逐行扫描色差输出，后者表示隔行扫描色差输出。该接口色差的效果要好于 S 端子，因此不少 DVD 以及高清播放设备都采用该接口。如果使用优质的线材和接口，即使采用 10m 的线缆，色差信号线也能传输优质的画面。

DVI 接口主要用于与具有数字显示输出功能的计算机显卡相连接，显示计算机的 RGB 信号。DVI 接口比标准 VGA 接口信号要好，保证了全部内容采用数字格式传输和主机到监视器的传输过程中数据的完整性，基本上无干扰信号引入，可以得到非常清晰的图像。目前的 DVI 接口分为 3 类：一是 DVI-A 接口，与 VGA 接口功能相似；二是 DVI-D 接口，只能接收数字信号，不兼容模拟信号；三是 DVI-I 接口，可同时兼容模拟信号和数字信号。

HDMI 接口不仅能传输高清数字视频信号，还可以同时传输高质量的音频信号。其功能跟射频接口相同，但是，由于 HDMI 接口采用了全数字化的信号传输，不会像射频接口那样出现画质不佳的情况。可以用适配器将 HDMI 接口转换为 DVI 接口，但是这样就失去了音频信号。高质量的 HDMI 线材即使长达 20m，也能保证优质的画质。

9.3 数字电影技术

9.3.1 数字电影的制作流程

电影制作的一般流程分为预制作、制作、后期制作和发行 4 个阶段。预制作阶段主要是计划阶段,需要完成脚本编写、预算、演员招募、拍摄地选择等工作。制作阶段主要进行拍摄。后期制作阶段主要对电影进行编辑和剪辑,调整颜色和灯光,制作应用特效等,最终形成作品。发行阶段将作品发行到影院。

电影拍摄最早使用的是胶片。胶片拍摄经历了相当长的一段时间,即使在数字视频拍摄流行的今天,还有不少导演钟爱胶片拍摄方式。根据电影制作过程中数字元素加入的多少,可以将电影制作方式分为 4 种,如图 9-14 所示。

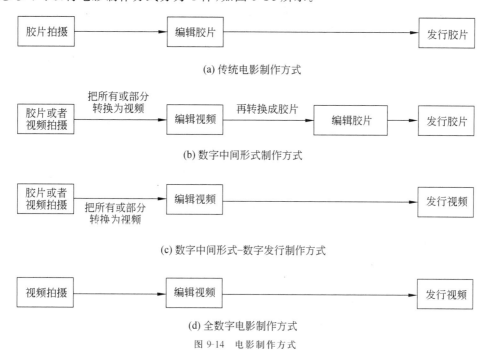

图 9-14　电影制作方式

1. 传统电影制作方式

从电影发明以后到 20 世纪 70 年代之前,电影均采用这种方式制作,整个电影制作的过程不涉及任何数字元素,从拍摄、制作到发行均是胶片。

在这个阶段,胶片也发生过多次变化。首先看片基的变化,电影问世初期的片基是用硝酸纤维酯制造的,其成分与火药棉近似,极易燃烧。1923 年,醋酸安全片基研究成功,之后便逐渐取代了硝酸片基。醋酸片基在成分上几经改进,其中的三醋酸片基性能较好,一直使用至今。

另外,胶片的规格也发生了很大的变化。最早使用的规格为 8mm 的胶片,画质一般。随后是 16mm 胶片,在纪录片中常用,画质为 2K～4K。再后来发展为 35mm 胶片,这是最常见的一种胶片类型,画质约为 6K。现在常用的为 65mm 胶片,有时也叫 70mm 胶片,多见于早期的高成本电影以及 IMAX 影片,画质约 12K～18K。

2. 数字中间形式制作方式

20 世纪七八十年代,乔治·卢卡斯改变了传统电影制作方式,在很多真实场景中嵌入计算机生成的模型和动画,使得科幻电影流行起来,典型的作品有《星球大战》《夺宝奇兵》《侏罗纪公园》等。这一时期也出现了非线性数字视频编辑工具,简化了编辑过程。

这一时期数字视频是一种中间格式,经过视频编辑后,还要转换成胶片发行。完全采用数字视频制作的影片是瑞典电影 *Breaking the Waves*，该影片拍摄于1996年，其视频制作过程完全采用数字化形式，发行仍采用胶片。

3. 数字中间形式-数字发行制作方式

数字中间形式-数字发行制作方式改变了过去的胶片放映方式，采用数字放映机直接播放数字电影。该制作方式相对于胶片放映方式具有很大的优势，主要表现在下述方面：

（1）价格便宜。由于胶片本身的成本和复制过程花费昂贵，相对而言，数字视频的直接复制能节省很大一笔费用。

（2）发行速度快。胶片发行要靠汽车等交通工具运向各大影院，往往各大城市的放映时间由于路途原因而不一致；数字电影则采用高速网络发行，可以实现全国甚至全球同步播放。

（3）安全性高。数字电影可以对视频进行加密，使其只能在授权的投影机上播放，这样就不会或者很难被盗版。

这种制作方式的典型例子为《星球大战前传Ⅰ：幽灵的威胁》。该影片采用胶片—数字化—投影这一过程，其拍摄采用胶片，少部分采用数字设备拍摄。先将胶片部分转换成视频，再与计算机制作的画面无缝融合。这部影片只有1999个限量的数字版授权，在大部分影院仍以胶片方式放映。

4. 全数字电影制作方式

全数字电影制作方式相对于第三种方式，其拍摄、编辑、发行的全过程均采用数字视频拍摄，所以称为全数字电影。

该制作方式的典型例子为《星球大战前传Ⅱ：克隆人的进攻》。该影片全部使用数字摄像机拍摄，发行也采用了加密的数字格式。

9.3.2 视频拍摄

视频拍摄就是利用摄像机对准人物和场景并记录动态情景的过程。早期摄像机利用胶片进行记录。图9-15是1990年1月由阿莱（ARRI）公司推出的一款35mm胶片电影摄像机——Arriflex 535。当前基本上都采用的数字摄像机。图9-16是索尼公司在2011年推出的CineAlta数字摄影机F65，该机型可采集4K分辨率图像。

图9-15　Arriflex 535胶片摄像机　　　　图9-16　CineAlta数字摄影机F65

如何拍摄好视频是一个很大的课题,不在本书的研究范围内。下面重点介绍如何把拍摄好的视频传输到计算机中。常用的方法有以下4种。

(1) 用数字摄像机拍摄,将视频文件保存在摄像机内置的硬盘、存储卡或者 DVD 上,然后把这些文件传输到计算机中。大部分数码摄像机都内置了硬盘、存储卡或者 DVD。一般摄像机在拍摄的同时,会自动对数字化影像进行压缩和存储,压缩的一般格式是 MPEG-1 或者 MPEG-2。拍摄结束后,可以直接将视频文件传输到计算机中进行编辑。

(2) 用数码摄像机拍摄视频,将视频存储到磁带中,然后用计算机采集视频。磁带是一种大容量的外部存储设备,可以接到摄像机上,一边拍摄,一边将视频数字化并存储到磁带上,随后利用计算机采集外部视频的方法,将磁带上的视频转换成计算机文件。

(3) 连接数码摄像机和计算机,直接将录制的视频存储到计算机的硬盘中。这种方式省去了采集这个环节。其缺点是直接连接这两个设备进行拍摄非常不方便,因为要受到各种环境的影响和限制。

(4) 将模拟视频信号设备和计算机相连,直接录制视频到计算机硬盘中。模拟视频信号是过去采用的一种视频记录方式,当前仍有许多应用。要实现模拟视频信号的采集,需要为计算机配备视频采集卡,通过视频采集卡可以将模拟视频信号采集转换为数字视频信号采集。

9.3.3　编辑视频

视频编辑可以分为两种方式:线性编辑和非线性编辑。

线性编辑是一种磁带编辑方式,它利用电子手段,根据节目内容的要求将素材连接成新的连续画面。通常使用组合编辑将素材按顺序编辑成新的连续画面,然后再以插入编辑的方式对某一段进行同样长度的替换。这种编辑方式无法删除、缩短、加长中间的某一段视频,除非将那一段以后的画面抹去重录。它是视频的传统编辑方式。

非线性编辑是相对于线性编辑而言的,主要借助计算机进行数字化制作,突破时间顺序对编辑的限制,采用按任意顺序排列的编辑方式。非线性编辑只要上传一次就可以多次编辑,信号质量始终不会变低,所以节省了设备、人力,提高了效率。目前绝大多数电视电影制作机构都采用非线性编辑系统进行影片的编辑及后期制作。本节只介绍非线性编辑。

1. 非线性编辑系统的组成

典型的非线性编辑系统主要包括计算机主机及显示器、硬盘阵列、视音频处理卡及接线盒、编辑软件、录像机、监视器、音箱等。此外还有一些扩展设备,如特技卡等。

在非线性编辑系统中,录像机在素材采集时播放素材带以供素材上载,在成品的下载过程中将视音频信号录制到录像机的视音频载体上,但是不参与节目的编辑过程。监视器用来监看视频信号,音箱用来监听声音。

1) 计算机及显示器

在非线性编辑系统中,计算机是各种软硬件资源的平台,视音频信号的采集、编辑、特效处理和字幕添加等都是在计算机中完成的,所以计算机是非线性编辑系统的最基本

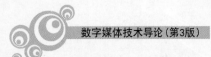

组成部分。

非线性编辑系统采用的计算机主要有3种：苹果计算机、PC和SGI工作站。SGI工作站的价格较高，目前主流的非线性编辑系统采用的计算机是苹果计算机和高档PC。

在非线性编辑系统中，显示器可以监视编辑画面。同时非线性编辑系统还会使用一些其他的图形图像处理软件、动画制作软件等。这些都对计算机的显卡和显示器提出了较高要求。由于编辑软件的窗口较多，所以最好选用较大的显示器，这样可以方便编辑。如果能配置双屏显卡，使编辑界面双屏显示，会使编辑工作更加便利。

2）存储设备

目前非线性编辑系统多采用硬盘作为视音频数据的存储工具。视音频数据量极大，会占用大量的磁盘空间，所以在非线性编辑系统中，一般不用计算机内部硬盘存储视音频数据，内部硬盘只存储系统软件、非线性编辑软件、其他应用软件和个人文件等，而将视音频数据存储到系统外部的磁盘阵列中。磁盘阵列把若干硬盘驱动器按照一定要求组成一个整体。由于磁盘阵列的多个磁盘驱动器并行工作，从而提高了数据的传输效率。磁盘阵列在非线性编辑系统中的应用大大提高了编辑的效率。

3）视音频处理卡及接线盒

视音频处理卡是非线性编辑系统的核心部件，它的输入输出接口及压缩方式决定了非线性编辑系统的视音频质量。市场上视音频处理卡的种类很多，差别也很大，价格从几万到几十万元不等。以 DPS Velocity HD 为例，其价格在 50 000 元人民币左右，支持真实的双通道实时高清操作和实时多通道标清操作，支持视频的压缩与无压缩，兼容多种格式以及额外的扩展性能（如选配 A3DX 三维 DVE 附卡，则增加一个通道的实时高清三维 DVE 和 4 个通道的实时标清三维 DVE）。

视音频处理卡一般与接线盒配合使用，接线盒通过多芯电缆与视音频处理卡相连。接线盒一般具有各种输入输出接口。将录像机与接线盒相连接，可将录像机中的视音频信号上传到计算机内，或将计算机内的成品下载到录像机的视音频载体上。

4）编辑软件

非线性编辑系统中视音频卡的功能是固定的，用户只有通过编辑软件来使用板卡上的功能，所以编辑软件的操作界面和功能就决定了非线性编辑系统对用户的吸引力。友好的操作界面会大大提高编辑工作的效率，所以编辑软件应该既保证界面简洁，又提供丰富的编辑功能，形成良好的人机交互。

2. 非线性编辑系统的工作流程

非线性编辑系统的工作流程包括 4 个步骤。

1）素材采集与导入

素材采集就是把录像机中播放的视音频信号以文件的形式存储在非线性编辑系统中。对于存储在光盘、硬盘、半导体存储卡中的视音频文件，则可以直接导入（复制）到非线性编辑系统中。

2）素材的编辑

把选择好的素材拖曳到轨道上的合适位置，对素材的起始点进行调整，根据需要对素材进行处理，如色度调整、亮度调整及播放速度调整等，还要添加所需的特效，主要有视频转场特技、视频特效、音频转场特效和音频特效 4 种。主要的编辑工作均在这一步

完成。

3）字幕制作

这一步主要是制作所需的字幕，并将其添加到合适的位置。

4）成品输出

成品输出是将编辑好的视频片段输出为最终的视频文件。

9.3.4　数字电影发行系统

数字电影发行系统一般包括 3 部分：发行准备、发行和放映，具体流程如图 9-17 所示。

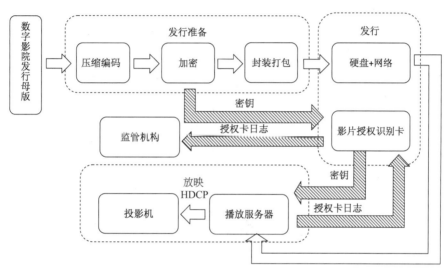

图 9-17　数字电影发行系统流程

为了防止盗版，发行系统的加密通常采用统一的格式对影片发行版的图像文件进行加密，将加密后的图像文件和音频文件再按统一格式进行打包，以防止影片在发行传输过程被盗版。发行系统需要对每一个播放服务器进行注册，播放服务器注册并被授权后，才可对影片发行版进行解密播放。播放服务器与投影机之间的接口采用 HDCP（High bandwidth Digital Content Protection，高带宽数字内容保护）协议，实现链路安全保护。这些措施将防止影片在发行放映过程中被盗版。

为了防止非法放映，发行系统一般采用机卡结合的加密机制，即影片发行版的解密密钥中包含影片放映授权场次信息，影片授权识别卡与播放设备的硬件信息一一对应，只有获得了影片授权识别卡，才能在对应的播放设备上实现影片的放映。同时放映设备的输出输入接口是唯一和专用的，必须支持 HDCP 协议，除具有链路保护的功能外，还能防止非法节目源（如盗版 DVD 等）的放映。

为了准确获得放映数据，影片授权识别卡除具有解密密钥中包含的影片放映授权场次信息以外，还具有放映影片片名、放映起始时间等信息的回传功能。当放映点对网上订购的下一放映场次进行远程授权时，监管系统自动将影片授权识别卡内信息（包括授权信息和放映信息）回传到监管机构的中心数据库，通过回传统计平台供管理部门对放映场次、时间等进行分析、核实,防止虚放场次冒领放映补助,并为政府主管部门、版权方、投资方、院线等提供准确翔实的运营监管数据。

9.4 数字音频技术

9.4.1 数字音频系统

简单的数字音频系统如图 9-18 所示。话筒通过音频接口进行语音输入,MIDI 键盘通过 MIDI 接口进行 MIDI 指令输入,声音处理计算机将接收到的语音信号或 MIDI 指令进行各种处理后,通过音响播放。

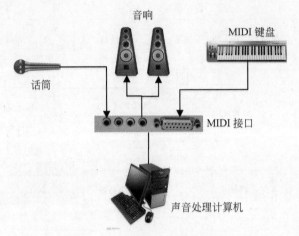

图 9-18　简单的数字音频系统

在数字音频系统中,声音处理计算机提供声音的数字化、混音、编辑、合成、处理等多项功能,而这些功能主要是由声卡完成的。声卡的功能主要包括模拟信号与数字信号之间相互转换、数字音频的录制与播放、MIDI 功能支持与音乐合成、多路音源的混合与处理等。图 9-19 为声卡的原理。

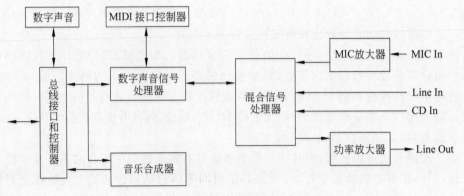

图 9-19　声卡的原理

根据图 9-19 可知,声卡的组成和基本原理如下。

(1) 声音的合成与处理部分。这是声卡的核心部分,它由数字声音信号处理器、音乐合成器及 MIDI 接口控制器组成。这部分的主要任务是完成声波信号的 A/D 和 D/A 转换,利用调频技术控制声音的音调、音色和幅度等。

(2) 混合信号处理器。混合信号处理器内置混音器,混音器的声源有以下几种信号: MIDI 信号、CD(CD In)、线路输入(Line In)、话筒输入(MIC In)等。可以选择一个声源或几个不同的声源进行混合录音。

(3) 功率放大器。由于混合信号处理器输出的信号功率还不够大,不能推动扬声器或音箱,所以一般都有一个功率放大器进行功率放大,使得输出的音频信号有足够的功率。

(4) 总线接口和控制器。总线接口有多种,早期的音频卡使用 ISA 总线接口,现在的音频卡一般使用 PCI 总线接口。总线接口和控制器由数据总线双向驱动器、总线接口控制逻辑、总线中断逻辑及直接存储器访问(DMA)控制逻辑组成。

声卡接口是声卡与外部设备连接的途径,主要有以下几类。

- 线路输入端口。该端口将品质较好的声音、音乐信号输入计算机,通过计算机的控制将该信号录制成一个文件,通常该端口用于外接辅助音源,如影碟机、收音机、录像机等的音频输出。
- 线路输出端口(Line Out)。该端口用于外接带功率放大器的音箱。
- 第二个线性输出端口,一般用于连接四声道以上的后端音箱。
- 话筒输入端口。该端口用于连接话筒,可以将人声录下来,实现基本的卡拉 OK 功能。
- 扬声器输出端口(Speaker)。该端口用于插外接音箱的音频线插头。
- MIDI 及游戏摇杆接口。几乎所有的声卡上均带有一个游戏摇杆接口来配合模拟飞行、模拟驾驶等游戏软件,这个接口与 MIDI 乐器接口共用一个 15 针的 D 型连接器(高档声卡的 MIDI 接口还有其他形式)。该接口可以配接游戏摇杆、模拟方向盘,也可以连接电子乐器上的 MIDI 接口,实现 MIDI 音乐信号的直接传输。

9.4.2 音频编辑

音频编辑就是通过对音频进行各种处理来满足人们听觉上的需要。音频编辑的方式有很多,归纳起来,主要有以下 6 种。

1. 数字录音

数字录音是通过计算机中的数字音频接口将话筒或其他音频信号导入计算机中,录制成波形文件并进行存储的过程。

通常录音方法有两种:一种是通过话筒将人声或外部环境声录制到计算机中,一般称为外录;另一种是将计算机中正在播放的声音录制下来,一般称为内录。

案例 9-4 用声卡进行内录的方法。

利用声卡进行内录一般经过以下 4 步。

（1）右击计算机桌面右下角的喇叭图标,利用快捷菜单打开"声音"对话框,选择录音设备,如图9-20所示。

（2）在"录制"选项卡空白处右击,在快捷菜单中选择"显示禁用的设备"命令,如图9-20所示。

（3）右击"立体声混音",在快捷菜单中选择"启用"命令,如图9-21所示,单击"确定"按钮。

图9-20　"声音"对话框

图9-21　显示禁用的设备

（4）打开录音机或者其他能够录音的软件,边播放边录音即可。

2. 数字音乐创作

数字音乐创作是指通过 MIDI 数字音乐系统直接生成数字音乐作品的过程。创作方法和过程请参看9.4.3节。

3. 声音剪辑

声音剪辑主要是通过对音频素材的裁剪、移动、复制等操作,将音频素材中多余的部分去除,将留下的部分合并和复制,最终形成结果音频的过程。

4. 声音合成

声音合成又称为混音,是指把多种来源的声音整合至一个立体音轨或单音音轨中。这些原始声音信号可以分别来自乐器或人声,收录自现场演奏或录音棚。在合成的过程中,混音师会将每一原始信号的频率、动态、音质、定位、残响和声场单独进行调整,让各音轨最佳化,最后再叠加于最终成品上。这种处理方式能制作出一般听众在现场不能听到的层次分明的完美效果。

5. 增加特效

增加特效是指对原始的数字音频素材进行听觉效果的优化调整,以使其符合需要。音频的特效有很多,常用的有回声效果、多功能延迟、改变压缩率、声音均衡、消除背景噪声、改变声音频率、增加淡入淡出等。

6. 文件操作

文件操作是指对音频文件进行的整体操作,主要包括音频文件的格式转化,数据率的压缩、音频文件的刻录等操作。

9.4.3 MIDI数字音乐

MIDI是数字音乐国际标准。从20世纪80年代初期开始,MIDI逐步被音乐家和作曲家广泛接受和使用。MIDI是乐器和计算机使用的标准语言,是一套指令,它指示乐器(即MIDI设备)要做什么、怎么做,如奏出音符、加大音量、生成音效等。这里强调一下,MIDI不是声音信号,而是发给MIDI设备或其他装置,让它产生声音或执行某个动作的指令。

MIDI文件将电子乐器键盘的弹奏信息记录下来,包括键名、力度、时值长短等,这些信息称为MIDI信息。MIDI文件相对于普通声音文件有两大优点:一是所需存储容量小,例如CD-DA格式的波形声音,如播放一小时的立体声音乐,需要600MB的存储容量;而播放同时间的MIDI音乐仅需要400KB左右的存储容量,两者相差1000倍以上;二是编辑修改十分灵活,例如可任意修改曲子的速度、音调,也可改换不同的乐器等。

目前MIDI的标准主要有3个:GS标准、GM标准和XG标准。GS标准是日本罗兰公司于1984年提出的,该标准大大增强了音乐的表现力。1991年,为了更有利于音乐家广泛地使用不同的合成器设备和促进MIDI文件的交流,国际MIDI生产者协会(MIDI Manufactures Association,MMA)制定了通用MIDI标准——GM,该标准是在GS标准的基础上制定的。GM标准的提出得到了Windows操作系统的支持,使得数字音乐设备之间的信息交流得到了简化,受到全世界数字音乐爱好者的一致好评。1994年,Yamaha公司在GM标准上推出了自己的XG标准,增加了更多数量的乐器组,扩大了MIDI标准定义范围,在专业音乐范围内得到了广泛的应用。

1. 音乐合成

MIDI文件是一种描述性的音乐语言,它将演奏的乐曲信息用字节进行描述。例如,在某一时刻,使用什么乐器,以什么音符开始,以什么音调结束,加上什么伴奏等。要想形成数字音乐,必须通过音乐合成实现。

目前音乐合成的方法主要有两种:一种是FM(Frequency Modulation,频率调制)合成,另一种是波表合成。早期的ISA声卡普遍使用的是FM合成,目前基本上使用的是波表合成。

1)FM合成

FM合成方法通过波形的组合实现,它是使高频震荡波的频率按调制信号规律变换的一种调制方式。采用不同调制波频率和调制指数,就可以方便地合成具有不同频谱分布的波形,再现某些乐器的音色,而且可以创造出真实乐器不具备的丰富多彩的音色。理论上有无限多组波形,可以模拟任何声音,但实际上最多使用4个正弦波产生器来模拟音色,所以FM合成在发出General MIDI中的乐器声时,其真实效果较差。

2)波表合成

波表合成采用真实的声音样本进行播放,音乐效果更逼真,但由于该方法需要额外的存储器存储音色库,因此成本较高。例如,波表中的钢琴声就是对钢琴声事前进行录音,再利用PCM编码将钢琴的声音作为数字信号样本存入存储器中。当接口卡要发出钢琴的声音时,波表合成发出的是真正的钢琴声,而FM合成则是用波形模拟钢琴声。

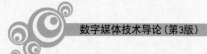

2. MIDI 系统

一个 MIDI 系统一般需要以下 3 个基本要素：音序器或音序软件、主键盘和音源。各要素之间的连接通过 MIDI 接口完成。

1）音序器或音序软件

利用音序器可以记录、播放和编辑各种不同 MIDI 乐器演奏出的乐曲。音序器记录的不是真正的声音，而是 MIDI 信息。MIDI 信息很像印在纸上的乐谱，本身不能直接产生音乐，只是包含产生音乐所需的所有指令，例如用什么乐器、奏什么音符、奏得多快、力度多强等。

音序器可以是硬件，也可以是软件。它的作用过程与专业录音棚里的多轨录音机一样，可以把许多独立的声音记录在音序器里，其区别是音序器只记录演奏时的 MIDI 数据，而不记录声音。它可以一轨一轨地进行录制，也可以一轨一轨地进行修改。弹键盘音乐时，音序器记录从键盘来的 MIDI 数据。把需要的数据存储下来以后，可以播放刚谱好的曲子。硬件音序器的音轨数较少，一般为 8～16 轨；而软件音序器一般音轨数为64～200 轨。

硬件音序器主要有两类：一类是专门的音序器（如 Yamaha-QY300），另一类是装在合成器里的音序器（如 KORG01/W）。硬件音序器具有以下弱点：不可升级，编辑功能渐渐落后，操作烦琐，界面简单，所以逐渐被音序软件所代替。

常用的音序软件有 Cakewalk、Cubase、MasterTrack 等。音序软件操作方便，界面简单明了，并且升级方便，更新换代简单。

2）主键盘

主键盘是向音序器输入音符和部分控制信息的输入设备。主键盘一般有两类：一类是空白控制键盘，这种键盘手感好，但没有音色，还需另买音源；另一类是带音源的控制键盘，这种键盘有音源，并且有触键力度响应、延音脚踏板、弯音控制轮等功能。

3）音源

音源是系统的输出设备。音源的形式较多，可以是一块声卡或一台音源器，也可以是一台带有音源的合成器。

4）接口

MIDI 规范规定，每一种 MIDI 装置由一个接收器和一个发送器组成。发送器生成符合 MIDI 格式的消息并向外发送，接收器接收 MIDI 格式的消息并执行 MIDI 命令。MIDI 收发器可用一种通用的异步收发器互相连接，数据传输速度为 31 250b/s，每个数据位前后各有一个起始位和停止位。

MIDI 接口有 3 种：MIDI 输入端口（MIDI In），用来接收从其他 MIDI 设备发过来的消息；MIDI 输出端口（MIDI Out），用来发送本设备产生的原始 MIDI 消息；MIDI 转发端口（MIDI Thru），用来在 MIDI 设备之间进行消息转发。MIDI 设备可同时具有 3 种端口或两种端口，但是至少应具备其中一种端口。

一般的 MIDI 系统如图 9-22 所示。

这个系统可以实现 MIDI 音乐的制作和录音。图 9-22 中调音台的主要功能是对多路输入信号进行放大、混合、分配、音质修饰和音响效果加工。

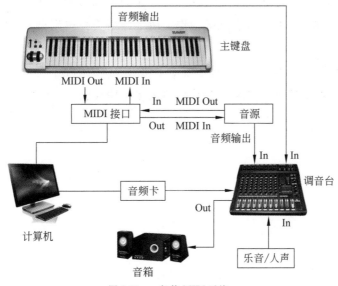

图 9-22　一般的 MIDI 系统

思考与练习

1. 填空题

（1）视频信号常用的属性有_____、_____和_____。

（2）常用的数字视频接口类型有_____和_____。

（3）根据编辑方式，视频编辑可以分为_____编辑和_____编辑。

（4）声卡的核心功能是_____。

2. 简答题

（1）简述数字电视系统中信号的传输过程。

（2）什么是非线性编辑系统？

（3）相对于胶片电影，数字电影的优势有哪些？

（4）简述 MIDI 音乐的制作过程。

3. 拓展题

在小李的婚礼上，婚庆公司和小李的家人都进行了全程录像。婚庆公司使用高清 DV 摄录机，小李的家人使用标准 DV 摄录机。婚礼过后，小李把家人拍摄的录像带交给婚庆公司，要求婚庆公司把录像带中记录的部分内容剪辑到婚庆公司制作的婚礼 DVD 中。

（1）婚庆公司 DV 摄录机具备 1394 接口和标准 A/V 端口两种信息传输接口，DV 录像内容可以通过 1394 接口采集到计算机中，也可以通过计算机的模拟视频采集卡从 A/V 端口采集视频信号到计算机中。这两种视频采集方法的主要区别是什么？

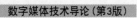

（2）婚庆公司在制作 DVD 的过程中，需要进行三维动画片头设计及制作、配音录制、视频剪辑及合成、DVD 光盘刻录等工作。请帮助婚庆公司列出一套完成上述工作的软件。

（3）小李在家里的大屏幕电视机上观看婚礼 DVD 的内容时，发现由婚庆公司拍摄的视频内容比较清晰，而自己提供的录像内容清晰度明显较差。请分析其主要原因。

第10章　数字出版

　　数字出版是随着数字媒体技术的迅猛发展而快速成长起来的,这种新的信息传播方式具有信息容量大、形式多变、高效快捷、灵活互动等优点。数字出版的定义可以从两个层次上来分析。从广义上来看,数字出版是指在出版流程的各个环节采用数字技术,从内容创作、采编、印刷到发行,即出版单位将各种文字、图片、声音、影像等信息以数字化形式进行编码和存储,然后以纸介质出版物、封装型电子出版物或网络出版物等形式投放市场;从狭义上来看,数字出版泛指在出版物形态以及发行渠道中拥有数字化特征的出版形式。这里着重从狭义角度对数字出版进行分析,大致可以将数字出版分为电子出版和网络出版两类。

　　电子出版又称为离线出版,是指不需要上网就可以浏览的数字出版物。这类出版物出现的时间较早,较有代表性的有以 VCD、CD、DVD 为主要载体的数字音像制品和以CD-ROM、DVD-ROM 等为载体的多媒体电子出版物。由于光盘具有存储容量大、可随传统出版物一起发放等优点,因此备受各出版单位的青睐。

　　网络出版又称为互联网出版,是指互联网信息服务提供者将自己或他人创作的作品经过选择和编辑加工,登载在互联网上或者通过互联网发送到用户端,供公众浏览、阅读、使用或者下载的在线传播行为。网络出版按照不同的方法分类。

　　(1) 按数字出版物的形态来划分,可以分为电子书(E-book)出版和按需出版(Print On Demand,POD)。电子书出版指通过互联网直接发布电子图书数据信息,供读者通过上网的计算机终端或移动阅读终端有偿或无偿地阅读、检索、复制或下载。按需出版是指根据需求印刷的一种出版方式,避免了传统印刷存在较大的起印数量问题,完全可以根据读者需求的数量出版印刷,可以做到零库存出版。

　　(2) 按数字出版物的阅读终端来划分,可以分为计算机出版和手机出版。计算机出版是指加工后的数字作品在互联网上进行传输和管理,以计算机为阅读终端的出版形式,其内容主要有新闻、博客、电子书、课件等。手机出版是指加工后的数字作品以无线通信技术为手段,按照特定的付费方式向手机用户发布的出版形式,其内容主要有新闻、小说、漫画、音乐、游戏、图片等。

　　(3) 按数字出版的运行模式来划分,可以分为个人出版、出版商出版、网络公司代理出版和电子书同步出版 5 种。个人出版是指个人制作电子出版物,并在网上发布的形式,这种类型的出版物一般为免费的,常见形式有博客、播客等。出版商出版是指由出版商制作并发布电子出版物,这类出版物有免费的,也有收费的,常见形式有电子杂志、数字报纸等。网络公司代理出版是指以网络公司为主体,获得各种出版商服务或者代理

权，出版电子图书并进行销售，然后给出版商提成的出版形式，常见形式是电子图书。电子书同步出版是指将传统的图书内容制作成电子版后，以传统图书 1/3～1/2 的价格在网上与传统图书同步销售的出版形式，这种形式一般通过信用卡或电子货币付款，其常见的形式是亚马逊公司推出的 Kindle 版电子书软件。

10.1 数字出版概况

10.1.1 我国数字出版的现状

下面从电子出版和网络出版两个方面介绍我国的数字出版现状。

电子出版由于出现较早、发展较快，已经形成了一定的规模。从最初出版社将软件出版部门剥离出来成立电子出版部门，到后来众多专业的电子出版社和多媒体制作公司出现，我国电子出版市场保持了长期的稳定增长。根据新闻出版总署的统计情况，2004年我国封装型电子出版物（含音像制品）品种数达到 24 784 种。由于网络的发展，电子出版物逐年减少。2020 年我国电子出版物品种数为 9070 种。

由于我国具有庞大的网络受众群体和丰富的人才资源等优势，网络出版产业的用户规模和收入规模增速很快。根据中国新闻出版研究院发布的《2018—2019 中国数字出版产业年度报告》，2018 年国内数字出版产业整体收入规模为 8330.8 亿元，比上年增长 17.8％。其中，互联网期刊收入达 21.4 亿元，电子书达 56 亿元，数字报纸（不含手机报）达 8.3 亿元，博客类应用达 115.3 亿元，在线音乐达 103.5 亿元，网络动漫达 180.8 亿元，移动出版（移动阅读、移动音乐、移动游戏等）达 2007.4 亿元，网络游戏达 791.1 亿元，在线教育达 1330 亿元，互联网广告达 3717 亿元。移动出版和网络游戏的收入在数字出版总收入中所占比例分别为 24.10％和 9.50％，两者合计占比 33.6％，超过全年总收入规模的 1/3，虽然在全年总收入中占比有所下降（低于 2017 年的 40％），但移动出版和网络游戏仍然是数字出版产业收入的重要支柱。

根据 2020 年 12 月发布的《2019—2020 中国数字出版产业年度报告》，2019 年我国数字出版产业整体收入规模为 9881.43 亿元，比上年增长 11.16％。

10.1.2 我国主要数字出版商

数字出版产业的竞争格局已经初显，数字产业链条也已基本形成。在数字出版的各类项目中均已形成了一些知名企业。表 10-1 列举了部分数字出版商。

表 10-1　部分数字出版商情况

类　　型	数字出版商
互联网期刊	中国知网、万方数据、维普资讯、龙源期刊
电子图书	方正阿帕比、书生、超星、中文在线

类 型	数字出版商
电子书原创平台	起点中文网、搜狐(读书原创、连载、小说、文学频道)、晋江原创网、红袖添香
多媒体互动期刊	ZCOM、XPlus、POCO、VIKA
数字报纸	方正阿帕比、XPlus
手机出版	方正阿帕比、深圳掌媒
传统出版单位数字化	商务印书馆、中国大百科全书出版社、社会科学文献出版社

10.1.3　数字出版的业务结构

　　数字出版的价值链相对于传统的出版产业发生了显著的变化。出版社在整个价值链中还处于核心地位,但其承担的功能有所减少,对整个产业链的重要性相对弱化。在数字出版产业中,出版社的内容采集和编辑加工的功能部分下移至经营数字内容的网站,通过与网站的出版合作,完成原创数字内容的获得和传统内容的数字化,形成网络出版物的形式,再由经营数字内容的网站销售给读者;出版社通过对数字内容的进一步加工,形成电子出版物和 POD 产品,通过网络发行商销售给读者,同时在出版社与出版社之间、出版社与网络出版商之间形成在线的网络版权贸易平台,作为数字版权的交易渠道,如图 10-1 所示。

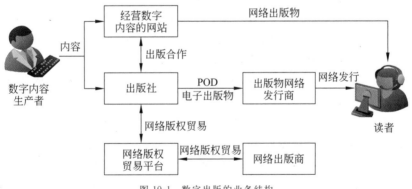

图 10-1　数字出版的业务结构

10.2　数字版权管理技术

　　数字出版物的产生使人们可以快捷方便地存取和交换数字媒体内容,但同时数字化技术精确、廉价、大规模的复制功能和互联网的全球传播能力为版权保护带来了极大的冲击,数字作品侵权更加容易,篡改更加方便。为了保障数字出版业的健康发展,首先要做的就是保障著作权人的合法权益。对数字出版版权进行保护,必须根据要保护的数字内容特征，按照相应的商业模式和现行的法律体系进行。数字版权保护技术和商业模式、法律基础三者相辅相成，构成了整个数字版权保护体系，对各类数字内容版权进行有效的管理和保护。

数字版权管理（Digital Rights Management，DRM）是利用先进的信息技术，在提供数字化和网络信息服务的同时，有效地阻止对这些信息的非法使用和复制，以达到保护数字媒体版权的目的。其核心思想是通过各种技术手段和用户许可证等方式控制用户对文件的访问、变更、共享、复制、打印、保存等操作，从而实现在媒体内容的整个生命周期内对其进行永久保护的目的，保护著作权人及内容提供商的版权利益。

10.2.1　数字版权管理系统框架

到目前为止，DRM技术的发展共经历了两代：第一代通过加密手段来提高数据安全性，防止非法复制；第二代则涵盖了媒体内容的权利描述、识别、交易、保护、监督、跟踪、权利人之间的关系管理等。所以，第二代DRM在提供版权保护的同时，还提供了数字媒体内容的传输、管理和发行等一套完整的解决方案，可以说是数字版权管理系统。

DRM系统根据不同的标准可以划分成不同的类型。例如，依据保护对象的不同可以分为针对软件的DRM和针对电子书、流媒体等一般数字内容的DRM；依据有无使用特殊硬件可以分为基于硬件的DRM和纯软件的DRM；依据采用的安全技术可以分为基于密码技术的DRM、基于数字水印技术的DRM以及密码技术和数字水印技术相结合的DRM。

虽然不同的DRM系统在其侧重的保护对象、支持的商业模式和采用的技术方面不尽相同，但核心思想都是相同的，即通过数字许可证（license）来保护数字内容的版权。用户得到数字内容后，必须获得相应的许可证才可以使用该内容。具体实现过程可以通过图10-2所示的一个典型的商用DRM系统来说明。

由图10-2可知，一个典型的DRM系统共包括3个部分：内容服务器（content server）、许可证服务器（license server）和客户端（client）。

内容服务器通常包括存储数字内容的媒体内容库、存储产品信息的产品信息库和对数字内容进行安全处理的DRM打包器。该部分主要实现对数字内容的加密、插入数字水印等处理，并将处理结果和内容表示元数据等信息一起打包成可以分发销售的数字内容；另一个重要的功能就是创建数字内容的使用权限，将数字内容密钥和使用权限信息发送给许可证服务器。

许可证服务器包括权利数据库、内容密钥库、用户身份标识库和DRM许可证生成器，经常由一个可信的第三方负责。该部分主要用来生成并分发数字许可证，还可以实现用户身份认证、触发支付等金融交易事务。数字许可证是一个包含数字内容使用权限（其中还包括使用次数、使用期限和使用条件等）、许可证颁发者及其拥有者信息的计算机文件，用来描述数字内容授权信息，由权利描述语言描述。在大多数DRM系统中，数字内容本身经过加密处理。因此，数字许可证通常还包含数字内容解密密钥等信息。

客户端主要包括DRM控制器和数字内容使用工具。DRM控制器负责收集用户身份标识等信息，控制数字内容的使用。如果没有许可证，DRM控制器还负责向许可证服

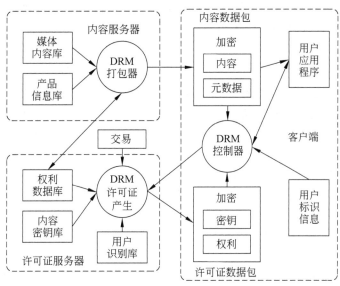

图 10-2　一个典型的商用 DRM 系统

务器申请许可证。数字内容使用工具主要用来辅助用户使用数字内容。

目前大部分 DRM 系统是基于该框架结构的。有时 DRM 系统还包括数字媒体内容分发服务器和在线交易平台。数字媒体内容分发服务器存放打包后的数字媒体内容,负责数字媒体内容的分发。在线交易平台直接面向用户,通常作为用户和数字媒体分发服务器、许可证服务器以及金融清算中心的桥梁和纽带,用户本身只与在线交易平台交互。例如,销售电子图书、电子音乐的网站多采用该 DRM 系统框架。

10.2.2　数字版权管理技术基础

目前,数字版权管理技术的发展主要有以下几个方向。

(1) 以加密授权为核心的数字版权管理。该技术由于方法简单,是目前一种有效保护内容提供者和发布者利益的技术手段。数字内容经过加密封装,只有授权用户才能获取加密的数字内容,并且只能在规定的浏览器中按照授权规定的使用规则去解密和使用内容,以防止未授权的非法访问。以加密授权为核心的数字版权管理主要涉及的关键技术有内容加密、密钥管理、权利描述及监督执行、可信计算、信任与安全体系等。

(2) 以数字水印、数字指纹技术为核心的版权声明及盗版追踪。以数字水印、数字指纹技术为核心的版权管理技术正在逐步代替以加密授权为核心的数字版权管理技术,而成为版权保护的中坚力量。数字水印和数字指纹技术用来鉴定数字内容的版权、追踪盗版。数字水印技术通过在数字内容中嵌入水印信息来标识内容的版权;而数字指纹技术通过某种特定算法提取数字内容的特征信息来鉴定数字内容的版权。以数字水印、数字指纹技术为核心的数字版权管理应用可实现版权声明、盗版追踪、限制互联网非法上载等,从而保护内容提供者的利益。

(3) 建立版权信息清晰的管理系统。版权管理不清晰等问题一直困扰着作者和发行商。为了表述使用数字产品的法律条款,人们发明了许多形式的表述语言,这就是版权描述语言（rights expression language）。这些语言具有通用性，可以被用在网站、文本文件、图片、音乐、PDF 文档和流媒体中。通过版权描述语言，人们将非常容易地确认作品的创作者、版权所有者和相关信息。根据这些信息，控制用户合法访问、使用作品，并要求用户根据条款付费。用户可以合法地在自己的作品中使用其他人的劳动成果，而这些被使用的素材始终会附加版权保护的元数据，哪怕只是一个链接地址，这个地址也会告诉使用者关于作品的一切版权信息。

1. 加密技术

加密是指对可读明文（plaintext 或 cleartext）经过一定的算法变换，使之在逆变换之前无法以阅读或其他方式进行使用的过程，即偷窥者如果不对加密的密文进行解密，得到的数据仅仅是无法阅读的散乱符号。对数字化作品进行加密，是实施版权保护的基础和起点。

常用的密码算法有两种：对称（symmetric）密码算法和非对称（asymmetric）密码算法。

1) 对称密码算法

采用对称密码算法的加密方法称为密钥加密，它有两种基本类型：分组密码和序列密码。

分组密码将明文和密文划分成组，每组等长，如果明文的最后一组位数不足，则采用某种填充方式保证每组等长。采用分组密码方式，相同的明文在相同的密钥下可以得到相同的密文。发送者通过密钥将划分的各块数据分别进行加密，形成密文，然后密文可以通过不安全的信道进行传输，但密钥必须通过安全信道进行传输。接收方接收到密钥后，即可打开密文，浏览明文。图 10-3 为采用分组密码的加解密过程。

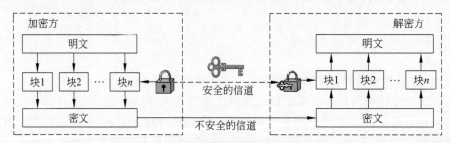

图 10-3　采用分组密码的加解密过程

采用序列密码时，密钥序列发生器随机生成一个位序列$(K_1, K_2, \cdots, K_i)$，然后和明文位序列$(P_1, P_2, \cdots, P_i)$进行异或运算，产生密文序列：$C_i = P_i \oplus K_i$（$\oplus$表示逻辑异或运算）。解密时，$P_i = C_i \oplus K_i$。

2) 非对称密码算法

非对称密码算法也叫公开密钥密码算法、双密钥密码算法。在对称密码算法中，加密密钥和解密密钥常常是相同的，或者可以相互推导出来。非对称密码算法加密和解密的密钥各有一个，一个叫公钥（public key），另一个叫私钥（private key），相互不能通过推算得到。公钥加密的文件必须使用私钥解密，私钥加密的文件必须使用公钥解密。公钥可以通过不安全的信道进行发放，与密钥加密相比少了安全信道发放密钥的问题；而私钥则是保密的，不向外公开。

在非对称密钥加密中,若以公钥加密,用私钥解密,能实现多个用户加密的信息只能由一个用户解密,可用于保密通信;若以私钥加密,用公钥解密,能实现由一个用户加密信息而由多个用户解密,可用于数字签名。图 10-4 为非对称密码算法中数字签名的过程。

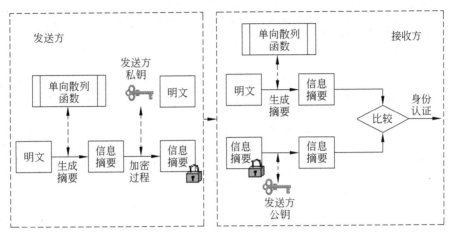

图 10-4 非对称密码算法中数字签名的过程

图 10-4 中的单向散列函数又称为单向哈希函数,它不是加密算法。单向散列函数是将任意长度的消息压缩到某一固定长度的消息摘要。它的模型为

$$h = H(M)$$

其中,M 为待处理的消息,可为任意长度;H 为单向散列函数;h 为生成的消息摘要,它具有固定的长度,并且与 M 的长度无关。同时 H 具有以下性质:

(1) 给定 H 和 M,很容易计算 h。

(2) 给定 h 和 H,很难计算 M,甚至得不到 M 的任何消息。

(3) 给定 H,要找两个不同的 M_1 和 M_2,使得 $H(M_1) = H(M_2)$ 在计算上是不可行的。

2. 身份认证技术

身份认证也称为身份鉴别,就是用户向服务系统以一种安全的方式提交自己的身份证明,由服务系统确认用户的身份是否真实,然后才能实现对于不同用户的访问控制和记录。身份认证是实现网络安全的重要机制之一。

按认证形式来分,身份认证技术可以分为用户名/密码认证、智能卡认证、动态口令认证、USB Key 认证、生物特征认证等。表 10-2 列出了身份认证技术的比较。

表 10-2 身份认证技术的比较

身份认证技术	认 证 原 理	优　　点	缺　　点
用户名/密码认证	由用户自己设定密码。只要能够正确输入密码,计算机就认为操作者是合法用户	操作简单	密码容易被遗忘,也很容易被窃取

续表

身份认证技术	认证原理	优 点	缺 点
智能卡认证	智能卡由用户随身携带,登录时将智能卡插入专用读卡器中读取信息,以验证用户的身份	是一种双因素的认证方式(PIN码＋智能卡),即使PIN码或智能卡被窃取,用户仍不会被冒充	由于从智能卡中读取的数据是静态的,通过内存扫描或网络监听等技术仍能截取用户信息,因此存在一定的安全隐患
动态口令认证	让用户密码按照时间或使用次数不断变化,每个密码只能使用一次。一般采用名为动态令牌的专用硬件,通过密码生成芯片运行专门的密码算法,生成当次密码。认证服务器采用相同的算法计算当前的有效密码	由于密码每次是动态生成的,并且动态令牌只有用户才持有,所以身份验证比较可靠。即使黑客截获了一次密码,也无法利用这个密码仿冒合法用户的身份	如果客户端与服务器端的时间或次数不能保持良好的同步,就可能发生合法用户无法登录的问题,并且用户每次登录时需要通过键盘输入一长串无规律的密码,一旦输错就要重新操作,使用起来非常不方便
USB Key认证	USB Key是一种USB接口的硬件设备,它内置单片机或智能卡芯片,可以存储用户的密钥或数字证书,利用USB Key内置的密码算法实现对用户身份的认证	采用软硬件相结合、一次一密的强双因子认证模式,很好地解决了安全性与易用性之间的矛盾	USB Key的PIN码是用户在计算机上输入的,因此黑客可以通过程序截获用户的PIN码,如果用户不及时取走USB Key,黑客就可以通过截获的PIN码取得虚假认证,因此USB Key仍然存在安全隐患
生物特征认证	通过可测量的身体或行为等生物特征进行身份认证。生物特征分为身体特征和行为特征两类。身体特征包括指纹、掌型、视网膜、虹膜、人体气味、脸型、手的血管和DNA等;行为特征包括签名、语音、行走步态等	由于生物特征的唯一性,该技术具有很好的安全性、可靠性和有效性	认证技术复杂,成本较高

就目前趋势来看,将几种安全机制整合应用正在成为新的潮流。其中,较为引人注目的是将生物识别、智能卡、公匙基础设施(Public Key Infrastructure,PKI)技术相结合的应用,如指纹Key产品。PKI从理论上提供了一个完美的安全框架,其安全的核心是对私钥的保护;智能卡内置CPU和安全存储单元,涉及私钥的安全运算在卡内完成,可以保证私钥永远不被导出卡外,从而保证了私钥的绝对安全;生物识别技术不再需要记忆和设置密码,个体的绝对差异化使生物识别树立了有史以来的最高权威。3种技术的有机整合,可谓"一关三卡"、相得益彰,真正做到了安全、便捷。

3. 数字水印技术

数字水印(digital watermarking)技术是利用数字信号处理的方法将一些标识信息,如序列号、公司标志、有意义的文本等,直接嵌入数字载体(包括多媒体、文档、软件等)当中,但不影响原数字载体的使用价值,也不容易被人的知觉系统觉察或注意到,只有通过专门的检测器或阅读器才能提取。通过这些隐藏在数字载体中的信息,可以达到确认内容创建者、购买者,传送隐秘信息或者判断数字载体是否被篡改等目的。数字水印是信

息隐藏技术的一个重要研究方向。

作为数字水印嵌入数字载体中的信息必须具有下面几个特点：

- 安全性。数字水印的信息应是安全的，难以篡改或伪造，同时，应当有较低的误检测率；当原内容发生变化时，数字水印应当发生变化，从而可以检测原始数据的变更；当然数字水印同样对重复添加有很强的抵抗性。
- 隐蔽性。数字水印应是不可知觉的，而且应不影响被保护数据的正常使用。
- 鲁棒性。在经历多种无意或有意的信号处理过程后，数字水印仍能保持部分完整性并能被准确鉴别。可能的信号处理过程包括信道噪声混入、滤波、D/A 与 A/D 转换、重采样、剪切、位移、尺度变化以及有损压缩编码等。

在数字水印技术中，水印容量也是一个重要的性能指标。水印容量是指数字载体在不发生形变的前提下可嵌入的水印信息量。嵌入的水印信息必须足以表示多媒体内容的创建者或所有者的标识信息或购买者的序列号，这样有利于解决版权纠纷，保护数字产权合法拥有者的利益。隐蔽通信领域由于其特殊性，对水印容量的需求很大。

4. 版权描述语言

版权描述语言是数字版权管理中非常关键的一块，它用来描述人员、版权和资源及其相互间关系。一个版权模型是否是开放的、灵活的以及可扩展的，从根本上依赖于它采用何种版权描述语言进行版权建模。采用一个标准的版权描述语言将有利于数字版权管理系统之间的互操作。一个版权描述语言必须考虑许多技术和理论上的需求，主要包括以下几点：

（1）机器可读性。即具有好的交换格式，便于机器读取和解释，典型的例子就是 XML 文档。

（2）对贸易相关元数据的支持。包括支持语义明确的角色、标准的标识系统、使用权限和约束的定义、利润分配和支付描述、安全信息等。

（3）开放性和可扩展性。由于不同领域的应用差异，对版权描述语言的具体需求也会不同。例如，活动图像专家组（Moving Picture Experts Group，MPEG）在其规格说明书中定义了版权描述语言及其数据字典在多媒体领域的需求，所以版权描述语言必须是开放的和可扩展的。

目前，基于 XML 的版权描述语言主要有两个：ODRL（Open Digital Rights Language，开放数字版权语言）和 XrML（eXtensible rights Markup Language，扩展版权标记语言）。非基于 XML 的版权描述语言有 Digital Rights 和 License Script 等。

案例 10-1 ODRL。

ODRL 是由 ODRL Initiative 研制的一个开放标准。ODRL Initiative 的目标是研制并促进数字版权管理领域版权描述语言方面开放的标准。ODRL 是完全免费的，不涉及版权问题。

ODRL 中定义了 3 个核心的实体：Party（人员）、Asset（资源）和 Rights（版权）。其中，Party 包括最终用户（end user）和版权持有者（rights holder）；Asset 可以是图书、音频、视频乃至软件等各种资源；Rights 描述了 Party 和 Asset 之间的权限（Permission）关系；涉及约束（Constraint）、条件（Condition）和义务（Requirement）。

下面举一个 ORDL 的例子。Corky Rossi（作者）出版了一本名为 *Why Cats Sleep*

and We Don't 的图书。购买图书需要支付 ＄AUD20.00 和 10％的税。图书只允许打印两份。利润的划分是：60％归作者，30％归出版社。其完整的代码如下：

```xml
<!-文件头定义：XML 的版本号和文中所使用术语的命名空间->
<?xml version="1.0" encoding="UTF-8"?>
<o-ex:rights xmlns:o-ex=http://odrl.net/1.1/ODRL-EX
             xmlns:o-dd=http://odrl.net/1.1/ODRL-DD
             xmlns:onix=http://www.editeur.org/onix/ReferenceNames
             xmlns:marc="http://www.loc.gov/marc/">
<!-图书资源信息定义->
  <o-ex:offer>
    <o-ex:asset>
      <o-ex:context>
        <o-dd:uid>urn:ebook.world/999999/ebook/rossi-000001</o-dd:uid>
        <o-dd:name>Why Cats Sleep and We Don't</o-dd:name>
      </o-ex:context>
    </o-ex:asset>
    <!-图书打印权限和需支付的费用定义->
    <o-ex:permission>
      <o-dd:print>
        <o-ex:constraint>
          <o-dd:count>2</o-dd:count>
        </o-ex:constraint>
      </o-dd:print>
    <o-ex:requirement>
      <o-dd:prepay>
        <o-dd:payment>
          <o-dd:amount o-dd:currency="AUD">20.00</o-dd:amount>
          <o-dd:taxpercent o-dd:code="GST">10.00</o-dd:taxpercent>
        </o-dd:payment>
      </o-dd:prepay>
    </o-ex:requirement>
  </o-ex:permission>
  <!-版权所有者之间的利润分配定义->
  <o-ex:party>
    <o-ex:rightsholder>
      <o-dd:percentage>60</o-dd:percentage>
      </o-ex:rightsholder>
    </o-ex:party>
  <o-ex:party>
    <o-ex:rightsholder>
      <o-dd:percentage>40</o-dd:percentage>
      </o-ex:rightsholder>
    </o-ex:party>
  </o-ex:offer>
</o-ex:rights>
```

ODRL 是可扩展的,使用者可以将自己的版权数据字典通过 ODRL 的扩展方法添加到 ODRL 中。

10.3　光盘存储技术

早在电子计算机问世之前,人们就已经开始研究各种各样的存储设备了,目的就是让机器能够"有记忆"。电子计算机问世后,如何高密度地记录二进制数据更是成了计算机工业中的一个非常重要的技术研究和开发课题。

案例 10-2　存储技术的发展。

(1) 穿孔卡片和穿孔纸带

穿孔卡片和穿孔纸带的使用可以追溯到 1725 年,它们被广泛应用于纺织工业,用来控制织布机。早期的计算机一般使用穿孔卡片和穿孔纸带输入程序和数据,它的广泛应用一直持续到 20 世纪 70 年代中期。图 10-5 为 8 级穿孔纸带(每行 8 孔)。

(2) 汞延迟线存储器。

汞延迟线存储器被应用于第一代计算机的内存储器,它基于汞在室温时既是液体又是导体的特性。每比特数据用机械波的波峰和波谷表示。机械波从管的一端开始,一定厚度的熔融态金属汞通过一个振动膜片沿着纵向从一端传到另一端,这就是汞延迟线。在管的另一端,一个传感器得到每一比特的信息,并反馈到起点。图 10-6 为 16 根管的汞延迟线。

(3) 磁存储器。

美国物理学家王安于 1950 年提出了利用磁性材料制造存储器的思想。福雷斯特则将这一思想变成了现实,发明了磁芯存储器。随后,各种磁存储器被陆续发明,并一直应用到现在。主要的磁存储器类型有磁芯、磁带、磁鼓、磁盘。磁存储器主要应用于第二代计算机的内存储器和随后的外存储器中。图 10-7 为早期的磁鼓存储器。

图 10-5　8 级穿孔纸带　　　　图 10-6　16 根管的汞延迟线　　　　图 10-7　早期的磁鼓存储器

(4) 半导体存储器。

1958 年夏,美国得州仪器公司制成了第一个半导体集成电路。由于半导体存储器采用集成电路技术,具有体积小、速度快的优点,因此迅速被应用到计算机的内存储器中。

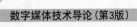

半导体存储器根据是否可改写分为只读存储器(Read Only Memory,ROM)和随机存储器(Random Access Memory,RAM)两种。ROM 按工艺可分为双极型和 MOS 型,按性能可分为掩膜式、熔丝式和可改写式。RAM 可分为静态和动态两种。半导体存储器被广泛应用到从第三代计算机开始的内存储器中。图 10-8 为半导体存储器的一种——DDR 内存条。

(5) 光存储器。

20 世纪 60 年代,荷兰飞利浦公司的研究人员开始使用激光光束进行记录和重放信息的研究。1972 年,该研究获得了成功。最初的产品就是激光视盘(Laser Vision Disc)。随后,一系列光盘产品被开发出来,用于存储各种各样的数据,光存储器主要有 CD-DA、CD-G、CD-ROM、Video-CD 等。光存储器被广泛应用到大容量的多媒体数据存储中,是一种应用范围极广的外部存储器。图 10-9 为光盘。

图 10-8　DDR 内存条

图 10-9　光盘

(6) 纳米存储器。

1998 年,美国明尼苏达大学和普林斯顿大学研制成功量子磁盘,这种磁盘是由磁性纳米棒组成的纳米阵列体系。一个量子磁盘相当于现在的 10^5 万～10^6 万个磁盘,而能源消耗却降低为万分之一。

2002 年 9 月,美国威斯康星大学的科研小组宣布在室温条件下通过操纵单个原子研制出原子级的硅记忆材料,其存储信息的密度是目前光盘的 100 万倍。

10.3.1　光盘存储器概况

光存储技术是指使用激光在盘片上存储数据的技术。光存储技术的发展历史可以追溯到 1960 年美国人 T.H.梅曼发明红宝石激光器。到 1972 年 9 月,MCA 公司联合荷兰飞利浦公司推出能长时间播放电视节目的模拟光盘系统,光盘才算问世。在随后的日子里,光存储技术日新月异,各种类型的光盘也相继问世,比较有代表性的事件有:1981 年推出 CD 唱盘,1993 年推出 VCD,1995 年推出 DVD,2002 年推出 BD 和 HD DVD。

光存储技术的快速发展和广泛使用,不仅为计算机和多媒体技术的发展和应用提供了条件,也在很大程度上改变了人类的娱乐方式,大大提高了人们的生活品质。

1. 光盘存储器的分类

光盘存储器可以根据不同的分类方法进行分类。

(1) 按光盘的读写性能可以将光盘分为只读型、多次可写型和可擦写型 3 类。只读型光盘是最常见的光盘,光盘上的信息由生产厂家一次性写入,信息永久保存,用户只能读不能写。多次可写型光盘是可由用户写入多次的光盘,写入后不能擦除或修改,但可以多次读出。可擦写型光盘可以像磁盘一样既可读又可写。

（2）按光盘的数据存放格式可以将光盘分为 CD-DA、CD-ROM、CD-I、CD-R、VCD 等。由于每种类型所依据的格式规定文件有不同颜色的封面,所以也习惯用红皮书、黄皮书、绿皮书、橙皮书、白皮书标准来说明上述光盘类型,如表 10-3 所示。

表 10-3　光盘的分类

光盘类型	标准名称	应用目的	播放时间或容量
CD-DA	红皮书	存储音乐节目	74min
CD-ROM	黄皮书	存储文图声像等多媒体节目	650MB
CD-I	绿皮书	存储文图声像等多媒体节目	760MB
CD-R	橙皮书	读写文图声像等多媒体节目	650～800MB
VCD	白皮书	存储影视节目	70min(MPEG-1)

（3）按光盘的数据记录原理可以将光盘分为磁光盘（Magneto Optical Disc，MOD）、相变光盘（Phase Change Disc，PCD）和普通光盘。磁光盘是用磁的记忆特性并借助激光来写入和读出数据。相变光盘采用一些特殊的材料,这些材料在激光加热前后的反射率不同,利用它们的反射率不同来记忆 1 和 0。普通光盘则是通过机械方法在盘上压制凹坑,利用凹坑的边缘记录 1,而用凹坑和非凹坑的平坦部分记录 0。

2. 光盘的技术参数

一般通过以下几个技术指标来衡量光盘系统的性能。

1）数据传输率

数据传输率是指每秒读取的数据量,是衡量光盘系统最基本的指标。数据传输率又可以用倍速（记为 X）表示,单倍速（1X）是指每秒读取的数据量为 150KB,CD-ROM 光驱的倍速一般都在 50X 以上,即数据传输率为

$$50×150KB/s＝7.5MB/s$$

2）平均存取时间

平均存取时间是在光盘上找到要读写的信息的位置所需的时间,即从计算机向光盘驱动器发出命令到光盘驱动器可以接收读写命令为止的时间。一般取光头沿半径移动全程 1/3 长度需要的时间为平均寻道时间,盘片旋转半周的时间为平均等待时间,两者之和再加上读写光头的稳定时间就是平均存取时间。

3）存储容量

存储容量指光盘盘片能读写的容量。光盘容量又分为格式化容量和用户容量,采用不同的格式和不同的驱动器,光盘格式化后的容量不同。一般,用户容量比格式化容量要小,因为光盘还需要存放控制、校验等信息。

10.3.2　光盘数据的读写机制

本节主要讨论使用范围最广的 CD 的读写机制。

1. 数据写入

光盘数据写入按写入规模主要分为两类：一类是大规模的光盘数据写入，通常采用压模（stamper）冲压技术，而压模是用原版的主盘（master disc，又称母盘）制成的；另一类是小规模的光盘数据写入，往往使用光盘刻录机对可写光盘进行操作。

1）压模冲压过程

首先制作原版盘，用编码后的二进制数据调制聚焦激光束。写入的数据为 0 时，就不让激光束通过，写入 1 时，就让激光束通过（或者相反）。在制作原版盘的玻璃盘上涂有感光胶，曝光的地方经化学处理后就形成凹坑，没有曝光的地方保持原样，二进制信息就以这样的形式刻录在原版盘上。在经过化学处理后的玻璃盘表面上镀一层金属，用这种盘制作母盘，然后用母盘制作压模，再用压模大批量复制光盘。成千上万的光盘就是用压模冲压出来的，所以价格比较便宜（一般一张光盘的生产成本才几角钱，当然版权费除外）。

2）光盘刻录过程

光盘刻录时，利用刻录机发出的高功率激光使盘片中的感光材料发生变化，再用一个特定频率的激光重新照射，使盘面中的稳定剂发生作用而使盘片内记录的数据保存下来的过程。可写光盘主要有 CD-R（CD-Recordable，可写入 CD）和 CD-RW（CD-Rewritable，可重复刻录光盘，可以多次写入）两种。CD-R 盘片共有 4 层：基片、金属反射涂层（金或银合金）、有机染料涂层和保护涂层。其中关键的一层就是有机染料涂层，它的主要成分是具有特殊性质的有机染料，这种染料在激光的作用下会产生变化。CD-RW 的组成与 CD-R 基本相同，只是它的有机染料涂层是可改写的，而不像 CD-R 一样用烧制这种破坏性的办法。CD-RW 利用的有机染料涂层的结晶/非结晶过程是可逆反应，从而使盘片内的资料可以反复擦写。

2. 数据读出

光盘上的数据要用光盘驱动器读取。光盘驱动器由光学读出头、光学读出头驱动机构、光盘驱动机构、控制线路以及处理光学读出头读出信号的电子线路等组成。

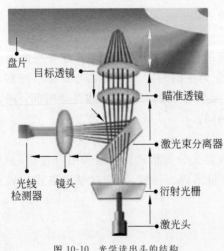

盘片
目标透镜
瞄准透镜
激光束分离器
光线检测器
镜头
衍射光栅
激光头

图 10-10　光学读出头的结构

光学读出头是光盘系统的核心部件之一，它由光线检测器、透镜、激光束分离器、激光头等元件组成，它的结构如图 10-10 所示。激光头发出的激光经过几个透镜聚焦后到达光盘，从光盘上反射回来的激光束沿原来的光路返回，到达激光束分离器后反射到光线检测器，由其把光信号变成电信号，再经过电子线路处理后还原成原来的二进制数据。

光盘上压制了许多凹坑，激光束在跨越凹坑的边缘时，反射光的强度有突变，光盘就是利用这个极其简单的原理来区分 1 和 0 的。凹坑的边缘代表 1，凹坑和非凹坑的平坦部分代表 0，一定长度的凹坑和非凹坑都代表若干个 0。

10.4　平面设计技术

平面设计泛指具有艺术性和专业性,以视觉作为沟通和表现方式的设计工作。它通过多种方式来创造和结合符号、图片和文字,借此生成用来传达想法或信息的视觉表现。可以说,设计很简单,就是色彩、字体、图形 3 个元素。设计就是一种想法、一种理念、一种创新。

10.4.1　平面设计软件

本节介绍 7 种常用的平面设计软件。

1. Photoshop

Photoshop 是较为流行的图像设计与制作工具软件,是 Adobe 公司旗下最著名的图像处理软件之一。其主要功能包括图像编辑、图像合成、校色调色及特效制作。Photoshop 的应用领域很广泛,涉及图像、图形、文字、视频、出版各方面。图 10-11 为利用 Photoshop 制作的图像合成效果。

3ds Max、Maya 等三维动画软件的贴图制作功能都比较弱,模型的贴图通常都是在 Photoshop 中制作的。使用 Photoshop 制作的人物皮肤贴图、场景贴图和各种质感的材质不仅效果逼真,还可以为动画渲染节省时间。图 10-12 为利用 Photoshop 制作的模型贴图。

图 10-11　利用 Photoshop 制作的图像合成效果

图 10-12　利用 Photoshop 制作的模型贴图

2. CorelDRAW

CorelDRAW 是目前使用最普遍的矢量图形绘制与排版的软件之一,是加拿大 Corel 软件公司的产品。该软件集图形绘制、平面设计、网页制作、图像处理功能于一体。同时,它还是专业的编排软件,具有出众的文字处理、写作工具和创新的编排方法,被广泛地应用于广告设计、封面设计、产品包装、漫画创作、排版及分色输出等诸多领域。图 10-13 为利用 CorelDRAW 绘制的人物插画,图 10-14 为利用 CorelDRAW 绘制的场景插画。

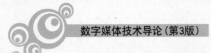

图 10-13 利用 CorelDRAW 绘制的人物插画

图 10-14 利用 CorelDRAW 绘制的场景插画

CorelDRAW 界面设计友好，操作精准细致。它提供给设计者一整套绘图工具，包括圆形、矩形、多边形和螺旋线，并配合塑形工具，以制作出更多的变化，如圆角矩形、弧、扇形、星形等。同时也提供了特殊笔刷，如压力笔、书写笔、喷洒器等，以便充分地利用计算机处理信息量大、随机控制能力高的特点。

为满足设计需要，CorelDRAW 提供了一整套图形精确定位和变形控制方案。这给商标、标志等需要准确尺寸的设计带来极大的便利。颜色是美术设计的视觉传达重点。CorelDRAW 的实色填充提供了各种模式的调色方案以及专色的应用、渐变、位图、底纹的填充方法。CorelDRAW 的颜色匹配管理方案让显示、打印和印刷达到颜色的一致。

CorelDRAW 的文字处理与图像的输出输入构成了排版功能。其文字处理功能极为优秀，并支持大部分图像格式的输入与输出，几乎与其他软件可畅行无阻地交换文件，所以美术设计人大都直接在 CorelDRAW 中排版，然后分色输出。

3. Illustrator

Illustrator 是 Adobe 公司推出的专业矢量绘图工具。它和 Photoshop 的兼容性好，是出版、多媒体和在线图像的工业标准矢量插画软件。该软件可为线稿提供无与伦比的精度和控制，适合制作小型到大型的复杂设计项目。作为全球最著名的图形软件之一，Illustrator 以其强大的功能和体贴用户的界面占据了矢量编辑软件市场的很大份额，通常用于卡通造型的设计、商业插画的绘制以及视觉识别设计。图 10-15 为利用 Illustrator 设计的卡通形象，图 10-16 为利用 Illustrator 设计的动画场景。

图 10-15 利用 Illustrator 设计的卡通形象

图 10-16 利用 Illustrator 设计的动画场景

4. Freehand

Freehand 是 Macromedia 公司 Studio 系列软件中的一员，是一个功能强大的平面矢

量图形设计软件。无论是绘制机械图还是绘制建筑效果图，无论是制作海报招贴还是实现广告创意，Freehand 都是强大、实用而又灵活的利器。Freehand 能轻松地在程序中转换格式，可输入和输出适用于 Photoshop、Illustrator、CorelDRAW、Flash、Director 的文件格式。

Illustrator 还在新版本中提供 Freehand 独有的功能并支持 Freehand 文件导入，因此稳定了大批 Freehand 老用户，特别是在苹果机上工作的专业设计用户大部分仍然选择使用 Freehand。

5. PageMaker

PageMaker 由创立桌面出版概念的公司之一 Aldus 于 1985 年推出。它提供了一套完整的工具，用来产生专业级、高品质的出版物。它的稳定性、高品质及多变化的特点特别受到使用者的喜爱。

PageMaker 的界面与 Photoshop、Illustrator 及 Adobe 公司的其他产品一样容易使用。最重要的是，在 PageMaker 中，通过链接的方式置入图，可以确保印刷时的清晰度，这一点在彩色印刷时尤其重要。

PageMaker 操作简便，功能全面。借助丰富的模板、图形及直观的设计工具，用户可以迅速入门。由 PageMaker 设计制作出来的产品在生活中随处可见，如说明书、杂志、画册、报纸、产品外包装、广告手提袋、广告招贴等。

作为最早的桌面排版软件，PageMaker 取得了优秀的业绩，但在后期与 QuarkXPress 的竞争中一直处于劣势。

6. InDesign

Adobe 公司 1999 年 9 月 1 日发布的 InDesign，是定位于专业排版领域的全新软件，是面向公司专业出版方案的新平台。InDesign 软件是基于一个新的开放的面向对象体系，可以实现高度的扩展性，因此大大缩短了开发周期。

InDesign 从多种桌面排版技术中汲取精华。例如，它将 QuarkXPress 和 Corel-Ventura(Corel 公司的一款排版软件)等高度结构化程序方式与比较自然的 PageMaker 方式相结合，为杂志、图书、广告等灵活多变、复杂的设计工作提供了一系列更完善的排版功能。该软件基于一个创新的、面向对象的开放体系(允许第三方进行二次开发)，因此大大增强了专业设计人员利用排版工具软件表达创意和观点的能力。图 10-17 是利用 InDesign 设计的杂志内页。

7. Painter

Painter 意为画家，是由加拿大著名的图形图像类软件开发公司——Corel 公司推出的图形处理软件。Painter 是基于栅格图像处理技术的图形处理软件，是专门为渴望追求自由创意及需要数码工具来仿真传统绘画的数码艺术家、插画画家及摄影师而开发的。它能通过数码手段复制自然媒质(Natural Media)效果，被广泛应用于动漫设计、建筑效果图、艺术插画等方面，无论是水墨画、油画、水彩画、铅笔画还是蜡笔画，都能轻易绘出。图 10-18 为利用 Painter 绘制的数字绘画作品。

10.4.2 平面设计的一般流程

平面设计是有计划、有步骤的渐进式不断完善的过程，设计的成功与否很大程度上

图 10-17　利用 InDesign 设计的杂志内页

图 10-18　利用 Painter 绘制的数字绘画作品

取决于理念是否准确，考虑是否完善。设计之美永无止境，完善取决于态度。

1. 调查

调查是了解事物的过程，设计需要的是有目的和完整的调查。调查的内容主要包括背景、市场、行业（关于品牌、受众、产品等）、定位、表现手法等。调查是设计的开始和基础（背景知识）。

2. 内容

内容分为主题和具体内容两部分，这是设计师在进行设计前的基本材料。

3. 理念

构思立意是设计的第一步，在设计中，思路比一切都重要。理念一向独立于设计，在视觉作品中传达理念是最难的一件事。

4. 调动视觉元素

在设计中，基本元素相当于作品的构件，每一个元素都要有传递和强化信息的作用。平面设计就是把不同元素进行有机结合的过程。例如，在色彩这一元素的使用上，能体现出一个设计师对色彩的理解和修养。色彩是一种语言（信息），色彩具有感情，能让人产生联想，能让人感到冷暖、前后、轻重、大小等。善于调动视觉元素是设计师必备的能

力之一。

5. 选择表现手法

三大构成(平面构成、色彩构成与立体构成)中有很多种图形的处理和表现手法,如对比、类比、夸张、对称、主次、明暗、变异、重复、矛盾、放射、节奏、粗细、冷暖、面积等。另外,在图形处理的效果上,有手绘类效果(如油画、铅笔、水彩、版画、蜡笔、涂鸦),还有其他效果(如摄影、老照片)等。

6. 平衡

平衡能带来视觉及心理的满足,设计师要解决画面中力场的平衡、前后衔接的平衡。平衡感也是设计师构图时需要的能力,平衡与不平衡是相对的,以是否满足主题要求为标准。平衡分为对称平衡和不对称平衡,包括点、线、面、色彩、空间的平衡。

7. 出彩

要创造出视觉兴奋点来升华自己的作品,即,使作品出彩。

8. 关于风格

设计师有时是反对风格的,固定风格的形成意味着失去创造力;但风格又是设计师性格、喜好、阅历、修养的反映,也是设计师成熟的标志。

9. 制作

制作的内容包括图形、字体、内文、色彩、编排、比例等,要求能够激发视觉的想象力,效果要赏心悦目,而更重要的是被公众理解。

10.4.3 平面设计师的职位定义

在数字出版领域,平面设计师要用设计语言将产品的特点和潜在价值表现出来,展现给大众,从而产生商业价值。数字出版中的平面设计主要分为美术设计及版面编排两大类。

美术设计主要设计版面样式或构图;而版面编排以设计的版面样式或构图为基础,将文字置入页面中。

美术设计及版面编排两者的工作内容,关联性高,通常由同一个平面设计师来执行。平面设计师应具备以下能力:

- 较强的市场洞察力和把握能力。
- 对产品和项目的诉求点的挖掘能力。
- 对作品的市场匹配性的准确判断能力。
- 较强的客户沟通能力。
- 掌握设计语言的各种表现形式,包括草图构思、数字化实现等。

案例 10-3 红楼梦封面制作。

《红楼梦》是我国古典四大名著之一,是文学经典作品。现在用 Photoshop 为《红楼梦》作封面设计。

(1)新建文件。"宽度":204 毫米;"高度":140 毫米;"分辨率":300 像素/英寸;"颜色模式":RGB 颜色、8 位;"背景内容":白色。设置完毕后单击"确定"按钮,新建的工作区如图 10-19 所示。

（2）按 Ctrl＋R 键显示标尺。选择工具箱的移动工具，从标尺拖出辅助线。把"前景色"设置为黄色（♯e5d7bc），按 Alt＋Del 键填充颜色，如图 10-20 所示。

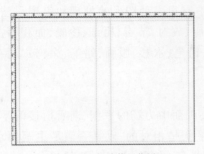

图 10-19　新建的工作区

图 10-20　填充颜色

（3）选择"滤镜"→"杂色"→"添加杂色"命令，弹出"添加杂色"对话框，设置杂色参数。"数量"：10％；"分布"：平均分布、单色。单击"图层"面板下方的创建新图层按钮，新建"图层 1"，如图 10-21 所示。选择工具箱矩形框选工具，在页面右部画出矩形，"前景色"设置为♯d2c7b2，按 Alt＋Del 键填充颜色，再按 Ctrl＋D 键取消选区。

（4）打开"素材 01.jpg"，调好位置，再选择"图层"→"栅格化"→"图层"命令。在"图层"面板上把"4.7 书籍封面设计素材 01"图层的"不透明"度设置为 50％，如图 10-22 所示。

图 10-21　新建"图层 1"

图 10-22　设置图层的不透明度

（5）选择"4.7 书籍封面设计素材 01"图层，添加图层蒙版，如图 10-23 所示。再选择工具箱中的渐变工具，选择"黑白渐变"样式和"线性渐变"，然后在页面拖曳以应用渐变效果，得到的效果如图 10-24 所示。

（6）打开"素材 02.png"，调好位置，再选择"图层"→"栅格化"→"图层"命令。打开"素材 03.png"，调好位置，再选择"图层"→"栅格化"→"图层"命令。

（7）选择工具箱中的矩形框选工具，在"封面设计素材 03"图层画出同样大小的矩形。选择"文件"→"编辑"→"描

图 10-23　添加图层蒙版

边"命令，弹出"描边"对话框，设置"宽度"为 20px，"颜色"为♯8a7f6d。得到的效果如图 10-25 所示。

图 10-24 渐变效果

图 10-25 描边效果

（8）选择工具箱中的直排文字工具，输入文字。右击文字图层，选择快捷菜单中的"混合选项"命令，弹出"图层样式"对话框，勾选"投影"选项，设置"混合模式"为"正片叠底"，阴影的颜色设置为红色，"不透明度"为 100%，"角度"为 120°，勾选"全局光"复选框，"距离"为 8 像素，"扩展"为 0，"大小"为 18 像素。

（9）添加文字。选择工具箱中的铅笔工具，结合左右中括号键设置不同笔尖大小（见图 10-26），按 Shift 键画出垂直线，如图 10-27 所示。

图 10-26 设置笔尖精细

图 10-27 画垂直线

最终效果如图 10-28 和图 10-29 所示。

图 10-28 最终效果立体图

图 10-29 最终效果平面图

思考与练习

1. 填空题

(1) 在数字出版中,_____的重要性在整个产业链中相对弱化。

(2) _____是指对可读明文利用一定的算法进行变换,使之在逆变换之前无法以阅读或其他方式使用的过程。

(3) 光盘的技术参数_____反映了每秒读取的数据量。

(4) 按光盘的数据记录原理不同,可以将光盘分为_____、_____和_____。

2. 简答题

(1) 什么是数字版权管理?

(2) 比较加密技术、身份认证技术和数字水印技术的特点。

(3) 简述数字光盘的写入和读出过程。

(4) 简述平面设计的一般流程。

3. 拓展题

王清最近拍了几张非常有意思的同学生活照片,准备放到自己的网络空间上去。但他发现有几张抓拍的照片有点模糊,想把它们变得清晰些。

请查阅有关资料,帮助他解决以下问题:

(1) 有哪些软件可以帮助他解决他以上问题?请列举一两个这样的软件。

(2) 其中有一张照片如图 10-30 所示,请给出利用软件改进照片清晰度的基本流程。

图 10-30 不清晰的照片

第 11 章　数字学习

11.1　数字学习概述

信息时代也是数字时代。它有 4 大支柱：一是自然界的一切信息都可以通过数字表示；二是计算机只用数字 1 和 0 来处理所有数据；三是计算机处理信息的方法是通过对 1 和 0 的数字处理来实现的；四是通过跨空间运送 1 和 0 把信息传送到全世界。社会正在发生巨大变革，从原子到比特的飞跃已势不可当。

信息时代的学习与以多媒体和网络技术为核心的信息技术的发展密切相关。信息技术以数字为支柱，信息技术应用到教育教学过程后，使学习环境、学习资源、学习方式都向数字化方向发展，形成了数字学习环境、数字学习资源和数字学习方式。

美国教育技术首席执行官论坛（The CEO Forum on Educational Technology，ET-CEO）在 2000 年 6 月召开以"数字学习的力量：事例数字化内容"为主题的第 3 次年会，将数字技术与课程教学内容整合的方式称为数字学习，提出了数字学习的概念，并着重阐述了将数字技术整合于课程中，建立适应 21 世纪需要的数字学习环境、资源和方式，是学校、教师、学生和家长必须采取的行动。

11.1.1　数字学习体系结构

数字学习是指学习者在数字学习环境中，利用数字学习资源，以数字学习方式进行学习的过程。它包含 3 个基本要素：数字学习环境、数字学习资源和数字学习方式。

1. 数字学习环境

信息技术的核心是计算机、通信以及两者结合的产物——网络。这三者是一切信息技术系统结构的基础。信息技术教学应用环境的基础是多媒体计算机和网络化环境，其最基础的技术手段是数字化的信息处理。数字学习环境具有信息显示多媒体化、信息网络化、信息处理智能化和教学环境虚拟化的特征。为了满足学习者的学习需求，数字学习环境包括如下基本组成部分：

（1）设施。如多媒体计算机、多媒体教室网络、校园网络、互联网等。

（2）资源。为学习者提供的经数字化处理的多样化、可全球共享的学习材料和学习对象。

（3）平台。向学习者展现的学习界面，实现网上教与学活动的软件系统。

（4）通信。实现远程协商讨论的保障。

（5）工具。学习者进行知识构建、创造实践、解决问题的学习工具。

在数字学习环境中，基础设施是由互联网、城域网、校园网和教室网等构成的。平台是向学习者展现的学习界面，是实现网上教与学活动的软件系统，该系统具有网络化、数字化和智能化的特征。学习空间指在新的生存状态中，借助数字化的信息中介，人与人之间形成的一种新的互动模式，它是一个多元的、无限的、虚拟的空间环境。网络的互联加快了信息传播的速度，扩大了信息传播的范围，为学习者提供了丰富的资源库。学习者在学习空间中通过直接和间接的方式获取这些资源，同时，学习者之间的相互学习又在某种程度上丰富了资源库。整个数字学习环境如图 11-1 所示。

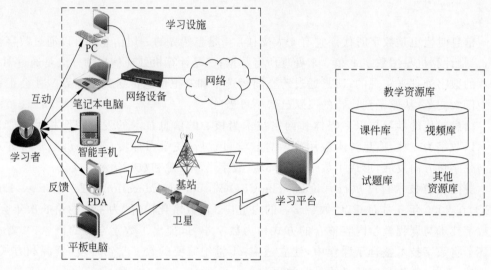

图 11-1　数字学习环境

2. 数字学习资源

数字学习资源是指经过数字化处理，可以在多媒体计算机或网络上运行的多媒体材料，能够激发学生通过自主、合作、创造的方式来寻找和处理信息，使数字学习成为可能。数字学习资源包括数字视频、数字音频、多媒体软件、CD-ROM、网站、电子邮件、在线学习管理系统、计算机模拟、在线讨论、数据文件、数据库等。数字学习资源是数字学习的关键，可通过教师开发、学生创作、市场购买、网络下载等方式获取。数字学习资源具有切合实际、即时可信、可用于多层次探究、可操纵处理、富有创造性等特点。数字学习并不局限于使用教科书的学习，还可以通过各种形式的多媒体电子读物、各种类型的网上资源、网上教程进行学习。与传统的教科书相比，数字学习资源具有多媒体、超文本、交互友好、虚拟仿真、远程共享的特性。

3. 数字学习方式

在数字学习环境中，人们的学习方式发生了重大的变化。与传统的学习方式不同，数字学习不是依赖于教师的讲授与教科书，而是利用数字化平台和数字化资源。教师、学生之间开展协商讨论、合作学习，并通过对资源的利用，以探究知识、发现知识、创造知

识、展示知识的方式进行学习,因此,数字学习方式具有多种途径:

- 资源利用的学习,即利用数字学习资源进行情景探究学习。
- 自主发现的学习,即借助数字学习资源,依赖自主发现,进行探索性学习。
- 协商合作的学习,即利用网络通信,形成网上社群,进行合作式、讨论式学习。
- 实践创造的学习,即利用信息工具进行创新性、实践性学习。

11.1.2　数字学习的特点

数字学习具有以下 5 个主要特点。

1. 课程学习内容和资源获取具有随意性

数字学习体现了学习过程中的互动特性,强调学生的参与和协作,注重学生的主动性、积极性、个性、创新性、批判和进取精神的培养。要实现这一目标,计算机网络环境是学习过程中必要的基础条件。学生是学习中的主体,教师是学习的组织者、指导者、帮助者和促进者,促进学生的自主学习活动,使学生从被动接受知识转变为自主选择教学信息,根据学习情况,调整学习进度,采用相应的学习方法,克服传统教育在空间、时间和教育环境等方面的限制。要求学生主动参与到学习过程中,强调学生与教学内容的交互、与教师的交互、与同学的交互和与网络资源的交互。事实上,只要网络系统具有比较理想的带宽,学生和教师就能够在网络和资源库中获得所需的课程内容和学习资源。学生可以不受时空和传递、呈现方式的限制,通过多种设备,使用各种学习平台获得高质量的课程相关信息,可以实现随意的信息传送、接收、共享、组织和存储。

2. 学习内容信息量大、实效性强

数字学习信息量大,媒体形式多样。多媒体技术通过视觉和听觉或视听并用等多种方式同时刺激学生的感觉器官,能激发学生的学习兴趣,提高学习效率,帮助教师将抽象的、不易用语言和文字表达的教学内容展示得更直观、更清晰。学生在学习过程中可以通过各种方式获取知识。通过数字学习环境,教师和学生能充分利用当前国内、国际现实世界中的信息作为教学资源,融入课程之中,进行讨论和利用,有助于学生发现知识,加深对现实世界的理解。

3. 教学模式是个别化教学

数字学习有效地支持了个别化教学模式,学生可利用多媒体计算机,结合自己的学习基础和学习能力,自主选择学习的步调完成学习任务,也可根据兴趣、爱好、知识水平自主地选择学习内容,完成学习、练习、复习、测评等学习过程。计算机可以对学生的每一个反应作出及时的评判,能帮助学生提高学习质量。数字学习更注重对学习过程的评价和学习能力的考核。

4. 课程学习内容探究具有多层次性和可操作性

数字学习资源具有高度的多样性和共享性,把数字学习资源作为课程内容,对相同的学科主题内容,教师和学生可根据需要、能力和兴趣选择不同的难度水平进行探索,使课程学习内容具有可操作性,同时又能够将共享的数字学习资源融合在课程教学过程中,这些数字学习内容能够被评价、被修改和再生产,允许教师和学生用多种先进的数字信息处理方式对其进行运用和再创造。

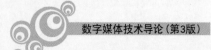

5. 课程学习内容具有可再生性

经数字化处理的课程学习内容能够激发学生主动地参与到学习过程中,学生不再是被动地接受信息,而是采用新颖高效的数字化加工方法进行知识的整合与再创造,并作为学习者的学习成果。数字学习的可再生性不仅能很好地激发学生的创造力,而且为学生创造力的发挥提供了更大的空间。

11.2 数字学习平台

11.2.1 数字学习平台概述

数字学习平台是支持数字学习的软件环境。数字学习平台通常包括网上备课、课件制作、教学素材建设、网上授课、网上交流、网上作业、网上学习、网上考试以及教学质量评估等多种服务的综合教学支撑平台,全面支持教学和学习的各个环节。

我国应用较多的数字学习平台主要有以下几类:

(1) 国外的商业化平台,如 Blackboard 在线教学管理平台。它是目前市场上唯一支持百万级用户的教学平台,技术力量雄厚,平台成熟稳定,但是费用较高。

(2) 国内的商业化平台,如清华教育在线、南京易学天空教室等。国内的教学平台比较符合全国或地方高等教育改革、教学管理的需要,适应性较强。

(3) 各个高校按自身的应用需求研发的并在本校范围内使用的网络教学平台。这样的教学平台对于高校自身的特点具有很强的针对性,开发成本较低,但是会出现兼容性和适应性差等问题。

(4) 开源软件,如 Moodle 等。使用者可以根据自身情况对软件源代码进行一定程度的个性化改造。

11.2.2 国内外优秀的数字学习平台案例

1. Learning Space

Learning Space 是 IBM 公司推出的一款 E-Learning 学习平台,是在 Lotus 知识管理策略的基础上设计的教学解决方案,旨在提供一个协作的、有计划的、辅助指导的、分布式的网上教学环境。其系统环境如图 11-2 所示。

Learning Space 是建立在群件系统 Domino 上的集学习环境、课程开发和课程管理于一体的交互式网上教学系统,它具备基本的交互功能(如在线聊天、讨论组等)和简单的课程开发功能。Learning Space 只能制作一些简单的文本演示课件,它为课件制作提供了生成模板,可以简化教师的课件制作过程。它有基本的课程管理功能,可管理学生和教师的学习注册、访问权限以及课程目录、课程的建立和登记。

2. Blackboard

Blackboard 全称为 Blackboard Academic Suite(黑板学术套件),是美国 Blackboard 公司开发的网络教学平台。目前在全球有 3700 多所高校利用该平台开展网络教学,其

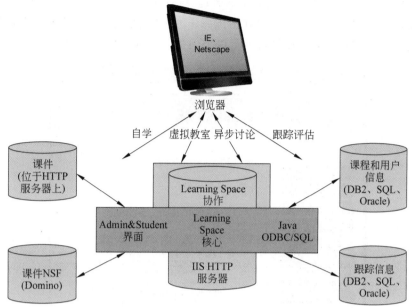

图 11-2　Learning Space 系统环境

中有 200 多所中国高校使用该产品，涉及高等教育、基础教育、职业教育以及企业培训。该平台以教学、联系、分享为核心目标，提供了一套综合、完整、优化的网络教学解决方案。

Blackboard 已经发展到第三代，其核心目标如下：

- 测评并提高学习者的学习效果。
- 提高教师的工作效率。
- 实现基于课堂、网络辅助的教与学活动。
- 实现远程教育。
- 支持终身继续教育。
- 发挥网络优势，通过混合课程，完美结合面授学习与在线学习的优势。
- 利用信息化技术提高教学机构竞争力，提高报考率。
- 利用一个平台框架，集成课程与学习管理功能，集成教学机构学生信息管理、安全性及认证协议。
- 提供管理教学机构数字化资源和教学内容的平台框架。

Blackboard 以课程为中心，集成网络教学环境。教师可以在平台上开设网络课程，学习者可以自主选择要学习的课程并自主进行课程内容学习。不同学习者之间以及教师和学习者之间可以根据教学的需要进行讨论、交流。Blackboard 为教师、学习者提供了强大的施教和学习的网上虚拟环境，成为师生沟通的桥梁。

该平台以课程为核心，每一门课程都具备以下 4 个独立的功能模块：

- 内容资源管理，教师可以方便地发布、管理、组织教学内容。
- 在线交流功能，提供异步和同步的交流协作工具。
- 考核管理功能，包括自测、测验、考试、调查和记分册。

• 系统管理功能，包括教务处老师的管理、统计功能。

图 11-3 显示了 Blackboard 平台在中国海洋大学"卫星海洋学"课程中的应用。教师只需要提供教学的内容，通过该平台就可以个性化定制网络教学环境。

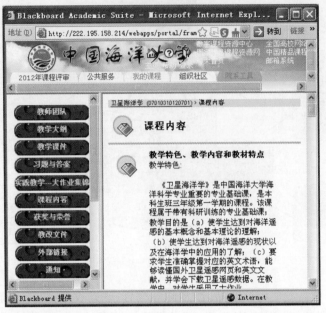

图 11-3　Blackboard 平台在中国海洋大学"卫星海洋学"课程中的应用

3. 清华网络教育平台

清华网络教育平台是由清华大学主办，清华同方股份有限公司出资并承办的虚拟大学校园系统平台。清华网络教育平台是应用教育技术学理论和计算机网络技术构建的一个集教学、教学资源库管理、教学管理与评价于一体的综合性网络教育支撑平台，是清华大学教育软件研究中心的科研成果，目前已在国内许多高校投入实际应用。

该平台具有如下特点：

• 教师自主设计教案。
• 教师个人教学资源与公共教学资源相结合。
• 构建学术活动平台。
• 以知识点为核心组织网络教学。
• 自适应的学习机制。
• 智能答疑系统。
• 对象的行为跟踪。
• 学生自我测评。
• 远程考试系统。
• 试题生成工具。
• 先进的网络教学管理系统。

该平台主要采用的技术有 XML 技术、流媒体技术、协同学习的支持、数据挖掘技术等。

11.2.3 MOOC 学习平台

MOOC（Massive Open Online Course，大规模开放在线课程）又称为慕课，是 2012 年兴起的一种在线学习平台，一经推出，即受到了全球的热捧。

MOOC 的历史可以追溯到 2008 年，两位加拿大学者 Stephen Downes 和 George Siemens 开设了一门网络课程"连接主义和连接的知识"（Connectivism and Connective Knowledge）。两人决定在教自己学生的同时将课程在网上开放，结果有 2200 多名学生注册，跟着学习课程。这个班级的容量超过了传统的校内授课班级，引起了不少学者关注。加拿大学者 Dave Cormier 据此提出了 MOOC 一词，特指这种在网上开设的、有开始时间和结束时间且对注册生没有任何学历门槛限制、招生人数众多的免费课程。2011 年，《纽约时报》在报道斯坦福大学"人工智能"课程的时候，因其注册了 16 万名学生，便使用了 MOOC 这个词。

对 MOOC 学习平台的理解可以从其名称开始。大规模（Massive）是指可以接收无限量的学生，因为是网络教学，数万人同修一门课程，技术上是可以实现的。开放（Open）意味着资源免费可获取，但是在当前多为学习过程是免费的，而学习中用到的教材或一些课程资料需要用户自己花钱购买。在线（Online）是指整个教学过程是通过互联网在线平台进行的，这包括教学的基本要素，如教师讲授、作业练习、测验以及同伴讨论等，移动互联网的发展也使得随时随地自定步调的碎片化学习成为可能。从某种意义上来说，这种移动学习的便利推动了 MOOC 教学微视频的流行，这也是 MOOC 对开放教育资源的一个改进。课程（Course）指的是一个完整的教学过程。开放教育资源提供了许多优秀的资源，但是很少有人能够从头到尾看一遍，从成本效益角度来说，并未能充分发挥优质资源的价值；而 MOOC 以课程形态出现，有课程的开始和结束时间。学生在老师的引导下，和同伴一起学习，按时提交作业和测验，就能够提高完成课业的可能性。

目前，全球 MOOC 平台有很多，其中影响力较大的 3 个平台为 Coursera、Udacity 和 edX。

1. Coursera

Coursera 是由斯坦福大学计算机系的教授安德鲁·吴（Andrew Ng）和达芙妮·科勒（Daphne Koller）在 2011 年底建立的 MOOC 营利性运营机构，与斯坦福大学、宾夕法尼亚大学等 100 多所高等院校和科研机构合作，提供免费公开的在线课程。2014 年，该平台上已经有超过 600 万名学习者，建设了包括计算机、数学、商务、人文学科、社会科学、医学、工程和教育学等领域的 500 多门课程，成为提供开放课程数量最多、规模最大、覆盖面最广的在线课程机构。

Coursera 承诺会通过开发一系列工具为发展中国家的学生提供高等教育的机会，包括：与翻译伙伴合作提供视频的翻译字幕，以方便母语为非英语的学生学习；对网站进行本地化，让学生能够更自如地体验网站；与美国国务院联合在世界各地设立学习中心；发布移动版，让学生能下载课程材料，并离线阅读。

为了配合 MOOC 在中国的快速发展，2013 年秋天，Coursera 还与网易公司合作，提高了视频的高清播放质量。

2. Udacity

Udacity 是由斯坦福大学的教授塞巴斯蒂安·特龙（Sebastian Thrun）、大卫·史蒂文斯（David Stavens）和迈克·索科尔斯基（Mike Sokolsky）于 2012 年 2 月建立的 MOOC 营利性组织。它将自己的发展方向限定在特定领域内，提供基于科学、技术、工程和数学领域的问题解决型课程，上课方式灵活，学习时间不受限制。目前该平台已经建设了计算机科学、数学、商务和物理学等方面的几十门课程。

Udacity 比较注重用户的职业发展，它与开放教育联盟（Open Education Consortium）中的教育工作者和行业雇主合作，旨在弥补员工所需技能和传统大学教学内容的差距。从 2014 年 1 月开始，Udacity 的部分课程将收取费用，提供更加全面完整的教学指导，包括依据反馈不断修订的课程计划、专门的私人指导教师等。这里的私人指导教师是一对一形式的，他们会就该课程是否适合用户提出建议，依据用户目标和生活方式建议和监督学习进度，并在概念学习和作业练习中提供详尽的指导。学生完成课程要求后，将会获得一份经过认证的课程完成证书。其平台研发也在不断满足上述发展的需求。

3. edX

edX 是由麻省理工学院和哈佛大学在 2012 年 1 月共同创办的 MOOC 非营利性组织，目标是与世界一流的顶尖名校合作，建设全球范围的含金量最高、最为知名的在线课程。目前平台主要采用开源软件的开发模式，提供计算机科学、电子学、化学、公共健康和文化等方面的课程。

edX 试图借助谷歌公司的技术实力合作开发教学平台。谷歌公司于 2012 年 9 月发布了 Course Bulider，这是一款用来传递免费在线课程的开源软件，是谷歌公司涉入在线教育领域实验性的第一步。2013 年 10 月，edX 和谷歌公司宣布了新的合作平台——MOOC.org，它是 edX 为非合作伙伴（包括大学、机构、商业公司、政府和教师个人）建立和运营的新平台。尽管斯坦福大学没有加入 edX，但其研发免费在线课程平台 Class2Go 的经验和技术实力仍然使双方在学习平台的研发上走到了一起。2013 年 4 月，edX 和斯坦福大学合作开发一个开源软件来支持 MOOC 课程。2012 年 9 月 edX 还与 Pearson 公司合作，完善课程的评价工具，为 MOOC 课程提供有监考措施的考试，保证在线课程学习的质量。

另外，与 edX 合作的学校可以将自己的技术工具应用到平台之中。例如，莱斯大学（Rice University）融合已有的分析工具到 edX 平台中，用于评估学生对免费学习材料的投入情况。

案例 11-1　中国大学慕课网学习平台。

中国大学慕课网学习平台的网址为 https://www.icourse163.org/。在浏览器中输入该网址，其首页如图 11-4 所示。

在开始学习课程之前，首先要注册一个账户，以方便接收学习课程的有关信息。注册成功后，就可以利用账户登录平台。登录成功后，就可以选择自己要学习的课程了。

例如，选择由中国传媒大学开设的课程"游戏引擎原理及应用"，点击该课程，进入如图 11-5 所示的课程页。

学习课程时，要注意开课时间，在开课时间内才可以学习。一般要求连续学习，学习

图 11-4　中国大学慕课网学习平台首页

图 11-5　中国大学慕课网学习平台课程页

结束后会有测试,以考查学习效果。如果不能通过测试,需要重新学习。在学习过程中,教师有时会组织一些讨论。在规定的学习时间内,要达到课程的学习标准,才能通过考试,拿到证书。

11.2.4　SPOC 学习平台

SPOC(Small Private Online Course,小型私密在线课程)是美国伯克利大学 Armando Fox 教授创立的。SPOC 的授课学生人数一般在十几人到数百人之间,不会上千。Fox 教授认为,将慕课这种教学模式用作学校课堂教学的补充,将会提升教师在教学中的价值,促进学生积极思考,有利于学生掌握所学,并保持学习的兴趣。SPOC 模式与传统的混合教学模式类似。两者的区别在于:混合教学模式使用的是授课教师在学校的网络平台上放置的资源,或者推荐引用互联网资源,而 SPOC 课程资源是短视频,这使

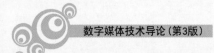

得学生可以随时随地学习，并且系统提供自动判题等功能，更有助于学生自主学习。

SPOC 同样也可以招收外校的学生。例如，哈佛大学 2013 年秋季开设的"美国国家安全、策略和出版的核心挑战"（Central Challenges of American National Security，Strategy and the Press：An Introduction），在教授本校学生的同时也在网上招收 500 名承诺完成学业的学生，其他人可以做旁听生。承诺者要承诺会看所有的课程视频，按时完成所有的作业，参加课程讨论；而旁听生则可以随心所欲，并且能够看到所有公开的课程内容和讨论，但是不能拿到证书，也没有课程成绩。因为名额有限，就需要筛选学生，这门课程要求学生提供学业成绩单，并提交一份作业：谈谈对美国政府处理叙利亚冲突的看法。基于筛选，最后留下的学生将具有课程所要求的学习能力、语言能力，可以让同伴互评之类的活动更为科学，让 MOOC 学习更为严肃有效。

SPOC 对于 MOOC 平台提供商（如 edX、Coursera）来说可以带来一种新的赢利模式，即 MOOC 开课老师可以授权某学校使用其课程材料，实现针对其学校学生的 SPOC。为了支持这样的应用，MOOC 平台商都设计了 SPOC 系统。最简单的 SPOC 系统是复制 MOOC 课程，只为有限的学生服务，即课程授权方式。但也有一些 SPOC 系统是在 MOOC 平台上运行的，也就是说，加入 SPOC 的学生可以参与 MOOC 的讨论，但是有自己额外的学习任务和自己的私密讨论区。

相对于 MOOC 来说，SPOC 可以用于专业教育，用在线课程的优势满足小规模、有特殊要求人群的需要，也许还有一定的收入回报。对于众多高校来说，SPOC 就是使用 MOOC 资源开展翻转课堂，在提供灵活性和有效性的同时，为学生带来纯 MOOC 所缺失的完整的教育体验，包括师生的亲密接触。对于希望用大数据研究提升教学质量的研究人员来说，SPOC 可能会比 MOOC 更精准地提供有价值的研究数据。

11.3 数字学习通信与网络技术

11.3.1 光纤通信技术

光纤通信是以光作为信息载体，以光纤作为传输介质的通信方式。光纤通信技术是半个世纪以来迅猛发展起来的高新技术，给世界通信技术乃至国民经济、国防事业和人民生活带来了巨大变革。

1966 年，美籍华人高锟（C.K.Kao）提出：利用玻璃可以制成衰减为 20dB/km 的通信光导纤维（简称光纤）。1970 年，美国康宁公司首先研制成功衰减为 20dB/km 的光纤。从此，光纤就进入了实用化的发展阶段，世界各国纷纷开展光纤通信的研究。

1976 年，美国西屋电气公司在亚特兰大成功地进行了世界上第一个 44.736Mb/s 且传输 110km 的光纤通信系统的现场实验，使光纤通信向实用化迈出了第一步。1981 年以后，光纤通信技术大规模地商品化并推向市场。历经多年突飞猛进的发展，光纤通信速率由 1978 年的 45Mb/s 提高到目前的 40Gb/s。

我国自 20 世纪 70 年代初就开始了光纤通信技术的研究。1977 年，武汉邮电研究院研制成功中国第一根多模光纤，后来又研制成功单模光纤和特殊光纤以及光通信设备。

现在,我国光纤通信产业已初具规模,能够生产光缆、光电器件、光端机及其他工程应用方面的配套仪表器件等。由此可见,中国已具有大力发展光纤通信的综合实力。

案例 **11-2** 光导纤维的发明。

1870 年的一天,英国物理学家丁达尔(John Tyndall)到皇家学会的演讲厅讲解光的全反射原理,他做了一个简单的实验:在装满水的木桶上钻个孔,然后用灯从桶上边把水照亮。结果使观众大吃一惊。人们看到,放光的水从水桶的小孔里流了出来,水流弯曲,光线也跟着弯曲,光居然被弯弯曲曲的水"俘获"了(见图 11-6)。

人们曾经发现,光能沿着从酒桶中喷出的细酒流传输;人们还发现,光能顺着弯曲的玻璃棒前进。这是为什么呢?难道光线不再直射了吗?这些现象引起了丁达尔的注意。他经过研究,发现这是全反射的作用,即光从水中射向空气,当入射角大于某一角度时,折射光线消失,全部光线都反射回水中。从表面上看,光好像在水流中弯曲前进。实际上,在弯曲的水流里,光仍沿直线传播,只不过在内表面上发生了多次全反射,光线经过多次全反射向前传播。

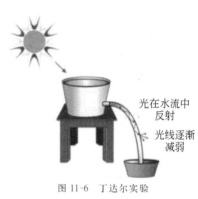

图 11-6 丁达尔实验

后来人们造出一种透明度很高,粗细像蜘蛛丝一样的玻璃丝——玻璃纤维,当光线以合适的角度射入玻璃纤维时,就会沿着弯弯曲曲的玻璃纤维前进。由于这种纤维能够用来传输光线,所以称它为光导纤维。

1. 光纤通信的特点

与电缆或微波等电通信方式相比,光纤通信的优点如下:

- 传输频带极宽,通信容量很大。
- 由于光纤衰减小,无中继设备,故传输距离远。
- 干扰小,信号传输质量高。
- 光纤抗电磁干扰,保密性好。
- 光纤尺寸小、重量轻,便于传输和铺设。
- 光纤耐化学腐蚀。
- 光纤由石英玻璃拉制成形,原材料来源丰富,使用光纤可节约大量有色金属。

光纤通信有以下缺点:

- 光纤弯曲半径不宜过小。
- 光纤的切断和连接操作技术复杂。
- 光纤分路、耦合麻烦。

由于光纤具备一系列优点,所以广泛应用于以下领域:公用通信,有线电视图像传输,计算机、航空、航天、船舰内的通信控制,电力及铁道通信交通控制信号,核电站、油田、炼油厂、矿井等区域内的通信,等等。

2. 光纤通信系统

广义而言,通信就是各种形式信息的转移或传递。通常的具体做法是:首先将拟传递的信息设法加载(或调制)到某种载体上,然后将被调制的载体传送到目的地,再将信息从载体上解调出来。在光纤通信系统中，电端机的作用是对来自信息源的信号进行处理，例如 A/D 转换多路复用等；发送端光端机的作用则是通过电信号将光源（如激光器或发光二极管）发出的光调制成光信号，输入光纤，传输至远方；接收端的光端机内有光检测器（如光电二极管），将来自光纤的光信号还原成电信号，经放大、整形恢复后，输入电端机的接收端。长距离的光纤通信系统还需要中继器，其作用是将经过长距离光纤衰减和畸变后的微弱光信号进行放大、整形，再生为一定强度的光信号，继续送向前方，以保证良好的通信质量。目前的中继器多采用光-电-光形式，即将接收到的光信号用光电检测器变换为电信号，经放大、整形后用于调制光源，将电信号变换成光信号重新发出，而不是直接放大光信号。近年来，适合作为光中继器的光放大器已研制成功，这就使得采用光放大器的全光中继及全光网络为期不远了。

光纤通信系统的基本结构如图 11-7 所示。

图 11-7 光纤通信系统的基本结构

3. 光纤通信的发展

20 世纪 90 年代，人们提出了构建信息高速公路的伟大设想。信息高速公路从根本上说是一个全国范围乃至全球范围的宽频带、高速度、高可靠性、无传输错误的先进综合通信网络，它可将任何信息源（包括声音、文件、图形、影视、数据等）连接到全部网络，送达千家万户。

一切信息源在数字化以后都是一样的，即 01010101011 这样的 0、1 形式。语音的传输速率需 64kb/s；电影的传输速率需 90Mb/s；一部 90min 的电影用电话网络传输需要两天的时间，这是不现实的。所以必须采用宽频带和高速网络技术。用光纤网络传输，一部电影只要 1min 即可传输完。若采用 OC48[①] 的超级干线，一部电影只要 4s 就可以传送完毕。

只有超级干线和干线是不够的，若用电话线或其他窄带的传输介质为用户接入网络，就会成为一个传输瓶颈。为了解决这一难题，国际上已取得共识，认为利用和改造目前的有线电视网是一条捷径，即把有线电视网改造（或新建）成为混合光缆同轴互联网络。前端以光缆连接到光结点，再用同轴电缆组成为分配网络，这样系统就能直接把交互型话音、数据和视频信号送入家庭。在电视机上可加装一个机顶盒，或在计算机上接一个电缆调制解调器，就可以实现远程教学、远程医疗、电子购物、上网、交互式电子游戏、可视电话、IP 电话、电子银行等功能，由此把人们带入全新的信息化社会。

当前，国际推荐的 IEEE 1394 串行接口使用的是屏蔽双绞线（Shielded Twisted Pair，STP），其传输速率虽然可以达到 100Mb/s，但传输距离多在 4.5m 以内，有一定的局限性。近年出现了塑料光纤，又称为聚合物光纤（Plastic Optical Fiber，POF），它性价比更高，为光纤到户打开了大门。由于 POF 本身具有比 STP 更多的优点，因此在家庭网和

---

① 即 Optical Carrier 48（光学载波 48），传输速率为 2488.32Mb/s，它是 SONET 光缆基本速率 OC-1 的 48 倍。

其他局域网的室内配线中受到了重视。

　　宽带综合业务数字网是一种基于异步传输模式的通信网络,为了进一步提高传输速率,建立同步数字系列网络是必由之路。为了增加光缆的传输距离,现在出现了光放大器,这样就不必进行光电转换、放大和电光转换,从而实现了直接光放大,即实现了全光网络,这对于提高信号质量、降低成本、提高网络的可靠性都是非常有益的。

11.3.2　数字蜂窝移动通信技术

　　移动通信是指通信双方或至少有一方是在移动(或暂时静止)中进行信息传输和交换的通信方式,包括移动台(汽车、火车、飞机、船舰等移动体上)与固定台之间的通信、移动台与移动台之间的通信、移动台通过基站与有线用户之间的通信。基站是无线电台站的一种形式,是指在一定的无线电覆盖区中,通过移动通信交换中心与移动电话终端之间进行信息传递的无线电收发信电台。移动台是移动通信网中移动用户使用的设备,可以分为车载型、便携型和手持型。

　　典型的移动通信系统组成如图 11-8 所示。移动通信无线服务区由许多正六边形的小区拼合而成,呈蜂窝状(这也是"蜂窝移动通信"这个名字的由来),通过接口与公共通信网(PSTN,PSDN)互联。移动通信系统包括移动交换子系统、操作维护管理子系统、基站子系统和移动台,是一个完整的信息传输实体。

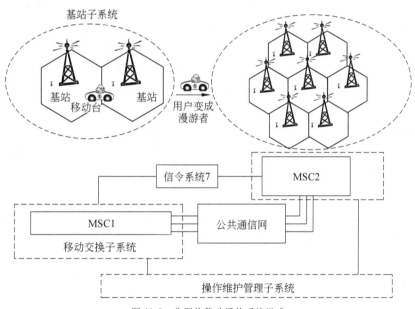

图 11-8　典型的移动通信系统组成

各组成部分的功能如下:
- 移动交换子系统负责呼叫控制功能,所有的呼叫都是经由移动交换子系统建立连接的。
- 基站子系统提供并管理移动台和移动交换子系统之间的无线传输通道。
- 在移动通信中建立一个呼叫是由基站子系统和移动交换子系统共同完成的。

- 操作维护管理子系统负责管理控制整个移动通信网。
- 移动台也是一个子系统。它实际上是由移动终端设备和用户数据两部分组成的。移动终端设备简称移动设备；用户数据存放在一个与移动设备可分离的数据模块中，此数据模块称为用户识别卡（即 SIM 卡）。

蜂窝移动通信技术到目前为止一共经历了 5 代。

第一代(1G)移动通信技术主要采用模拟技术和频分多址技术。由于受到传输带宽的限制，不能进行移动通信的长途漫游，只能是区域性的移动通信系统。第一代移动通信技术有多种制式，我国主要采用的是 TACS。第一代移动通信技术有很多不足之处，如容量有限、制式太多、互不兼容、保密性差、通话质量不高、不能提供数据业务和不能提供自动漫游等。

第二代(2G)移动通信技术采用数字化技术，具有保密性强、频谱利用率高、能提供丰富的业务、标准化程度高等特点，使得移动通信得到了空前的发展，从过去的补充地位跃居通信的主导地位。我国采用的第二代移动通信系统为欧洲的 GSM 系统以及北美的窄带 CDMA 系统。为了提高 2G 的容量、数据业务的带宽等性能，又出现了以通用分组无线业务、高速电路交换数据和改进数据率 GSM 服务系统为代表的 2.5G 移动通信技术。

第三代(3G)移动通信技术定名为 IMT-2000，是在第二代移动通信技术的基础上进一步演进的，以宽带 CDMA 技术为主，并能同时提供语音业务和数据业务的移动通信系统，彻底解决了第一、二代移动通信系统的主要弊端。第三代移动通信系统的一个突出特色就是实现了个人终端用户能够在全球范围内的任何时间、任何地点与任何人、用任意方式高质量地完成任何信息之间的移动通信与传输。

第四代(4G)移动通信技术又称为宽带接入和分布网络，具有非对称的超过 2Mb/s 的数据传输能力。它包括宽带无线固定接入、宽带无线局域网、移动宽带系统和交互式广播网络。第四代移动通信标准比第三代移动通信标准具有更多的功能。第四代移动通信可以在不同的固定、无线平台和跨越不同频带的网络中提供无线服务，可以在任何地方用宽带接入互联网（包括卫星通信和平流层通信），能够提供定位定时、数据采集、远程控制等综合功能。此外，第四代移动通信系统是集成多功能的宽带移动通信系统，是宽带接入 IP 系统。

第五代(5G)移动通信技术是最新一代蜂窝移动通信技术。5G 的峰值速率达到 Gb/s 级，可以满足高清视频、虚拟现实等大数据量传输。空中接口时延水平在 1ms 左右，可以满足自动驾驶、远程医疗等实时应用。另外，5G 提供超大网络容量和上千亿台设备的连接能力，完全可以满足物联网通信的需求。在 5G 系统中，协同化、智能化水平显著提升，表现为多用户、多点、多天线、多摄取的协同组网，以及网络间灵活地自动调整。

1G～5G 移动通信系统的概况如表 11-1 所示。

表 11-1　1G～5G 移动通信系统的概况

技术代号	传输速率	主要技术	主流系统	应用领域
1G	低速率	蜂窝系统、电路交换	AMPS、TACS	语音业务，本地漫游

技术代号	传输速率	主要技术	主流系统	应用领域
2G	9.6～384kb/s	TDMA、CDMA	GSM、CDMA	语音、传真、数据等业务,国际漫游
2.5G	115kb/s	通用分组数字蜂窝系统	GPRS	SMS、多媒体业务,高速率国际漫游
3G	2Mb/s	W-CDMA	W-CDMA、CDMA 2000	多媒体业务,多种系统无缝连接,国际漫游
4G	>100Mb/s	OFDM、SDR、SA	TD-LTE、FDD-LTE	多媒体业务、数字游戏、射频测量、医疗、抢险等
5G	10Gb/s	SON、CDN、D2D、M2M	TD-LTE	多媒体业务、物联网、车联网

11.3.3　卫星通信技术

卫星通信网络是利用人造地球卫星作为中继站转发无线电波,从而实现两个或多个地面站之间通信的网络。其中,地面站是指设在地球表面(包括地面、水面和大气层)的通信站,也称为地球站。通信卫星的作用相当于离地面很高的中继站。卫星通信网络分为延迟转发式通信网络和立即转发式通信网络。卫星通信具有通信距离远、覆盖范围广、不受地面条件的约束、建站成本与通信距离无关、灵活机动、能多址连接且通信容量较大等优点。

当卫星的运行轨道属于低轨道时,对于比较远的地面站,要进行远距离实时通信,除采用延迟转发方式(利用一颗卫星)外,也可以利用多颗低轨道卫星进行转发,这种网络就是通常所说的低轨道移动卫星通信网络。

一个完整的卫星通信系统通常是由通信卫星、跟踪遥测指令站、卫星通信地面站及地面传输线路组成,还应该包括监控管理系统,如图 11-9 所示。

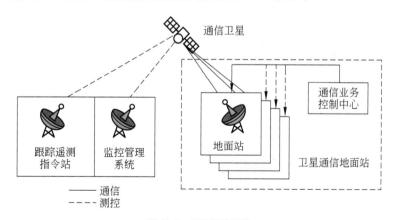

图 11-9　卫星通信系统

通信卫星用来转发各地面站信号,主要由天线分系统、通信分系统(转发器)、跟踪/

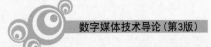

遥测指令分系统、控制分系统和电源分系统组成。

跟踪遥测指令站用来接收卫星发来的信标和各种状态数据,经分析处理后向卫星发出指令信号,控制卫星的位置、姿态及各部分工作状态,即对卫星进行跟踪测量,控制其准确进入静止轨道上的指定位置,并对在轨卫星的轨道、位置及姿态进行监视和校正。

卫星通信地面站用于发射和接收用户信号,由基带处理、调制解调、发射、接收、天线、电源等设备组成。

地面传输线路可采用电缆、光缆或微波接力线路等。

在一个卫星通信系统中,各地面站经过卫星的转发可以组成多条卫星通信线路。一条卫星通信线路要由发信地面站、上行线路、卫星转发器、下行线路和收信地面站组成。

上行线路是指从发信地面站到卫星的线路,下行线路是指从卫星到收信地面站的线路。两者合起来就构成一条最简单的单工线路。

在地面站要构成双工通信,既要向卫星发射信号,也要接收从卫星通过其他地面站转发给本站的信号。这就需要两条共用同一卫星但传播方向相反的单工线路构成一条双工卫星通信线路。每个地面站都有收发设备和相应的信道终端,加上收发共用天线。

当甲地一些用户要与乙地的某些用户通话时,甲地首先要把本站的信号组成基带信号,经过调制器变换为中频信号(70MHz),再经上变频变为微波信号,经高功率放大器放大后,通过天线发向卫星(上行线),卫星收到地面站的上行信号,经放大处理,变换为下行的微波信号。乙地收信地面站收到从卫星传送来的信号(下行线),经低噪声放大、下变频、中频解调,还原为基带信号,并分路后送到各用户。这样就完成了甲地到乙地地面站信号的工作过程。乙地发信地面站发向甲地的信号处理过程与上述过程相同,只是上行线路、下行线路的频率不同而已。其原理如图 11-10 所示。

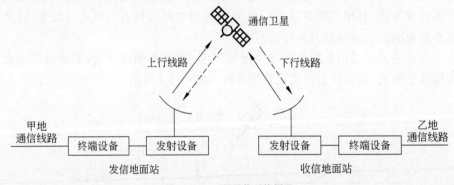

图 11-10　卫星通信系统原理

11.3.4　下一代网络技术

随着 20 世纪 90 年代 IP 技术和计算机通信技术的迅猛发展,人们认识到传统的以电路交换为基础的电信网络、计算机网络及有线电视网络的"三网"融合将最终汇集到统一的以 IP 交换为基础的分组交换网络,即通常所说的下一代网络(Next Generation Network,NGN),它涉及 IP 技术、多媒体技术、传输技术等多个领域。ITU 对 NGN 的定义是：NGN 是一个分组交换网络，它提供包括电信业务在内的多种业务，能够利用多种带宽和具有 QoS 能力的传送技术，实现业务功能与底层传送技术的分离。它向用户提供对不同业务提供商网络的自由接入服务，支持通用移动性，实现用户对业务使用的一致性和统一性。

NGN 将传统交换机的功能模块分离为独立的网络部件，各个部件可以按相应的功能划分独立发展，部件间的协议接口基于相应的标准。其网络架构如图 11-11 所示。

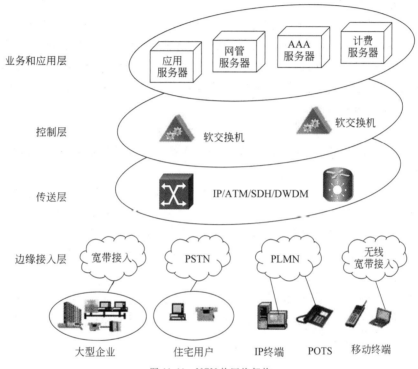

图 11-11　NGN 的网络架构

从网络架构横向分层的观点来看，NGN 主要可分为边缘接入层和核心层两大部分。边缘接入层由各种宽窄带接入设备、各种类型的接入服务器、边缘交换机/路由器和各种网络互通设备构成。核心层由光传送网连接骨干 ATM 交换机/骨干 IP 路由器构成。

从网络功能纵向分层的观点来看，根据不同的功能可将网络分解成以下 4 层：

（1）业务和应用层。处理业务逻辑，其功能包括智能网业务逻辑、AAA（认证、鉴权、计费）和地址解析，且通过使用基于标准的协议和 API 来发展业务应用。

（2）控制层。负责呼叫逻辑，处理呼叫请求，并指示传送层建立合适的承载连接。控制层的核心设备是软交换机。软交换机需要支持众多的协议接口，以实现与不同类型网络的互通。

（3）传送层。指 NGN 的承载网络，负责建立和管理承载连接，并对这些连接进行交换和路由，用以响应控制层的控制命令，可以是 IP 网或 ATM 网。

（4）边缘接入层。由各类媒体网关和综合接入设备组成，通过各种接入手段将各类用户连接至网络，并将信息格式转换为能够在分组网络上传递的信息格式。

NGN 需要得到许多新技术的支持。目前为大多数人所接受的 NGN 相关技术如下：

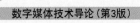

采用软交换技术实现端到端业务的交换；采用 IP 技术承载各种业务，实现三网融合；采用 IPv6 技术解决地址问题，提高网络整体吞吐量；采用多协议标签交换技术实现 IP 层和多种链路层协议（ATM/FR、PPP、以太网或 SDH、光波）的结合；采用光传输网和光交换网络解决传输和高带宽交换问题；采用宽带接入手段解决"最后一公里"的用户接入问题。可以预见，实现 NGN 的关键技术是软交换技术、高速路由/交换技术、大容量光传送技术和宽带接入技术，其中软交换技术是 NGN 的核心技术。

1. 软交换技术

作为 NGN 的核心技术，软交换是一种基于软件的分布式交换和控制平台。软交换的概念基于新的网络功能模型分层概念，从而对各种功能作不同程度的集成，把它们分离开来，通过各种接口协议，使业务提供者可以非常灵活地将业务传送和控制协议结合起来，实现业务融合和业务转移，能满足于不同网络并存互通的需要，也适用于从语音网向多业务/多媒体网的演进。

2. 高速路由/交换技术

高速路由器处于 NGN 的传送层，实现高速多媒体数据流的路由和交换，是 NGN 的交通枢纽。

NGN 的发展方向除了处理大容量、高带宽的传输/路由/交换以外，还必须解决通信服务质量问题，多协议标签交换（Multi-Protocol Label Switching，MPLS）提供了这个可能性。MPLS 是一种将网络第三层的 IP 选路/寻址与网络第二层的高速数据交互相结合的新技术。它集电路交换和现有选路方式的优势于一体，不仅能够解决当前网络中存在的很多问题，而且提供了许多新功能。

NGN 将基于 IPv6。IPv6 相对于 IPv4 的主要优势是：扩大了地址空间，提高了网络的整体吞吐量，服务质量得到很大改善，安全性有了更好的保证，支持即插即用和移动性，更好地实现了多播功能。

3. 大容量光传送技术

1）光纤传输

NGN 需要更高的速率和更大的容量。但到目前为止，能够看到并能实现的最理想的传输介质仍然是光，因为只有利用光谱才能带来充裕的带宽。光纤高速传输技术现正沿着扩大单一波长传输容量、超长距离传输和密集波分复用系统 3 个方向发展。

2）光交换与智能光网

只有高速传输是不够的，NGN 需要更加灵活、有效的光传送网。组网技术现正从具有分插复用和交叉连接功能的光联网向利用光交换机构成的智能光网发展，即从环形网向网状网发展，从光—电—光交换向全光交换发展。智能光网能在容量灵活性、成本有效性、网络可扩展性、业务提供灵活性、用户自助性、覆盖性和可靠性等方面比点到点传输系统和光联网具有更多的优越性。

4. 宽带接入技术

NGN 必须有宽带接入技术的支持，因为只有接入网的带宽瓶颈被打开，各种宽带服务与应用才能开展起来，网络容量的潜力才能真正发挥。这方面的技术五花八门，其中的主要技术有高速数字用户线路、基于以太网无源光网的光纤到家、自由空间光系统和无线局域网。

11.4 数字学习工具技术

11.4.1 HTML

HTML(Hypertext Markup Language,超文本标记语言)是用于描述网页文档的一种标记语言。HTML是组织多媒体文档的重要语言,它不仅用来编写Web网页,而且也越来越多地用于制作光盘形式的多媒体节目。HTML可用来编排文档、创建列表、建立链接、插入声音和影视片段。

1. 简介

万维网(Web)是一个信息资源网络,它之所以能够使这些信息资源为广大用户所利用,主要依靠下面3项基本技术:

- 指定网上信息资源地址的统一命名方法,即统一资源定位符(Uniform Resource Locator, URL)。
- 存取资源的协议,即超文本传送协议(Hypertext Transfer Protocol,HTTP)。
- 在资源之间很容易浏览的超义本链接技术。

为了在全球发布信息,人们需要一种所有计算机都能理解的语言,这就是HTML。HTML可用于以下几方面:

- 出版联网文档,这种文档可包含标题、文字、表格、列表、图像以及声音和影视文件等。
- 通过超文本链接可以检索和阅读联网信息。
- 设计交易单。这是一种用来从访问者处收集信息的Web文档,可以与远程服务单位进行交易,例如查找信息、预订旅馆的房间、订购产品等。交易单至少有一个可供输入文本数据(例如名字或者搜索关键字)的文本域,复杂的表单还包括复选框、单选按钮和执行任务(例如提交表单)的按钮。

2. 基本概念

HTML文档通常由文档头(head)、文档名称(title)、表格(table)、段落(paragraph)和列表(list)等元素构成,它们是HTML文档的基本构件,并且使用HTML规定的标签(tag)来标识这些元素。

HTML标签由3部分组成:左尖括号(<)、标签名称和右尖括号(>)。标签通常是成对出现的,由表示开始的开始标签(start tag)和表示结束的结束标签(end tag)组成。例如,<H1>与</H1>分别是表示一级标题的开始标签和结束标签,H1是一级标题的标签名称。除了在结束标签名称前面加一个斜杠(/)之外,开始标签和结束标签是相同的。

某些元素还可以包含属性。属性是指背景颜色、文字外观(大小、颜色、正体、斜体等)、对齐方式等,它是包含在开始标签中的附加信息。例如,<P ALIGN=CENTER>表示这段文字是居中对齐的。同样也可以指定图像的对齐属性(如图像在顶部、在底部或者在中间)。

注意，HTML 标签名称中的字母不区分大小写。例如，<title>与<TITLE>或者<TiTlE>都是等效的。此外，Web 浏览器不一定对所有的 HTML 标签都支持。如果一个浏览器遇到不认识的标签，它就会忽略该标签，但在这一对标签之间的文本仍然会显示在计算机的屏幕上。

3. HTML 文档的结构

HTML 文档是没有格式的文档，也称为 ASCII 文件。因此，HTML 文档可以使用任何一种文本编辑器来编写，例如 Windows 中的记事本（Notepad）、写字板（Wordpad）；当然，也可以使用字处理软件，例如 Word 等。

每个 HTML 文档都是以标签<HTML>开始，以标签</HTML>结束。每个 HTML 文档由两部分组成：文档头和正文（body），并分别用<HEAD>…</HEAD>和<BODY>…</BODY>作为标签。文档头标签<HEAD>…</HEAD>之间包含的是文档的名称。

图 11-12(a)是利用记事本编写的一个简单的 HTML 文档。将其保存后，利用 IE 浏览器打开时的效果如图 11-12(b)所示。

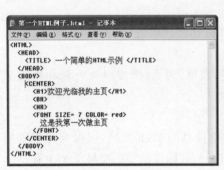

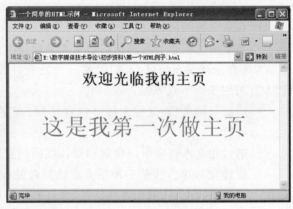

(a) 利用记事本编写的HTML文档   (b) 在IE浏览器中打开的效果

图 11-12   HTML 文档编辑及显示

11.4.2   HTML5

HTML 标准自 1999 年 12 月发布 4.01 版本后，连续多年没有推出新的版本。为了推动 Web 标准化的发展，一些公司联合起来，成立了一个名为 WHATWG（Web Hypertext Application Technology Working Group，Web 超文本应用技术工作组）的组织。WHATWG 致力于建立 Web 表单和应用程序标准，而 W3C（World Wide Web Consortium，万维网联盟）专注于 XHTML 2.0。在 2006 年，双方决定进行合作，创建新版本的 HTML，这就是 HTML5。HTML5 草案的前身名为 Web Applications 1.0，于 2004 年由 WHATWG 提出，于 2007 年被 W3C 接纳，并成立了新的 HTML 工作团队。

HTML5 的第一份正式草案于 2008 年 1 月 22 日公布，目前 HTML5 仍处于完善之中，然而大部分浏览器已经具备了对 HTML5 一些功能的支持。2012 年 12 月 17 日，

W3C 正式宣布 HTML5 规范草案定稿，这也使得 HTML5 成为开放 Web 网络平台的奠基石。2013 年 5 月 6 日，HTML5.1 草案公布。该规范定义了第 5 个重大版本，第一次修订了超文本标记语言（HTML）。在这个版本中推出了很多新功能，以帮助 Web 应用程序的作者提高新元素互操作性。2014 年 10 月 29 日，W3C 正式宣布，经过 8 年的艰辛努力，HTML5 标准规范最终完成，并公开发布。

在此之前的几年里，已经有很多开发者使用了 HTML5 的部分技术。目前，Firefox、Google Chrome、Opera、Safari 4+、Internet Explorer 9+都已支持 HTML5。

HTML5 相对于 HTML4.01 有了重大修改，这里着重介绍 HTML5 的部分新特性。

1. 语义化结构

为了更好地创建页面结构，HTML5 提供了一些新的元素，删除了部分 HTML4.01 元素。HTML5 的部分新元素如表 11-2 所示。

表 11-2　HTML5 的部分新元素

标　签	描　述	标　签	描　述
\<article\>	定义页面的侧边栏内容	\<footer\>	定义 section 或整个文档的页脚
\<aside\>	定义页面内容之外的内容	\<header\>	定义文档的头部区域
\<bdi\>	允许设置一段文本，使它脱离其父元素的文本方向设置	\<mark\>	定义带有记号的义本
\<command\>	定义命令按钮，如单选按钮、复选框或按钮	\<meter\>	定义度量衡，仅用于已知最大值和最小值时的度量
\<details\>	用于描述文档或文档某个部分的细节	\<nav\>	定义运行中的进度（进程）
\<dialog\>	定义对话框，如提示框	\<progress\>	定义任何类型的任务的进度
\<summary\>	定义 details 元素的标题	\<ruby\>	定义 Ruby 注释
\<figure\>	规定独立的流内容（图像、图表、照片、代码等）	\<section\>	定义文档中的节
\<figcaption\>	定义 figure 元素的标题	\<time\>	定义日期或时间

下面是利用 HTML5 编写的简单实例，它实现的功能与 11.4.1 节的例子类似，它在浏览器中打开的效果如图 11-13 所示。

```
<!DOCTYPE html>
<html>
<head lang="en">
    <meta charset="UTF-8">
    <title>一个简单的 HTML5 示例</title>
</head>
<body>
<header>欢迎光临我的主页</header>
<article>这是我的第一个 HMTL5 主页</article>
<footer>谢谢光临我的主页</footer>
```

```
</body>
</html>
```

图 11-13　IE 显示的 HTML5 代码效果

2. video 和 audio

在原来的 HTML 中，不提供对视频和音频的直接支持，视频和音频都是通过插件（如 Flash）来显示的，这就存在一个问题：并非所有浏览器都拥有同样的插件，从而使视频和音频的播放不能得到有效统一。HTML5 通过 video 和 audio 元素实现视频和音频的标准播放方法。

video 元素支持 3 种视频格式：MP4、WebM 和 Ogg。MP4 专指带有 H.264 视频编码和 AAC 音频编码的 MPEG 4 文件，WebM 指带有 VP8 视频编码和 Vorbis 音频编码的 WebM 文件，Ogg 指带有 Theora 视频编码和 Vorbis 音频编码的 Ogg 文件。

audio 元素也支持 3 种音频格式文件：MP3、Wav 和 Ogg。

在网页中显示音视频的代码如下：

```
<video width="320" height="240" controls>
    <source src="movie1.mp4" type="video/mp4">
    <source src="movie2.ogg" type="video/ogg">
        您的浏览器不支持 video 元素。
</video>
<audio controls>
    <source src="horse.ogg" type="audio/ogg">
    <source src="horse.mp3" type="audio/mpeg">
        您的浏览器不支持 audio 元素。
</audio>
```

如果浏览器支持 video 和 audio 元素，则以宽 320、高 240 的尺寸正常播放视频和音频；否则显示<video>…</video>或<audio>…</audio>标签中的文字。

3. canvas 元素

HTML5 中的 canvas 元素用于图形的绘制，通过脚本（通常是 JavaScript 脚本）来完成。canvas 元素只是图形容器，必须使用脚本来绘制图形，可以通过多种方法使用 canvas 元素绘制路径、盒、圆、字符以及添加图像。

下面是利用 JavaScript 脚本绘制一个红色矩形的代码：

```
<!DOCTYPE html>
<html>
```

```
<body>
<canvas id="myCanvas" width="200" height="100" style="border:1px solid
# 000000;">您的浏览器不支持 HTML5 canvas 标签。
<script>
var canvasObj=document.getElementById("myCanvas");
var ctx=canvasObj.getContext("2d");
ctx.fillStyle="#FF0000";
ctx.fillRect(0,0,150,75);
</script>
</canvas>
</body>
</html>
```

JavaScript 脚本绘图的主要步骤如下：

（1）通过 id 获取画布的 dom 元素。

（2）创建 context 对象。getContext("2d")对象是内建的 HTML5 对象，拥有多种绘制路径、矩形、圆形、字符以及添加图像的方法。

（3）设置 fillStyle 属性，可以是 CSS 颜色、渐变或图案。fillStyle 默认设置是 ♯000000。

（4）fillRect(x,y,width,height)方法定义了矩形的填充方式。

HTML5 还提供了很多常用的 API，例如 websock、svg、Web 存储、地理定位等，读者可以查阅资料深入学习。

11.4.3　XML

XML（Extensible Markup Language，可扩展标记语言）是从 SGML（Standard Generalized Markup Language，标准通用标记语言）派生出的标记语言，同时也是万维网联盟（W3C）推荐的开放标准。XML 的核心思想是将内容和内容的表现形式分开处理，目的是便于内容的使用，因此 XML 也称为内容管理语言。

XML 定义了各种标签以及标签之间的关系，用来描述数据和定义数据类型。从这个意义上说，XML 名为标记语言，其实它本身不是标记语言，而是用来定义另一种标记语言的元标记语言（meta-markup language），是一种构造语言和分析语言的语言，犹如人们用名词、动词、副词和形容词等来构造自然语言中的句子一样。

XML 使用与 HTML 类似的结构，它们的主要差别在于：

- HTML 定义如何显示文档元素，XML 定义如何管理文档元素。
- HTML 使用预先定义好的固定标签，XML 允许开发人员定义自己的标签，并且使用 XML Schema 等规范来描述数据。

1. XML 文档元素的结构

文档元素是 XML 文档的基本组成单位，是由一对标签来定义的。它由 3 个部分组成：开始标签、结束标签和元素内容，其中元素内容位于开始标签和结束标签之间。开始标签和结束标签用来描述它们之间的内容是什么。另外，XML 文档元素可以嵌入其他的元素，从而构成比较复杂的文档元素。

例如，对于 Student 文档元素，有两种表示方式。

方式一：

```
<Student>张怀里</Student>
```

"张怀里"是 Student 文档元素的内容，也称 Student 文档元素的值。

方式二：

```
<Student>
    <Sid>2012031011</Sid>
    <Name>张怀里</Name>
</Student>
```

2. 简单文档的结构

为了说明文档的结构，下面给出一个完整的 XML 文档示例：

```
<?xml version="1.0" encoding="gb2312"?>
<!--一个简单的 XML 文档-->
<Student>
    <Sid>2012031011</Sid>
    <Name>张怀里</Name>
    <Phone>15295031152</Phone>
    <QQ>905651152</QQ>
    <E-mail>cedo@ qq.com</E-mail>
</Student>
```

从这个例子可以看到，XML 文档由 3 个部分组成：

* XML 声明（第 1 行）。说明使用的 XML 版本号和字符编码。这个 XML 文档使用的字符编码标准是 GB 2312，是我国信息交换用汉字编码的国家标准，全称为《信息交换用汉字编码字符集——基本集》。
* 文档注释（第 2 行）。说明该文档是"一个简单的 XML 文档"。
* 文档元素（第 3~9 行）。这些行是 XML 文档的基本的构造块。其中，Student 元素中包含 Sid、Name、Phone、QQ、E-mail 元素。

3. 完整文档结构

一个完整的 XML 文档往往有一个根（root）元素，它是所有其他元素的父元素或祖先元素。在根元素的下面包含多个子（child）元素或者孙（subchile）元素，从而构成一个树状结构。其结构如下：

```
<root>
    <child>
        <subchild>…</subchild>
    </child>
</root>
```

在这里，利用父、子以及兄弟等术语描述元素之间的关系。父元素拥有子元素，相同

层级上的子元素称为兄弟。所有元素均可拥有文本内容和属性,其定义类似于在 HTML 中的定义。

下面给出一个完整的 XML 文档(StudentList.xml):

```
<?xml version="1.0" encoding="GB 2312" standalone="yes"?>
<!--下面是一个学生名单列表-->
<StudentList>
<Student Sid="2012031011">
    <Name>张怀里</Name>
    <Phone>15295031152</Phone>
    <QQ>905651152</QQ>
    <E-mail>cedo@ qq.com</E-mail>
</Student>
<Student Sid="2012031012">
    <Name>王淼</Name>
    <Phone>18132145675</Phone>
    <QQ>321578132</QQ>
    <E-mail>miao@ qq.com</E-mail>
</Student>
<Student Sid="2012031013">
    <Name>刘思思</Name>
    <Phone>19423456721</Phone>
    <QQ>23415567</QQ>
    <E-mail>sisi@ qq.com</E-mail>
</Student>
</StudentList>
```

例子中的根元素是 StudentList。文档中有 3 个 Student 元素,这 3 个元素都包含在 StudentList 根元素中。Student 元素有 4 个子元素:Name、Phone、QQ、E-mail。Student 元素还有一个属性 Sid。可以将该例利用树状结构表示,如图 11-14 所示。

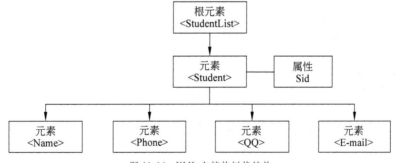

图 11-14　XML 文档的树状结构

11.4.4　XML Schema

XML 允许用户自己定义标记,这样就极大地增加了 XML 的灵活性,但如果不加某些限制就可能造成无法控制的局面。解决这个问题的一个方案就是使用 XML Schema。Schema 通常是指描述数据组织或结构的语句集，XML 文档的模式有两种：DTD 和 W3C 开发的 XML Schema。

1. DTD

DTD(Document Type Definition，文档类型定义)是 XML 规范(http://www.w3.org/TR/xml11)中的组成部分，而不是一个单独的规范。DTD 指定了可在 XML 文档中存在的元素、元素的属性以及元素之间的关系，例如元素内部的层次结构、元素在文档中出现的次序等，可用来确认 XML 文档结构和数据的有效性。

使用 DTD 的好处是，每个 XML 文档可以携带它自己的格式声明，不同组织机构可使用共同的 DTD 来交换数据，应用程序也可使用一个标准的 DTD 来校验从外部世界接收的数据是否有效，同样也可校验自己的数据是否有效。然而，用 DTD 描述一个复杂文档是很困难的，因此 XML 文档可以用它，也可以不用它。

DTD 根据是否与 XML 文档放在一起分为内部 DTD 和外部 DTD 两种。

内部 DTD 是将 DTD 声明和 XML 文档放在一起，其形式如下：

```
<!DOCTYPE 根元素名 [
    <!--在这里描述 XML 文档中的所有元素-->
]>
<!--在这里编写 XML 文档-->
```

例如，下面是一个使用内部 DTD 声明的例子：

```
<?xml version="1.0" encoding="gb2312" standalone="yes"?>
<!--下面是一个使用内部 DTD 声明的例子-->
<!--standalone="yes"表示这是一个自成一体的 XML 文档-->
<!--下面的方括号表示 StudentList 包含的所有元素-->
<!DOCTYPE StudentList[
    <!ELEMENT StudentList (Student+)>
    <!--星号(*)表示 StudentList 可包含任意数目的 Student 元素-->
    <!ELEMENT Student(Name,Phone,QQ,E-mail)>
    <!--Student 元素有 4 个元素：Name,Phone,QQ,E-mail-->
    <!--以下元素均为#PCDATA 型元素-->
    <!ELEMENT Name(#PCDATA)>
    <!ELEMENT Phone(#PCDATA)>
    <!ELEMENT QQ(#PCDATA)>
    <!ELEMENT E-mail(#PCDATA)>
    <!--Student 元素的属性 ID 定义，表示为 ID 类型并且必不可少-->
    <!ATTLIST Student Sid ID #REQUIRED >
]>
<StudentList>
<!—以下内容参照 11.4.2 节，此处省略-->
...
</StudentList>
```

外部 DTD 声明是将 DTD 描述作为一个单独的文件来保存，其文件扩展名为 dtd，这样可让许多 XML 文档共享这个 DTD。要更改 XML 文档,只要更改 DTD 文档就可以了。XML 文档使用外部 DTD 的方法是在 XML 处理指令之后加入如下的 DTD 声明:

```
<!DOCTYPE root-element SYSTEM "dtd_url" >
```

root-element 为引用的 DTD 中定义的根元素名称;SYSTEM 为引用外部私有 DTD 的关键字;dtd_url 是外部 DTD 的路径,可以是相对路径,也可以是绝对路径,目的是让引用它的 XML 文档能够找到它。

例如:

```
<!--下面是一个使用外部 DTD 声明的例子-->
<?xml version="1.0" encoding="gb2312" standalone="no"?>
<!--standalone="no"表示需要引用外部文件和数据-->
<!DOCTYPE StudentList SYSTEM "StudentListDTD.dtd">
<StudentList>
<!—以下内容参照 11.4.2 节,此处省略-->
…
</StudentList>
```

2. XML Schema

DTD 是出现较早而且使用较广泛的模式语言,加上当时在 SGML 世界中有许多现成的 DTD 工具,使得 DTD 的应用持续了相当长的时期。但 DTD 不能满足 XML 文档的要求,如不支持 XML 的名称空间和数据类型较少等,因此 W3C 又开发了 XML Schema 作为推荐标准。

XML Schema 是定义和描述 XML 文档结构和内容的模式语言,可用于定义 XML 文档中的元素和元素之间的关系,以及定义元素和属性的数据类型。2001 年 5 月,W3C 将 XML Schema 作为推荐标准(http://www.w3.org/XML/Schema)。

XML Schema 是针对 DTD 的不足而开发的,其内容包括元素的定义和元素之间的关系,如父元素、子元素、子元素的数目,元素在文档中的次序,元素和属性的数据类型和数值等。XML Schema 继承了 DTD 的所有功能,同时弥补了 DTD 的许多不足,如描述能力有限,数据类型较少,重用能力较低,不支持名称空间,没有用 XML 来描述以及没有标准编程接口等。

由于 XML Schema 是用 XML 开发的,因而 XML Schema 文档本身就是 XML 文档,它符合 XML 语法结构,可用通用的 XML 处理器解析。编写 XML Schema 文档使用的语言是 XML Schema 语言(XML Schema Language),也称为 XSD(XML Schema Definition,XML Schema 定义)语言,XML Schema 文档的扩展名通常为 xsd。

这里举一个具体的例子——StudentListSchema.xsd 来说明 XML Schema 文档的编写和具体的实例文档,让读者有感性的认识。这个 XML Schema 文档还是针对上述 StudentList.XML 文档编写的,具体代码如下:

```
<?xml version="1.0"  encoding="gb2312"?>
<!--schema 元素说明此文档利用 XML Schema 语法,前缀"xsd:"说明语法格式来自 http://
www.w3.org/2001/XMLSchema 命名空间-->
<xsd:schema xmlns:xsd="http://www.w3.org/2001/XMLSchema">
```

```
<!--元素 StudentList 包含一系列复合类型元素 Student,Student 同样也为复合类型-->
<xsd:element name="StudentList">
  <xsd:complexType>
    <xsd:sequence>
      <xsd:element name="Student" type="StudentType"/>
    </xsd:sequence>
  </xsd:complexType>
</xsd:element>
<!--元素 Student 包含一系列元素 Name、Phone、QQ、E-mail-->
<xsd:complexType name="StudentType">
  <xsd:sequence>
    <xsd:element name="Name" type="xsd:string"/>
    <xsd:element name="Phone" type="xsd:string"/>
    <xsd:element name="QQ" type="xsd:string"/>
    <xsd:element name="E-mail" type="xsd:string"/>
  </xsd:sequence>
</xsd:complexType>
<!--属性 Sid 类型为 id,并且必不可少-->
<xsd:attribute name="Sid" type="xsd:id" use="required"/>
</xsd:schema>
```

为了引用 StudentListSchema.xsd 文件,需要在 XML 文档的元素上指定,指定的方式如下:

```
<?xml version="1.0" encoding="gb2312" standalone="yes"?>
<StudentList xmlns="x-schema:StudentListSchema.xsd">
<!--以下内容参照 11.4.2 节,此处省略-->
 ⋮
</StudentList>
```

XML Sechma 的主要优点如下:

(1) 具有丰富的数据类型,支持的数据类型包括字符串、字符型、整型、浮点型和数值型、布尔型、时间型、日期型、统一资源定位符、全球唯一标识(Universally Unique Identifier,UUID)及来自 XML 本身的类型(entity、entities、enumeration、id、idref、idrefs、nmotoken、nmotokens、notation 等),而且还支持由这些简单类型生成的更加复杂的类型,这个类似于 C++ 中结构体(struct)的概念,可以建立一个 struct,它可以是对简单类型的一个扩展。

(2) 支持属性分组。属性的应用范围是多种多样的,有的针对所有元素,有的则专门针对图形元素。

(3) 支持名字空间。允许把文档中特殊的结点与模式中的类型说明联系起来。联系 XML 结点和 DTD 的唯一方法是通过 DOCTYPE 说明,即每一个文档只能使用一个 DTD,但是可以由多个 XML 模式来描述。

11.4.5　XML 文档的显示方法

原始的 XML 文档是内容和标签在一起的文档,人们更关注的是内容而不是标签。

Web 浏览器只能直接查看原始的 XML 文档,而不能看到外观很优美但没有标签的内容。要让浏览器显示这样的内容,还需要其他语言和软件的支持。显示 XML 文档内容的方法主要有两种:

- 使用 CSS 显示 XML 文档。
- 使用 XSLT 显示 XML 文档。

CSS 是一种常用的方法,而 W3C 提倡使用 XSLT 方法。

1. CSS

CSS(Cascading Style Sheets,级联样式表)是由万维网协会(W3C)在 1996 年为 HTML 文档添加样式而发布的第一个规范(http://www.w3.org/Style/CSS/)。CSS 1.0 提供了许多描述网页布局、字体和字体颜色的页面设置文件,这些文件可应用于所有 HTML 文档。CSS 2.0 和 CSS 3.0 支持 XML 文档,可下载字体以及其他增强功能。该规范允许 HTML 文档作者和用户把 HTML 样式表(包含页面如何显示)附加到 HTML 文档,也可作为 HTML 文档与用户的样式表进行混合的指南。

使用 CSS 在 Web 浏览器上显示 XML 文档需要做两件事:一是编写一个 CSS 文档,用于指定 XML 文档中的元素在浏览器上显示的样式;二是在 XML 文档中声明使用 W3C 推荐的 XML 样式表处理指令(stylesheet processing instruction),用于将 XML 文档与 CSS 相关联。

处理指令的结构如下:

```
<?目标 数据?>
```

例如:

```
<?xml-stylesheet type="text/css" href="Inventory.css"?>
```

其中,作为目标的 xml-stylesheet 是处理指令的名称;作为数据的 type 和 href 是伪属性(pseudo-attribute),type 用于定义样式的媒体类型,text/css 表示文字媒体(详见 http://www.ietf.org/rfc/rfc2318.txt),href 用于标识样式的统一资源标识符(URI)为 Inventory.css。

现在利用下例中所示的样式在浏览器中显示 StudentList.css 文档,其结果如图 11-15 所示。

```
<--FileName:StudentList.css -->
Student{display:block; background: #CCFFFF; margin-top:12pt; font-size:10pt}
Phone{display:block; font-size:12pt; font-weight:bold; font-style:italic}
QQ{display:block; margin-left:15pt; font-weight:bold}
E-mail{display:block; margin-left: 15pt}
```

嵌入样式处理指令后的 XML 文档 Inventory.xml 如下:

```
<?xml version="1.0" encoding="gb2312" standalone="yes"?>
<?xml:stylesheet type="text/css" href="studentcss.css"?>
<StudentList>
...
</StudentList>
```

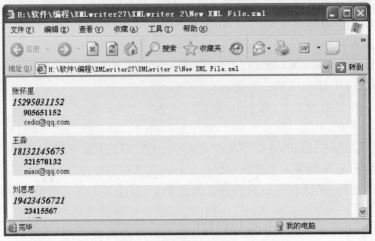

图 11-15　CSS 文档显示效果

2. XSLT

XSLT(Extensible Stylesheet Language Transformation,可扩展样式表语言转换)用于将一种 XML 文档转换为另一种 XML 文档或者可被浏览器识别的其他类型的文档,如 HTML 和 XHTML。通常,XSLT 是通过把每个 XML 元素转换为 HTML 或 XHTML 元素来完成这项工作的。通过 XSLT,可以在输出文件中添加或移除元素和属性,也可重新排列元素,执行测试并决定隐藏或显示哪个元素。描述这一过程的一种通常的说法是:XSLT 把 XML 源树转换为 XML 结果树。

CSS 和 XSLT 都可以显示 XML 文档。那么,有了 CSS,为什么还需要 XSLT 呢?

这是因为,CSS 虽然能够很好地控制输出的样式,如色彩、字体、大小等,但是它有严重的局限性,那就是:

* CSS 不能重新排序文档中的元素。
* CSS 不能判断和控制哪个元素被显示,哪个不被显示。
* CSS 不能统计计算元素中的数据。

所以,CSS 只适用于输出比较固定的最终文档。

CSS 的优点是简洁,消耗系统资源少;而 XSLT 虽然功能强大,但因为要重新索引 XML 结构树,所以消耗内存比较多。将它们结合起来使用,例如在服务器端用 XSLT 处理 XML 文档,在客户端用 CSS 来控制显示,可以缩短响应时间。

要使用 XSLT 显示 XML 文档内容,需要经过 3 个步骤:一是创建保存数据的 XML 文档,该文档的结构必须是完整的,但不一定是合法的;二是创建 XSL(Extensible Stylesheet Language,可扩展样式表语言)样式表,该样式表是一个遵守 XSL 语法规范的结构完整的 XML 文档;三是链接 XSL 样式表到 XML 文档,应用 XSL 样式表的 XML 文档可以直接在浏览器中显示。

XSL 样式表的基本结构如下:

```
<?xml version="1.0" encoding="gb2312"?>
<xsl:stylesheet version="1.0" xmlns:xsl="http://www.w3.org/1999/XSL/ Transform">
```

```
...
</xsl:stylesheet>
```

xsl:stylesheet 是 XSL 样式表的根目录。xsl 是 XSL 样式表的名称空间,这是 XSL 规定的名称空间,并且 xsl:stylesheet 和 xmlns:xsl 属性将名称空间映射到 xmlns:xsl=http://www.w3.org/1999/XSL/Transform,这是 W3C 在 1999 年发布的 XSL 的标准。

XSL 样式表中用到了许多具有一定功能的 XSL 元素,<xsl:template>元素可以定义模板规则,<xsl:apply-templates>元素可以应用匹配的模板规则,<xsl:value-of>元素可以取得特定的结点或者表达式的值。

下面给出一个 XSL 样式表的例子(StudentListXSD.xsd),具体代码如下:

```
<?xml version="1.0" encoding="gb2312"?>
<xsl:stylesheet
    version="1.0"
    xmlns:xsl="http://www.w3.org/1999/XSL/Transform"
    xmlns="http://www.w3.org/TR/REC-html40">
<!--该模板用于匹配根结点-->
<xsl:template match="/">
<html>
    <head>
        <title>学生信息表</title>
    </head>
    <body>
        <!--应用模板,开始处理当前结点下的 StudentList 子结点-->
        <h1><xsl:apply-templates select="StudentList"/></h1>
    </body>
</html>
</xsl:template>

<xsl:template match="StudentList">
    <!--在该模板下,首先建立一个表格和表头信息-->
    <TABLE width="500" border="1" align="center" cellpadding="1" cellspacing="1">
    <TR bgcolor="#FFCC99" align="center">
    <TD>学号</TD>
    <TD>姓名</TD>
    <TD>电话</TD>
    <TD>QQ</TD>
    <TD>E-mail</TD>
    </TR>
    <!--其次,应用模板处理 Student 子结点-->
    <xsl:apply-templates select="Student"/>
    </TABLE>
</xsl:template>

<xsl:template match="Student">
```

```
<!--将 Student 子结点中的各个元素依次显示出来,xsl:value-of 元素用于提取对应结
点的内容-->
<TR>
<TD align="center" bgcolor="#eeeeee"><xsl:value-of select="@ Sid"/></TD>
<TD><xsl:value-of select="Name"/></TD>
<TD><xsl:value-of select="Phone"/></TD>
<TD><xsl:value-of select="QQ"/></TD>
<TD><xsl:value-of select="E-mail"/></TD>
</TR>
</xsl:template>
</xsl:stylesheet>
```

另外，为了能够显示 XML 文档，还需要在 StudentList.xml 文档中加入对
StudentListXSD.xsd 文档的引用。

```
<?xml version="1.0" encoding="gb2312" standalone="no"?>
<?xml:stylesheet type="text/xsl" href="StudentListXSD.xsd"?>
<StudentList>
…
</StudentList>
```

StudentList.xml 文档的显示效果如图 11-16 所示。

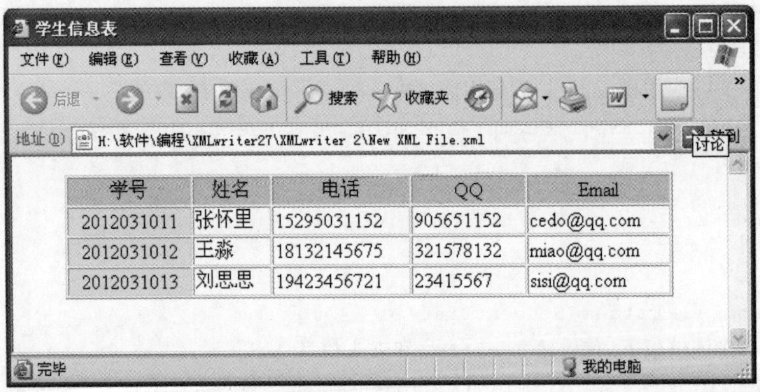

图 11-16　XSL 样式表的例子

案例 11-3　网页开发工具 Dreamweaver。

Dreamweaver 是美国 Macromedia 公司开发的集网页制作和管理网站于一身的所见
即所得的网页编辑器，它是第一套针对专业网页设计师特别开发的视觉化网页开发工
具，利用它可以轻而易举地制作出跨平台和跨浏览器的充满动感的网页。

利用 Dreamweaver 制作网页非常简单，只需要建立一个 HTML 文档，再输入相应的
文字并调整即可，所得效果如图 11-17 所示。

单击 Dreamweaver 界面上的"代码"按钮，即可看到 Dreamweaver 自动生成的网页
代码，具体代码如下：

```
<!DOCTYPE HTML PUBLIC "-//W3C//DTD HTML 4.01 Transitional//EN" "http://www.w3.
org/TR/html4/loose.dtd">
```

```
<html>
<head>
<meta http-equiv="Content-Type" content="text/html; charset=gb2312">
<title>一个简单的 HTML 实例</title>
<style type="text/css">
<!--
.STYLE1 {font-size: 36px}
.STYLE2 {font-size: 36px; color: #FF0000; }
-->
</style>
</head>
<body>
<p align="center" class="STYLE1">欢迎光临我的主页</p>
<p align="center" class="STYLE2">这是我第一次做主页 </p>
</body>
</html>
```

图 11-17　Dreamweaver 制作的网页

思考与练习

1. 填空题

（1）数字学习的 3 个基本要素是_____、_____和_____。

（2）_____是 IBM 公司推出的一款协作的、有计划的、辅助指导的、分布式网上教学环境。

（3）_____是第二代移动通信技术。

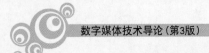

（4）XML 定义的文档模式主要有_____和_____。

（5）W3C 推荐的 XML 文档显示技术是_____。

2. 简答题

（1）数字学习相对于课堂学习方式有何不同？

（2）目前被 ITU 承认的 3G 标准主要有哪些？这些标准各有什么特点？

（3）什么是 NGN？它主要采用了什么技术？

（4）XML 定义的数据与 HTML 定义的数据有何不同？

3. 拓展题

王强光经常访问一些学习网站，从中受益匪浅。最近他收集了一些关于计算机编程方面的资料和视频，于是也想做一个关于计算机编程的主题网站，供其他同学学习参考，但他没有建立网站的经验，请你帮助他查阅有关资料，找出建立学习网站的思路。

需要解决的问题主要有以下几个：

（1）适合做网站的软件主要有哪些？

（2）要建立一个网站需要做哪些准备？

（3）建立网站的一般步骤是什么？

第12章　数字展示

数字展示是在传统展示的基础上,以新材料、新技术和新工艺作为物质基础,以网络技术、多媒体技术、虚拟现实技术等高新技术作为信息传达手段,以展品为本位,以人为主体,采用动态的、有节奏的空间组织形式,借助相关的道具和设施,对展示空间进行合理创造,反映一定量的信息内容,以影响人的心理、潜在思想和行为意识。

数字展示借助数字化媒体将静态的展品动态化。采用数字合成技术手段,将展品制作成二维或三维动画展示给观众。观众接收该信息后,潜在思想和行为意识能动地反映展品的感性特征,使观众与展品达到互动的效果。

展示是围绕展品和商品的一切活动。展品陈列出来让人们观看的展示称为展览。数字展览是数字展示的重要组成部分,是指以展品和展览空间的数字化为基础,搭建互联互通的网络体系,实现不同展品和参展方、参观者之间的信息共享、内容共建、体验共享等综合利用。互动的多媒体展示技术在展示中的运用成为主流趋势,它将创意、文化与工业融合在一起。创意不仅表现为科技产品的发明,也表现为展示方式。虚拟现实可建立各种各样生动逼真的现实世界场景的三维模型,或者构造现实生活中不存在的而只是人们想象的虚拟、动态、立体的世界,并且能够让人们在二维空间体验到与现实生活环境一样的感觉。基于这些技术发展的新型展示技术可以带来展示形式的创新与变革。

数字展示是随着时代发展而其内涵不断充实的传播媒介,是介于艺术和技术之间的边缘学科。

12.1　数字展示概况

12.1.1　数字展示的发展及现状

1. 展示的发展阶段

展示是一门古老的、延续不断的并随着经济和科技进步持续发展的艺术形式。展示的发展大致经历了 3 个阶段。

1) 展示的初级阶段

展示的初始阶段主要是从原始社会开始到封建社会结束。在历史早期,人们有了剩余物品后,拿到集市上摆摊展示,供其他人挑选,展示活动就开始了。到了封建社会的中期,人们已经建立了专门的店铺,并且这些店铺已经具有完整的牌匾、商标、招牌、广告以

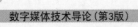

及专门展示商品的柜台和货架。至此,展示的形态基本完成。

2）展示的专业化阶段

展示的发展阶段从资本主义社会开始到 20 世纪 70 年代。随着资本主义社会的发展,商品的种类越来越多,商品的竞争也越来越激烈,为了能够让自家的商品取得竞争的优势,很多厂家开始找专人进行产品的设计和包装,从而让产品设计专业化。同时,为了扩大商品的影响范围,各类专门的展览会开始出现,从地方发展到全国,再到全世界。展示进入了专业化的阶段。

3）展示的数字化阶段

从 20 世纪 80 年代开始,计算机逐渐应用到商品展示上来,从最初的平面展示,发展到后来的立体展示,再到现在的交互式沉浸展示,数字展示发挥了强大的功能。

2. 数字展示的发展现状

1）整体发展现状

数字展示是伴随着现代展示设计理念而发展起来的,形成于 20 世纪 80 年代,展示设计进入了艺术与科技结合的时期。从展览建筑、室内陈设到展示形式与技术的进步,都提高了展示的质量,强化了展示信息的传递效率。随着展示设计的变化,展示设施的制作、展示设计开始朝着工业化、专业化、社会化的方向发展,同时数字展示开始出现。

20 世纪 90 年代后期,展示设计又有了大的发展,并进入新的领域。这一时期的展示是多元化、多种形式并存的。1996 年 10 月 31 日,世界第一个虚拟现实技术博览会在伦敦开幕。全世界的人们都可以在家中通过互联网参观这个没有场地、没有工作人员、没有真实展品的虚拟博览会。展厅内有大量的展台,人们可从不同角度和距离观看展品,可以利用鼠标在其中遨游。

到 21 世纪初,数字化、集成化、网络化、智能化成为展示设计发展的大趋势。2005年,爱知世博会加拿大馆中的观众可以自己操纵虚拟图像漫游加拿大。计算机图像模拟技术将不可视的世界进行视觉化再现,在虚拟图像空间中,世界可以随意地被缩小或无限复制、无限扩大。

2）我国发展现状

我国的数字展示起步较晚,但发展速度很快,到 20 世纪 90 年代中期就出现了一批优秀的作品。1999 年 7 月,中国科普博览平台正式开始建设,同年 10 月 25 日正式开通,首期推出植物、天文、水生生物、湖泊 4 个虚拟博物馆,对外提供服务。经过多年的建设,现在已经建成了地震、大气科学、昆虫、古生物、冰雪、科学考察、云南野生动物、环境保护等 70 多个虚拟博物馆。

2008 年北京奥运会开幕式也是我国数字展示的盛会,是一次全面利用虚拟技术的展示。整个仪式运用了多媒体数字化、电子化和虚拟化相结合的手段,营造了完美的视听效果,把中国上下五千年文化展现得淋漓尽致,全球都在这一刻感受到了中国文化的悠久和灿烂。

2010 年上海世博会更是一次数字展示的典范。在上海世博会上,各种高科技展示手段都得到了大规模的使用,这些技术手段有环幕影院、立体电影、电子虚拟书、数字沙盘、电子触摸屏、网上世博会……数字展示技术以极富创意的展示手法,体现现代世博会的特点,较大地提升了世博会的体验感和互动性。其中,网上世博会实现了世博场馆和虚

拟场景的完美结合。在网上世博会,观众移动鼠标就可以畅游各个场馆。

案例 12-1 北京天文馆的 **3D**、**4D** 科普剧场。

4D 是在 3D 技术的基础之上,将震动、坠落、吹风、喷水等特效引入,同时还根据影片的情节精心设计烟、雾、雨、光、电、气泡、气味、布景、人物表演等效果,由此形成的一种独特表演形式。

由于在 4D 影院中电影情节结合了各种特效,所以观众在观看 4D 影片时能够获得视觉、听觉、触觉、嗅觉等全方位的感受。

北京天文馆的科普剧场由 3D 科普剧场和 4D 科普剧场组成,见图 12-1。

(a) 3D科普剧场　　　　　　　　　　(b) 4D科普剧场

图 12-1　北京天文馆的 3D 和 4D 科普剧场

3D 科普剧场由 6 组 8 基座船舱式动感座椅组成,可上下升降(自由落体)、左右摇摆、左右旋转(急转弯)、前后运动(向银幕方,如急刹车或加速)、自转(如汽车打滑时原地旋转)、上下旋转(如过山车向上爬行),配合相应的影片和剧场效果,使观众产生乘坐宇宙飞船的惊险刺激的效果。

4D 科普剧场由放映立体加特效影片的电影放映系统和 196 个观众座椅构成,6 台同步电影放映机在 180° 的环形银幕上放映具有立体效果的影片,根据影片情节的需要产生烟、水、风及气味等特效,同时座椅可以随着剧情的发展产生震动和坠落。观众观看影片时需戴上特殊的眼镜。

案例 12-2 文物修复之虚拟圆明园。

文物曾经生动地出现在它特定的历史环境中,而如今数码技术已经成熟到允许通过虚拟现实还原过去。利用数字化手段进行的展示不仅是为了追求视觉艺术效果,而且是为了还原文物所承载的时代的真实信息。这种身临其境的展示会使文物的展示更有价值,人们得到的不仅是一个历史的碎片(即文物本身),而且是一段经过整理的历史片段(即文物所承载的历史信息和人文价值)。

圆明园作为一座气势恢宏的皇家园林,在被战火焚毁一百多年之后,其景观和建筑通过数字科技手段得以"虚拟重建",再现于世人眼前。所谓"虚拟重建",就是利用视景仿真等多媒体高新技术,通过建造立体电影放映厅,播放圆明园三维动画等方式,重现圆明园原貌,对于部分景观进行虚拟修复。

圆明园的虚拟重建,是利用虚拟现实技术,完全依据复原设计图纸,对圆明园的所有景观进行数字还原。图 12-2 是圆明园虚拟重建效果的部分截图。

(a) 正大光明主殿

(b) 谐奇趣

(c) 万花阵

图 12-2　圆明园虚拟重建效果的部分截图

案例 12-3　上海世博会网上数字展示。

网上世博会全称"网上中国 2010 年上海世博会"(www.expo.cn),是指通过互联网和多媒体技术将上海世博会的展示内容以虚拟和现实相结合的方式呈现在互联网上,从而构筑一个能够进行网络体验和实时互动并具有其他辅助功能的世博会网络平台。网上世博会是集导览、推介、教育、展示四大基本功能于一体并以三维展示为主的大型活动类、展示类和互动类网络平台。

网上世博会展馆分为浏览馆和体验馆两类。在浏览馆中,访问者可以看到实体展馆建筑和馆内展项内容的真实再现。在体验馆中,除了在网上再现实体展馆外,为充分发挥互联网的独特优势,还设计虚拟拓展空间。在虚拟拓展空间内,参展方可以自行放置和建设实体展馆中没有的展项。

网上世博会的核心可以概括为一大创新和三大亮点。三维体验是网上世博会最大的创新,对 3.28km² 范围进行全景再现,对 350 余个展馆进行多角度展现,并配有虚拟海宝进行讲解。在展馆内部,三维漫游的展示方式使游客有身临其境的体验。三大亮点是互动交流、全球共建和未来之城。其中,未来之城则以角色扮演和第一人称视角的方式让访问者在整个园区和部分大型展馆中自主游览,并能通过与其他游客的即时交流共同完成组织者预先设定的"游戏任务",是上海世博会热心观众交流、协作的一个虚拟平台。未来之城数字展示截图如图 12-3 所示。

(a) 与成龙邂逅

(b) 欣赏《清明上河图》

图 12-3　未来之城数字展示截图

值得一提的是,水晶石数字科技有限公司提供了网上世博会的创意策划和数字展示。

12.1.2 数字展示系统的组成

从广义来说,数字展示系统应该包括3部分:展品资料、展示设备和参观者。展品资料是展示活动的基础和主题,一般包括展品各方面的详细说明文字,能够很好地说明产品的相关图纸、图片或其他的动画资料等。展示设备指计算机硬件、软件和外部设备等数字展示的技术支持设备。参观者是展示服务的对象,也是展示之所以产生、存在和发展的社会基础。

从狭义来说,数字展示系统专指展示设备,主要由计算机硬件、计算机软件和外部设备3部分构成。计算机硬件由主机、显示器、键盘、鼠标等组成。计算机软件主要包括系统软件和各类媒体创作软件。外部设备是数字展示系统区别于一般计算机系统的地方,数字展示系统正是通过各种外部设备来达到多样的展示效果。外部设备有两类:一类是沉浸式展示中的头盔显示器、数据手套、追踪定位器、操纵杆、三维鼠标等;另一类是非沉浸式展示中的必备设备,有数码相机、全景拍摄工作台、三脚架、鱼眼镜头、云台等。部分外部设备如图12-4所示。

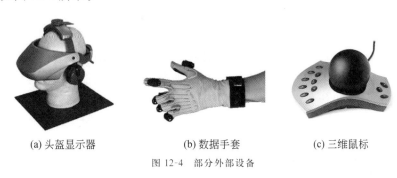

(a) 头盔显示器   (b) 数据手套   (c) 三维鼠标

图 12-4 部分外部设备

案例 12-4 数字展示中的外部设备。

1) 头盔显示器

头盔显示器可提供视觉显示、立体声音输出以及头部位置跟踪的功能。它将图像直接提供给眼睛,而对所有无关的视觉信息进行过滤。头盔的前部有两个小型液晶显示屏和光学系统,使用户的左右眼可以同时看到两个屏幕上相位略有差别的影像,从而产生虚拟空间的立体感。头盔上的位置跟踪器能够不断测量用户的头部位置和方向,并将计算机生成的当前场景调整到与头部位置相适应的影像,使用户可以从各个角度看到计算机生成的虚拟物体,从而消除人机之间存在的障碍。头盔显示器虽然具有沉浸感强、用户行走方便等诸多优点;但其也有以下缺点:重量较大,往往给用户以负重感;图像显示分辨率较低;当需要查看和处理现实空间中的事物时必须摘下头盔。

2) 数据手套

数据手套是应用最为广泛的三维输入工具,它可以将手的运动转化为计算机输入信号。其工作原理是:手活动时,数据手套通过其上的若干三维传感器对这些活动进行检测,测量出每个手指关节的弯曲角度,并根据这些信息向计算机送入相应的电信号。计算机将这些信号转换为虚拟手的动作,这些虚拟手就可以被控制着随用户手的移动而移动。数据手套可跟踪手的位置和手势命令，这样的系统有助于对虚拟物体的定位、移动等操作。

3）三维位置跟踪器

三维位置跟踪器用于跟踪头、手、腿或其他对象的位置。三维位置跟踪器根据其采用的传感器的不同而具有不同的形式。三维鼠标是最简单的三维位置跟踪器，它由分别与计算机相连的声发射器和接收器组成，声发射器是呈三角形排列的 3 个小型超声波扬声器，它发出 50Hz 的信号，被鼠标上的麦克风接收，鼠标和声发射器之间进行通信，测出鼠标空间位置的变化。

12.1.3　数字展示的特征

数字展示的创作工具、传播载体是计算机和网络等数字化设备，其形态是数字化的信息流。因此，可以利用更多的科技手段来创造新颖而极具感染力的表现形式和效果。与此同时，相对于传统展示的表现形式，数字展示受到物质条件的制约更大。计算机、网络和新技术的不断发展给数字展示带来的技术优势是传统展示形式难以企及的。相对于传统的展示方式，数字展示的特征主要表现为以下 3 方面。

1. 互动的交流方式

互动的交流方式更符合现代信息的传播理念，也更能调动参观者的积极性，提高参观者的兴趣。在传统的展览中，往往参观者只能看，很多展柜都挂着牌子——"请勿触摸"。而数字展示可以让参观者主动控制展示，观众已不是旁观者，而成了世界奥秘的探索者。数字展示打破了以往那种单一的、静态的、封闭的展示方式，变成一种鼓励参观者察局部，在真实的环境中理解展品，让参观者直接动手操作的独特展示方式。在 2000 年威尼斯建筑双年展中，设计师非常重视对互动性的设计。法国展馆将设计概念延伸至室外，一艘垂挂着白色纱帘的威尼斯汽船航行在展区之间，供参观者登船参与讨论。

2. 迅速、广泛的传播渠道

互联网结合最新的多媒体技术，以开放的架构整合各种资源。以资讯传达为目的的现代展示也迅速采用信息技术，创造国际化、网络化的快速展示方法。通过互联网，展示信息可迅速在世界上广泛传播，突破地理位置带来的局限，促进信息在国际的频繁交流，达到展示的目的。在 2000 年上海艺术博览会上，网络成为别具风格的景观。网络与上海艺博会"链接"，使网友在不同时期能够获得众多的服务与视觉享受。

3. 多样化的表现手段

数字展示结合多媒体技术，通过不同媒体形式进行展品的展示。计算机技术的发展以及多媒体、超媒体技术的应用推广，极大地改变了展示设计的技术手段。与此相适应，设计师的观念和思维方式也有了很大的改变，先进的技术与优秀的设计结合起来，使得技术更为人性化，真正服务于人类。它的应用拓宽了展示内容及手段，进一步推动了现代展示技术的发展。

通过虚拟现实技术来创建和体现虚拟展示世界是数字展示的另一个主要发展方向。通过虚拟现实技术，展示空间延伸至电子空间，超越人类现有的空间概念。设计师可以不受现实空间的约束，在虚拟的世界里创作、观察、修改，从多个角度观察自己设计的每

一个展示,也可以设计成各种形状,采用各种建筑形式,并比较优劣,而不再像以前那样只能在头脑中想象。同时,计算机多种多样的表现形式、丰富的色彩也极大地激发了设计师的创作灵感,使其有可能设计出更好的展示方案。

12.2 虚拟现实技术

虚拟现实(Virtual Reality,VR)是 20 世纪末逐渐兴起的综合性信息技术,它融合了数字图像处理、计算机图形学、人工智能、多媒体、传感器、网络以及并行处理等多个信息技术分支的最新发展成果。

12.2.1 虚拟现实技术的发展

虚拟现实技术的发展大体上可以分为 4 个阶段。

1. 第一阶段

虚拟现实技术是一种有效地模拟生物在自然环境中的视、听、动等行为的交互技术,其概念是发展的、变化的。1929 年,发明家 Edwin A. Link 发明了飞行模拟器,使乘坐者感觉和坐在真的飞机上一样。1962 年,美国 Morton Heilig 发明了"全传感仿真器",它孕育了虚拟现实思想。

2. 第二阶段

1965 年,Ivan Sutherland 发表了论文 *Ultimate Display*,提出了感觉真实、交互真实的人机协作新理论。1968 年,他开发了头盔式立体显示器,后来他开发了一个虚拟系统,这个虚拟系统称得上是第一个虚拟现实系统。Ivan Sutherland 的论文和虚拟系统是虚拟现实技术的萌芽。

3. 第三阶段

1977 年,Dan Sandin、Tom DeFanti 和 Rich Sayre 研制出第一个数据手套——Sayre Glove。20 世纪 80 年代,美国国家航空航天局组织了一系列有关 VR 技术的研究 :1984 年,M. McGreevy 和 J. Humphries 开发出用于火星探测的虚拟环境视觉显示器;1987 年,Jim Humphries 设计了双目全方位监视器的最早原型。VPL 公司的 Jaron Lanier 于 1989 年提出了用 Virtual Reality 这一术语,并且提出把虚拟现实技术作为商品,以推动其发展和应用。

4. 第四阶段

1990 年,在美国达拉斯召开的 SIGGRAPH 会议上明确提出,VR 技术研究的主要内容包括实时三维图形生成技术、多传感器交互技术和高分辨率显示技术,为 VR 技术的发展确定了研究方向。20 世纪 90 年代,VR 技术的研究热潮也开始向民间的高科技企业转移。VPL 公司开发出命名为 DataGloves 的第一套传感手套,命名为 EyePhones 的第一套头盔显示器。进入 21 世纪后,VR 技术进入软件高速发展的时期,一些有代表性的 VR 软件开发系统(如 MultiGen Vega、OpenSceneGraph、Virtools 等)不断发展完善。

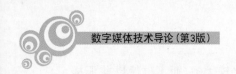

12.2.2　虚拟现实技术的概念与特征

1. 概念

虚拟现实技术是指利用计算机生成一种模拟环境,并通过多种专用设备使用户"进入"该环境中,实现用户与该环境直接进行自然交互的技术。

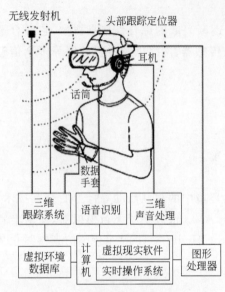

图 12-5　典型的 VR 系统结构

典型的 VR 系统主要由计算机硬件系统、应用软件系统、虚拟环境数据库、输入设备和输出设备 5 部分组成,如图 12-5 所示。

计算机硬件系统在虚拟现实系统中处于核心地位,主要负责从输入设备中读取数据,访问与任务相关的数据库,执行任务要求的实时计算,从而实时更新虚拟世界的状态,并把结果反馈给输出设备。由于虚拟世界是一个复杂的场景,系统很难预测所有用户的动作,也就很难在内存中存储所有相应的状态,因此虚拟世界需要实时更新,极大地增加了工作量,这对计算机的配置提出了极高的要求。

应用软件系统是实现 VR 技术应用的关键,提供了工具包和场景图,以完成虚拟世界中对象的几何模型、物理模型、行为模型的建立和管理,三维立体声的生成,三维场景的实时绘制,虚拟世界数据库的建立与管理,等等。目前这方面国外的软件有 MultiGen Creator、VEGA、EON Studio 和 Virtool 等,国内的软件有中视典公司的 VRP 等。

虚拟环境数据库的作用是存放整个虚拟环境中所有物体的各方面信息(包括物体及其属性,如约束、物理性质、行为、几何形状、材质等)。虚拟环境数据库由实时系统软件管理。虚拟环境数据库中的数据只加载用户可见部分,其余留在磁盘上,需要时导入内存。

虚拟现实系统通过输入设备接收来自用户的信息。用户基本输入信号包括用户的头、手位置及方向、声音等。输入设备主要有数据手套、三维球、自由度鼠标、生物传感器、头部跟踪器和语音输入设备等。

虚拟现实系统根据人的感觉器官的工作原理,通过虚拟现实系统的输出设备,使人对虚拟现实系统的虚拟环境得到身临其境的感觉,这主要由三维图像视觉效果、三维声音效果和触觉(力觉)效果来实现。

虚拟环境的构建过程主要有两步:第一步是三维物体的建模,典型的建模软件有 AutoCAD、Multigen、VRML 等。第二步是虚拟场景的建立及三维物体与虚拟场景的集成,典型的虚拟场景软件有 Vega、OpenGVS、VRT、Vtree 等。

2. 虚拟现实技术的特征

VR 技术具有 3 个最突出的特征:交互性(Interactivity)、沉浸感(Immersion)和想象

力(Imagination),又称为3I。

（1）交互性是指用户使用专门的输入输出设备,利用人类的自然感知对虚拟环境中对象的可操作程度和从虚拟环境中得到反馈的自然程度(包括实时性)。虚拟现实系统更强调自然的交互方式,主要借助于各种专用设备(如头盔显示器、数据手套等)产生,从而使用户以自然方式(如手势、体势、语言等)像在真实世界中一样操作虚拟环境中的对象。

（2）沉浸感又称临场感,是指用户感到作为主角存在于虚拟环境中的真实程度。理想的虚拟环境应该使用户难以分辨真假,使用户全身心地投入到计算机创建的三维虚拟环境中,该环境中的一切看上去是真的,包括听上去、动起来、闻起来、尝起来等一切感觉,就如同真实世界。影响沉浸感的主要因素包括多感知性、自主性、三维图像中的深度信息、画面的视野、实现跟踪的时间或空间响应及交互设备的约束程度等。

（3）想象力指用户在虚拟世界中根据其获取的多种信息和自身在系统中的行为,通过逻辑判断、推理和联想等思维过程,随着系统的运行状态变化而对未来进展进行想象的能力。

12.2.3 虚拟现实系统的分类

虚拟现实系统通常分为以下3类。

1. 桌面式 VR 系统

桌面式 VR(Desktop VR)系统使用个人计算机和低级工作站来产生三维空间的交互场景。在这种系统中,用户会受到周围现实环境的干扰而不能获得完全的沉浸感。但由于其成本较低,因此仍然比较普及。

2. 沉浸式 VR 系统

沉浸式 VR(Immersive VR)系统利用头盔显示器、洞穴式显示设备和数据手套等交互设备把用户的视觉、听觉和其他感觉封闭起来,使用户真正成为 VR 系统内部的一个参与者,产生一种身临其境、全心投入并沉浸其中的体验。与桌面式 VR 系统相比,沉浸式 VR 系统的主要特点在于高度的实时性和沉浸感。

3. 分布式 VR 系统

分布式 VR(Distributed VR)系统指基于网络构建的虚拟环境,将位于不同物理位置的多个用户或多个虚拟环境通过网络互联并共享信息,使用户的协同工作达到很高的境界。这种系统主要应用于远程虚拟会议、虚拟医学会诊、多人网络游戏、虚拟战争演习等领域。

12.2.4 虚拟现实技术的应用领域

虚拟现实技术自 20 世纪 80 年代发展至今,成本不断降低,而形象越来越逼真,因此已应用到众多领域。典型的应用领域有以下几方面。

1. 教育

把分布式虚拟现实系统用于建造人体模型、计算机太空旅游、化合物分子结构显示等领域，由于数据更加逼真，大大提高了人们的想象力，激发了受教育者的学习兴趣，学习效果十分显著。同时，随着计算机技术、心理学、教育学等多种学科的相互结合、促进和发展，系统因此能够提供更加协调的人机对话方式。

2. 工程应用

当前的工程很大程度上要依赖于图形工具，以便直观地显示各种产品。目前，CAD/CAM已经成为机械、建筑等领域必不可少的软件工具。分布式虚拟现实系统的应用使工程人员通过万维网或局域网按协作方式进行三维模型的设计、交流和发布，从而进一步提高生产效率并削减成本。

3. 商业应用

对于那些期望与顾客建立直接联系的公司，尤其是那些在其主页上向顾客发送电子广告的公司，互联网具有特别的吸引力。分布式虚拟系统的应用有可能大幅度改善顾客购买商品的体验。例如，顾客可以访问虚拟系统中的商店，在那里挑选商品，然后通过Internet办理付款手续，商店则及时把商品送到顾客手中。

4. 娱乐应用

娱乐领域是分布式虚拟现实系统的一个重要应用领域。它能够提供更为逼真的虚拟环境，使人们能够享受其中的乐趣，带来更好的娱乐体验。

12.3 增强现实和混合现实技术

12.3.1 增强现实技术

1. 增强现实的基本概念与特点

增强现实（Augmented Reality，AR）是一种将真实世界信息和虚拟世界信息无缝集成的新技术，把原本在现实世界的一定时间、空间范围内很难体验到的实体信息（视觉、听觉、嗅觉、触觉等信息），通过计算机等科学技术，模拟仿真后再叠加到现实场景中，将虚拟的信息应用到真实世界，被人类感官所感知，从而达到超越现实的感官体验。简单来说，增强现实是一种实时地计算摄影机影像的位置及角度，并加上相应图像、视频、三维模型的技术，其目标是在屏幕上把虚拟世界叠加在现实世界并进行互动。增强现实技术可广泛应用到军事、医疗、建筑、教育、工程、影视、娱乐等领域。

增强现实技术包含了多媒体、三维建模、实时视频显示及控制、多传感器融合、实时跟踪及注册、场景融合等新技术与新手段。它具有3个突出的特点：

（1）真实世界和虚拟世界的信息集成。

（2）具有实时交互性。

（3）在三维尺度空间中增添并定位虚拟物体。

2. 增强现实系统组成

一个完整的增强现实系统是由一组紧密联系、实时工作的硬件与相关的软件系统协同实现的，常见的组成形式有如下3种。

1）基于计算机显示器的增强现实系统

在基于计算机显示器（Monitor-Based）的虚拟现实系统实现方案中，摄像机摄取的真实世界图像输入到计算机中，与计算机图形系统产生的虚拟景像合成，并输出到计算机显示器，用户从显示器上看到最终的增强场景图片。这种技术组成简单，不能带给用户太多的沉浸感。其工作过程如图12-6所示。

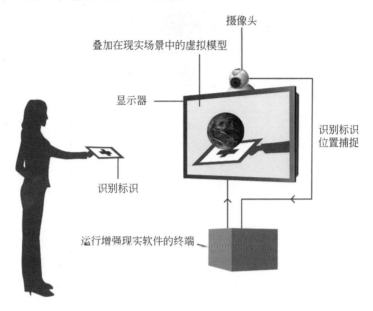

图12-6　基于计算机显示器的增强现实系统

2）基于头盔式显示器的增强现实系统

头盔式显示器（Head-Mounted Display，HMD）被广泛应用于虚拟现实系统中，用以增强用户的视觉沉浸感，这对于增强现实技术同样适用。HMD根据具体实现原理又划分为两大类：基于光学原理的透视式HMD和基于视频合成技术的透视式HMD。光学透视式增强现实系统实现方案如图12-7所示。

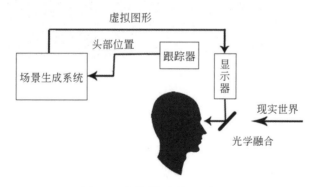

图12-7　光学透视式增强现实系统

光学透视式增强现实系统具有简单、分辨率高、没有视觉偏差等优点，但它同时也存在着定位精度要求高、延迟匹配难、视野较窄和价格高等不足。

视频透视式增强现实系统采用的基于视频合成技术的透视式 HMD。其实现方案如图 12-8 所示。

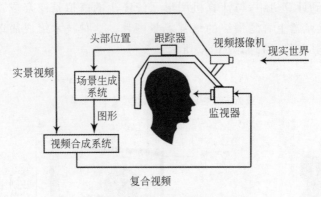

图 12-8　视频透视式增强现实系统

12.3.2　混合现实技术

混合现实（Mixed Reality，MR）是虚拟现实技术的进一步发展，通过在虚拟环境中引入现实场景信息，在虚拟世界、现实世界和用户之间搭起一个交互反馈的信息回路，以增强用户体验的真实感。混合现实包括增强现实和虚拟现实，是合并现实和虚拟世界而产生的新的可视化环境。混合现实的效果示例如图 12-9 所示。

图 12-9　混合现实的效果示例

混合现实先通过扫描周围的物理环境，然后创建一个周围物理环境的三维模型，将数字内容加入这个模型空间里，通过手势控制的方式进行交互操作。

如果一切事物都是虚拟的，那就是虚拟现实；如果展现出来的虚拟信息叠加在现实事物上，那就是增强现实。混合现实的关键点就是与现实世界的交互和信息的及时获取。

案例 12-5　增强现实实例。

操作步骤如下：

（1）在浏览器地址栏输入地址 http://www.sightp.com/，打开"视＋AR"网站并注册账户。

（2）登录后，在产品中选择"视＋AR编辑器"，根据需要及自己的熟练程度选择用户类型，有初级用户、中级用户和高级用户3种，分别使用模板工具、Web编辑器工具和SunTool工具，如图12-10所示。

图12-10 选择用户类型

（3）在"模板工具"中单击"去制作"按钮，打开编辑管理界面，如图12-11所示。

图12-11 编辑管理界面

（4）单击"从模板创建"按钮，在弹出的模板列表中选择适合的类型，单击"开始制作"按钮，如图12-12所示。

（5）创建基本AR信息，包括文字信息、频道和识别图等，如图12-13所示。注意，识别图的图案不能存在大量重复、分布不均匀或太简单，如图12-14所示。

（6）上传图片，编辑AR内容，如图12-15所示。编辑完成后单击"发布"按钮。

（7）在编辑管理界面点击制作好的AR识别图进行预览，可以看到识别图下方出现应用名称和邀请码，如图12-16所示。

（8）在手机、平板计算机或台式机上安装"视＋AR"浏览器。打开浏览器后，扫描识别图，输入邀请码，对准识别图像，即可在实景上看到添加的虚拟画面效果，在屏幕上可

图 12-12　选择模板类型

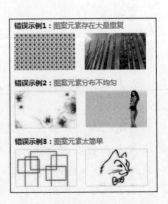

图 12-13　创建基本 AR 信息　　　　　图 12-14　识别图的错误示例

以控制虚拟画面的缩放、旋转等。

图 12-15 编辑 AR 内容

图 12-16 识别图预览

12.4 数字展示技术及应用案例

数字展示技术已经应用到商品展示、数字图书馆、数字博物馆、数字娱乐等诸多领域。下面介绍多点触摸系统、全息成像系统、互动投影系统和多通道立体环幕投影系统

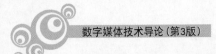

这 4 种数字展示技术的应用案例。

12.4.1 多点触摸系统

多点触摸系统又称多点互动系统,一般采用多点识别软件与红外感应、电阻电容感应、雷达动作捕捉等硬件技术实现。与传统的人机交互方式相比,多点触摸系统摆脱了对鼠标和键盘的使用,实现了一种完全不同的交互方式。

多点触摸系统通过触摸屏(触摸桌面、触摸墙面等)或触控板接收多个用户同时操作屏幕所产生的输入信息,系统能对这些用户产生的多点操作同时进行处理,结合各种炫酷的多媒体软件,可以营造出一种神奇、有趣的多人互动氛围。

多点触摸系统分为多点触摸桌系统、多点触摸墙系统等。

多点触摸系统的实现方法有很多。基于图像识别的多点触摸系统利用摄像头进行图像信息的采集,然后利用软件进行图像分析,可以实现超大规模的多点互动触摸系统。这种系统目前已得到广泛应用,其基本原理如图 12-17 所示。

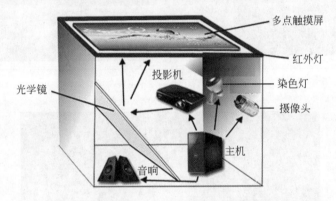

图 12-17 基于图像识别的多点触摸系统的基本原理

多点触摸系统常用于展览馆、博物馆、规划馆、企业展厅、主题展馆等众多展示场所。多点触摸系统支持多个用户同时与机器交互,并且每个用户可以同时用多个手指操作屏幕,通过双手随心所欲地操控系统,进行单击、双击、平移、旋转、翻转等不同手势的操作,图 12-18 和图 12-19 分别是多点触摸桌系统和多点触摸墙系统的例子。

图 12-18 多点触摸桌系统

图 12-19 多点触摸墙系统

12.4.2 全息成像系统

全息成像系统也叫全息投影系统,是近年来兴起的一种高科技展示系统。它利用投影技术将物体真实的三维图像再现到全息膜上,给人造成一种多视角立体感。全息成像是通过光学显示系统与3D软件的巧妙融合而完成的具有强烈视觉效果的多媒体展示系统,可给使用者以全新的互动感受。

全息投影分为180°全息投影、270°全息投影、360°全息投影和幻影成像。其中,180°全息投影适合单面展示,一般应用在3D成像面积较大的舞台全息投影和成像面积超大的场合,并且可以实现互动;360°全息投影适合展示单件的贵重物品,并且4面都可以看到三维的影像。

全息成像技术的基本原理是利用干涉和衍射原理记录并再现物体真实的三维图像。利用干涉原理记录物体光波信息,此即拍摄过程:被摄物体在激光辐照下形成漫射式的物体光波;另一部分激光作为参考光束射到全息底片上,和物体光波叠加产生干涉,把物体光波上各点的相位和振幅转换成在空间上变化的强度,从而利用干涉条纹间的反差和间隔将物体光波的全部信息记录下来。其基本原理如图12-20所示。

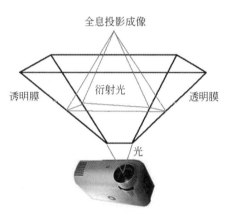

图12-20 全息成像系统的基本原理

全息成像系统常用于科技馆、规划馆、行业展馆、企业展厅等众多展示场所。图12-21是一个270°全息投影系统,主要用于向用户展示珍贵的虚拟珠宝。图12-22是一个360°全息投影系统。在2015年利用全息成像技术打造的邓丽君逝世20周年演唱会虚拟影像。

图12-21 270°全息投影系统

图12-22 360°全息投影系统打造的邓丽君虚拟影像

12.4.3 互动投影系统

互动投影系统是混合了虚拟现实技术与动感捕捉技术，通过计算机产生三维影像，提供给用户一个三维空间并与之互动的一种技术。用户在操控虚拟影像的同时也能接触真实环境。

互动投影系统的基本原理是：首先通过捕捉设备（感应器）对目标影像（如参与者）进行捕捉拍摄，然后由影像分析系统进行分析，从而产生被捕捉物体的动作，该动作数据结合实时影像互动系统，使参与者与屏幕之间产生紧密结合的互动效果。互动投影系统的基本原理如图 12-23 所示。

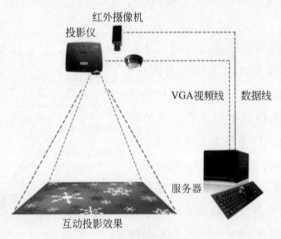

图 12-23　互动投影系统的基本原理

这里应该注意的是：投影仪投射的光线是可见光部分，它的红外部分被它内部的过滤膜过滤掉；而红外摄像机看不到投影仪投射的内容，只能看到人体，所以红外摄像机拍摄到的是去除了干扰背景后的人体动作，这使得人体动作的识别变得容易。

互动投影系统根据环境及行业的需要，可以分为以下几个类别：地面互动投影系统、桌面互动投影系统、墙面互动投影系统、互动背面投影系统、橱窗互动投影系统、立面互动投影系统、台面互动投影系统、翻书投影系统、遥指投影系统等。

互动投影系统的应用非常广泛，常见的有规划馆、博物馆、品牌展厅、商业展厅、科技馆、儿童科学乐园、少年宫、儿童活动中心的互动展示和多媒体展示以及主题公园规划设计展示等。图 12-24～图 12-27 是互动投影系统不同应用的例子。

12.4.4 多通道立体环幕投影系统

多通道立体环幕投影系统是指采用多台投影机组合而成的多通道大屏幕展示系统。它比普通的标准投影系统具备更大的显示尺寸、更宽的视野、更多的显示内容、更高的显示分辨率以及更具冲击力和沉浸感的视觉效果。

图 12-24 地面互动投影

图 12-25 墙面互动投影

图 12-26 橱窗互动投影系统

图 12-27 翻书投影系统

多通道立体环幕投影系统按环幕的圆心角大小可分为 120°、135°、180°、240°、270°、360°等不同规格,也可定制不规则的环幕。

多通道立体环幕投影系统的种类虽然非常多,但其实现原理基本相同,这里就以最简单的二通道立体环幕投影系统为例介绍其原理,如图 12-28 所示。整个系统基本上可以分为 3 部分:环形屏幕、投影系统和服务器系统。环形屏幕根据需要可以设计成不同圆心角的屏幕。所谓二通道就是采用两组投影仪进行投影。为了实现立体效果,每组投影仪一般由两个投影仪构成,就好像人的双眼,所以二通道就要采用 4 台投影机进行投影。为了实现两组投影仪所产生的图像的一致性显示,解决图像的重叠、色差、位置偏差等问题,要采用专门的服务器,这就是融合服务器的功能。用户服务器主要负责立体影片的播放和管理。

多通道立体环幕投影系统已经广泛应用于广告、教学、视频播放、电影播放等领域。图 12-29 和图 12-30 展示了其例子。

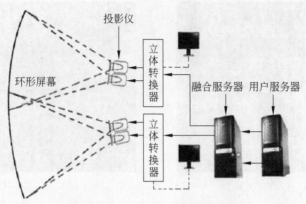

图 12-28 二通道立体环幕投影系统原理

图 12-29 240°环幕立体投影系统

图 12-30 180°环幕立体投影系统

思考与练习

1. 填空题

（1）典型的虚拟现实系统主要由_____、_____、_____和_____ 4 部分组成。

（2）虚拟环境的构建过程由_____和_____两步组成。

（3）虚拟现实技术的主要特征有_____、_____和_____。

（4）地面多媒体互动投影展示系统利用悬挂在顶部的_____把图形影像投射到地面,通过_____识别走过该区域的观众的行为。

2. 简答题

（1）简述数字展示和数字展览的区别和联系。

（2）从网上寻找一个数字展示的案例,利用虚拟现实技术分析该案例,着重分析它使用了哪些技术、效果如何及有无更好的展示方式等。

3. 拓展题

数字展示的案例现在到处可见,特别是在博物馆、科技馆、博览会等场所。为了能够

更好地帮助其他人了解这些技术,请你寻找一个数字展示的案例,撰写一个报告。

报告包含的内容主要如下:

- 展示的内容和效果(提供照片)。
- 案例的硬件组成。
- 展示的原理等。

第 13 章　数字媒体服务技术

数字媒体服务技术主要分为内容服务技术和服务支撑技术两个方面。内容服务技术主要研究以下问题：如何建立可扩展、定制、向上兼容的分类体系，以便形成由内容转码技术、内容聚合技术、内容搜索技术、内容版权技术等构成的数字内容支撑体系；如何制定数字媒体内容接口规范，为内容集成分发平台、内容运营服务示范提供基础性的技术和支撑服务。服务支撑技术主要研究如何建设现代服务业共性服务技术（以安全、信用、认证、支付等）和实物交易服务技术（以商务、物流为代表），并加以有机结合，形成完整的内容服务的共性技术支撑体系。数字媒体服务技术体系如图 13-1 所示。

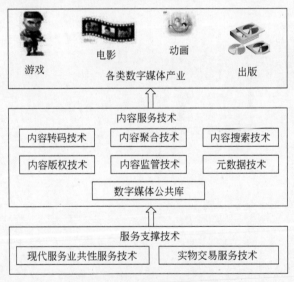

图 13-1　数字媒体服务技术体系

13.1　内容转码技术

13.1.1　内容转码技术概要

数字媒体内容转码技术是指改变视音频等数字内容的格式、比特率/分辨率，使其能在其他数字内容终端设备上播放。内容转码技术主要用于解决格式不兼容的问题，同时

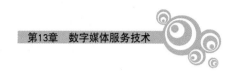

也是未来所有数字内容产品获得成功的必备技术。

内容转码分为音频转码和视频转码两种。音频转码比较简单,主要涉及异构转码问题。下面重点介绍视频转码的相关技术。

视频转码又可以划分为比特率转码、分辨率转码和异构转码三大类。

比特率转码又称为码率转码,其目的是通过转码降低源视频的比特率,使之符合传输信道带宽的要求,同时尽可能保证转码后视频的质量不会下降太大,主要应用于电视广播、Internet 视频流传输、无线网络等传输领域。

分辨率转码包括空间分辨率转码和时间分辨率转码,前者是指减小源视频图像的空间尺寸,后者指降低源视频序列的帧率。使用分辨率转码主要是为了适应手机、掌上电脑等移动多媒体设备有限的显示能力和处理能力,它也可以用于高清电视到标清电视的转换。

异构转码指不同编码标准之间的转码。自 1990 年第一个视频编码国际标准 H.261 问世以来,视频编码技术发展迅速,MPEG-1、MPEG-2、H.263 等新标准不断涌现。各种标准之间转码是异构转码的主要内容。

视频转码的 3 种类型是相互联系的,通常在进行降低分辨率转码的同时,也降低了视频序列的比特率;而不同标准之间的异构转码也会用到分辨率转码中的技术。特别是在现代转码技术中,常常需要将各种手段融合在一起,从多角度、多方面进行优化。

13.1.2　CPDT 视频转码技术原理

视频转码最简单的实现方式就是将输入的压缩视频流解码至像素域,然后再按照输出格式的要求直接压缩成另一种格式的视频流,称为级联像素域转码(Cascaded Pixel-Domain Transcoding,CPDT)。

如图 13-2 所示,CPDT 本质上是将一个解码器和一个编码器级联起来,输入视频流完全解码得到像素域图像,经过中间处理(如空间下采样、插入水印等)后再完全重新编码。由于编码部分和解码部分在结构上是完全独立的,因而在视频转码时具有很大的灵活性,可以在不同的比特率、不同的分辨率(包括空间和时间分辨率)以及不同的编码标准之间进行转换。而且由于 CPDT 是在像素域将图像重新编码的,因此转码后输出的图像质量较高。但是 CPDT 在编码部分需要重新进行宏块编码模式选择和运动估计(Motion Estimation,ME),计算复杂度最高,而且需要的缓存空间也最大,如果完全靠软件来实现,则远远不能满足实际应用的需要。

13.1.3　常用视频转码工具介绍

目前,已经存在的视频转码工具非常多。下面介绍几种常用视频转码工具,如表 13-1 所示。

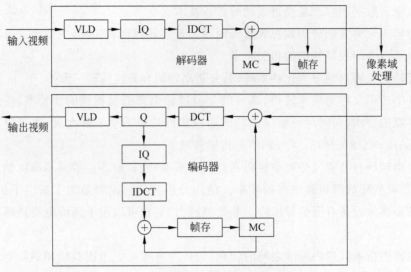

VLD：可变长解码，VLC：变长编码，
Q：量化，IQ：反量化
DCT：离散余弦变换，IDCT：离散余弦逆变换
MC：运动补偿(Motion Compensation)

图 13-2　级联像素域转码体系结构

表 13-1　常用视频转码工具介绍

序号	工具名称	公司	特　　点
1	暴风转码	暴风影音	支持超过 500 种源格式，几乎所有格式都能转；将 PC 的音视频转换成手机格式是其一大特色；支持简单的视频编辑功能
2	视频通	豪杰	支持 VOB、DAT、MPEG 1、MPEG-2、MPEG-4、AVI、RM 等常见视频格式的转换；支持将视频格式转换为 GIF
3	Easy Video Converter	Amigo	支持将 AVI 格式转换为 DIVX、MPEG、VCD、SVCD、DVD、WMV、ASF 等格式；将 MPEG 转换为 AVI 或者 DIVX，或者 MPEG 与 PAL 和 NTSC 互相转换；还支持将 JPEG、BMP 等图片文件转换为 AVI 视频文件
4	ConvertMovie	Movavi	可以在所有流行的视频格式之间进行简单的转换，保存用于 iPod、PSP 或者手机的视频和 DVD；将多个视频文件合并为一个视频文件，分割 DVD 以及在视频文件中提取音轨
5	Ultra Video Converter	Ultra	可以在 AVI、DivX、XviD、MPEG-1、MPEG-2、VCD、SVCD、DVD、WMV 和 ASF 文件格式之间转换；支持视频分割、组合等编辑功能

案例 13-1　暴风转码软件。

暴风转码是暴风影音公司推出的一款免费的专业音视频转换产品。由于暴风转码能够实现所有流行音视频格式的转换，又有"万能转码器"之称。暴风转码的另一个特点就是可将计算机上的视频转换成智能手机、iPod、PSP 等掌上设备支持的视频格式。

暴风转码还支持输出视频的预览和简单的编辑功能。支持的编辑功能主要有视频片段的截取、画面的裁切、声音的放大、字幕的编辑等。

暴风转码的操作也非常简单。下面介绍将一个 MPEG 文件转换成苹果 iPhone 手机视频的过程,详细步骤如下:

(1) 启动暴风转码软件。

(2) 单击"添加文件"按钮,添加需要转码的文件,如图 13-3 所示。

图 13-3　添加需要转换的文件

(3) 单击"自定义模式"下拉列表右侧的"详细参数",打开"输出格式"对话框,"输出类型"选择"手机","品牌型号"选择"苹果"与"iPhone",如图 13-4 所示。如果想要转换的视频尺寸不是默认的 480×320,则通过单击"详细参数"来设置。

图 13-4　输出格式设置

(4) 设置输出目录的位置。

(5) 单击"开始"按钮,开始转码。

13.2　内容聚合技术

数字内容聚合是指通过对各类数字信息（包括文本、声音、图像、视频等）的核心数据进行有机整合并实现其核心数据共享的过程。内容聚合的目的是通过对各类数字内容深层主题信息的检测、挖掘与标注，并利用各类数字内容的主题语义关联链接，形成丰富的数字内容的综合摘要，通过用户行为分析与内容过滤为用户定制和推送与其关注和感兴趣的主题相关的丰富多彩的数字内容信息服务，这是未来数字网络互动娱乐服务社区的发展趋势。

RSS 是目前存在的一种典型的内容聚合技术，不过 RSS 当前只支持文本的数据共享。RSS 通过 XML 标准定义内容的包装和发布格式，使内容提供者和接受者都能从中获益。RSS 可及时传递用户需要的最新信息，全面报道用户感兴趣的网站内容，能够按照内容的重要性进行排序，并且将最新和最重要的内容置于顶端。用户可以根据自己的兴趣对商品进行定制，并且能够随时掌握最新的标价等信息。目前 RSS 被广泛应用于新闻和博客网站中，网络用户可以在客户端借助于支持 RSS 的新闻、博客聚合工具软件，在不打开网站内容页面的情况下阅读支持 RSS 输出的网站内容。

13.2.1　RSS 的历史

由于历史发展的原因，对于 RSS 的解释存在着一些争议。比较普遍的说法有两种：一种是 Rich Site Summary 或 RDF Site Summary；另一种是 Really Simple Syndication。

RSS 最初是由 Netscape 公司设计的，主要用来建立一个整合了各主要新闻站点内容的门户。RSS 推出的第一个版本为 0.90 版。由于 0.90 版的规范过于复杂，并没有得到使用。其后续的简化版本——0.91 版随着 Netscape 公司对该项目的放弃而于 2000 年暂停。随后，UserLand 公司接手了 RSS 0.91 版，并把它作为其博客写作软件的基础功能之一继续开发，逐步推出了 0.92、0.93 和 0.94 等版本。随着网络博客的流行，RSS 作为一种基本的功能也被越来越多的网站和博客软件支持。

在 UserLand 公司接手并不断开发 RSS 的同时，很多专业人士认识到需要通过一个第三方、非商业性组织把 RSS 发展成一个通用的规范，并进一步标准化。于是，在 2001 年，一个联合小组在 0.90 版 RSS 的开发原则下，以 W3C 新一代的语义网技术 RDF（Resource Description Framework，资源描述框架）为基础，对 RSS 进行了重新定义，发布了 RSS 1.0，并将 RSS 定义为 RDF Site Summary。但是这项工作没有与 UserLand 公司进行有效的沟通，UserLand 公司也不承认 RSS 1.0 的有效性，并坚持按照自己的设想进一步开发 RSS 的后续版本。2002 年 9 月，UserLand 公司发布了最新版本 RSS 2.0，并将 RSS 定义为 Really Simple Syndication。

目前 RSS 已经分化为 RSS 0.9x/2.0 和 RSS 1.0 两个阵营，由于分歧的存在和 RSS 0.9x/2.0 的广泛应用现状，RSS 1.0 还没有成为真正的标准。

13.2.2　RSS 的原理

RSS 的原理如图 13-5 所示。RSS 的工作流程主要由 3 部分构成：作为内容提供者的各个网站、作为标题浏览者的用户和作为内容集结器的软件。数据的基本流程从 RSS 文件开始，沿箭头传递。

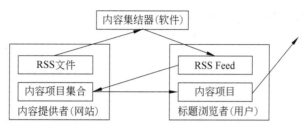

图 13-5　RSS 原理

RSS 文件是利用 XML 语言写成的，其中包含了网站的最新内容，例如标题、摘要或内容摘录等。内容集结器会定时到不同的内容提供者那里收取最新的 RSS 文件，用户则从内容集结器处选取并订阅 RSS 文件。当用户选定自己要搜索和必须过滤的主题项目后，就可在自己的计算机上随时查阅内容集结器送来的信息（RSS Feed），这些信息大多数是最新文章的标题。当用户浏览到自己感兴趣的标题时，则会通过 RSS 中所附的链接，到内容提供者的网站读取详细内容。目前可用的内容集结器分为两类：一类可通过用户端的计算机接收信息，如 FeedReader(http://www.feedreader.com/)；另一类则通过网页直接浏览，如 GoogleReader(http://www.google.com/reader)。

13.2.3　RSS 文件内容

RSS 文件利用 XML 语言书写，除了要符合 XML 语法之外，还必须包含一些固定的结点，如 channel、title 等。下面是一个 RSS 文件的完整实例，<!-- 和 --> 之间的部分为注释内容。

```
<?xml version="1.0" encoding="utf-8" ?>
<rss version="2.0">
<!--声明当前文件内容为 RSS 文件,属性 version(必选项)指定当前 RSS 的版本-->
<channel>
<!--固有结点-->
    <title>新闻中心-国内焦点新闻</title>
<!--对网站和当前 RSS 文件的简短描述-->
<description>国内焦点新闻列表</description>
-<!--对当前 RSS 文件的描述-->
    <link>http://news.sina.com.cn/china/index.shtml</link>
<!--网站主页链接-->
    <language>zh-cn</language>
<!--当前 RSS 使用的语言-->
```

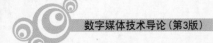

```
<copyright>Copyright 1996-2005 SINA Inc. All Rights Reserved</copyright>
<!--声明版权-->
    <pubDate>Wed, 26 Apr 2006 01:45:05 GMT</pubDate>
<!--当前 RSS 最后发布的时间-->
    <category>
<!--声明当前 RSS 内容的种类-->
<item>
<!---条信息-->
    <title>最高检察院：严惩公务员利用审批等权力索贿受贿</title>
<!--新闻标题-->
    <link>http://news.sina.com.cn/c/l/2006-04-26/08029720281.shtml</link>
<!--新闻链接-->
    <author>WWW.SINA.COM.CN</author>
<!--新闻作者-->
<category>国内焦点新闻</category>
<!--新闻种类-->
    <pubDate>Wed, 26 Apr 2006 00:02:53 GMT</pubDate>
<!--新闻最后发布时间-->
    <description>新华网沈阳 4 月 25 日电（记者 杨维汉、范春生）最高人民检察院常务副检
    察长张耕说，对于国家公务员在商业活动中利用职权谋取非法利益、索贿受贿的案件，必须发
    现一起，坚决查处一起。特别是对国家公务员利用行政审批权、行政执法权和司法权执法犯
    法、贪赃枉法、索贿受贿……</description>
<!--新闻的简单描述-->
    </item>
</channel>
</rss>
```

目前 RSS 提供的主要是文字信息，接收端则是 PC 设备。将来 RSS 不仅会传送语音或影像，甚至会传送多媒体文件，而且可以将文件直接传送到 PDA、手机等移动设备上。

13.3 内容搜索技术

在 20 世纪 70 年代，人们就开始利用元数据标注的方式建立对图像、视频等媒体的检索支持。但是，人们随后就发现这种检索方式存在着一些无法解决的缺陷：一是人工标注工作量大，尤其是网络的快速发展致使一些多媒体信息库的容量急剧膨胀，单靠人工标注，没有计算机的自动处理或者辅助处理，显然无法达到数据更新的要求；二是多媒体数据中包含着非常丰富的信息内容，而人工标注往往具有主观性，无法全面反映一个媒体对象；三是对于一些实时广播的流媒体，手工处理是根本不行的，必须使用计算机进行实时的内容分析。因此，基于内容的数字媒体检索技术应运而生。

所谓基于内容的检索（Content Based Retrieval，CBR）就是指根据媒体和媒体对象的内容语义及上下文联系进行检索。它突破了传统的基于表达式检索的局限，直接对图像、视频、音频内容进行分析，抽取特征和语义，利用这些内容特征建立索引，并进行检索。例如，可以利用图像中的颜色、纹理、形状进行检索。

下面以基于内容的图像检索为例，说明基于内容的检索原理。

13.3.1　基于内容的图像检索原理

基于内容的图像检索(Content-Based Image Retrieval,CBIR)技术自动提取图像内部的基本视觉特征,如颜色(灰度)、形状、纹理等,并根据这些特征建立索引以进行相似性匹配。图像的视觉特征可以建立在多个层次上,主要有:底层特征,包括颜色、纹理、形状等;中层特征,主要包括图像内的对象、图像背景、不同对象间的空间关系等;高层特征,主要是语义特征,如场景、事件、情感等。对于目前的图像检索技术而言,主要实现的是中层和低层的特征检索。

典型的CBIR系统框架可以用图13-6表示。整个系统框架由4个部分构成:人机交互接口、相似度匹配、图像数据库管理、输出和相关反馈。

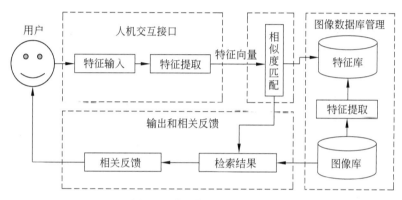

图13-6　典型的CBIR系统框架

人机交互接口部分主要是让用户输入图像的特征数据。常用的输入方式有以下几种:一种是从图像库中选择一些实例图像,来查找与实例图像相似度较高的图像;二是直接输入图像的一些特征,如30%的红色＋70%的蓝色;三是通过构造草图、轮廓图、选择纹理等方式。用户的这些输入最后都要转化成特征值的集合,即特征向量。

相似度匹配部分主要是利用提取的特征向量进行匹配。例如,利用颜色直方图特征进行匹配时,可以将颜色划分为红、黄、青、蓝等,以生成多维向量,对两幅图像中的多维向量进行比较,得出向量的距离,用来表示两幅图像的相似度。

图像数据库管理部分主要是利用关系数据库对图像本身以及提取的图像特征进行管理,包括图像本身的管理和图像特征的管理两个方面。

由于CBIR属于模糊查找方式,所以为了提高检索的正确性,输出和相关反馈部分不可缺少。该部分的主要过程是:用户对查询结果进行修改,然后将其作为查询条件再次输入,经过这样的多次交互,直到获得满意的结果。

13.3.2　CBR的研究成果

从20世纪90年代开始,CBR的研究一直都非常活跃,也取得了一系列成果。表13-2列举了一些重要成果。

表 13-2　CBR 研究的一些重要成果

项目名称	开发单位	面向领域	项 目 特 点
QBIC	IBM 公司	图像	系统建立较早,技术成熟,功能全面,设计框架和采用的技术对后来的图像检索系统产生了深刻的影响
VisualSEEK	哥伦比亚大学	图像	采用了图像区域之间的空间关系和从压缩域中提取的视觉特征,支持基于视觉特征的查询和基于空间关系的查询
TRECVID	IBM 公司	视频	是视频检索领域中的国际性权威评测系统,每年举办一次评测
Informedia	卡内基梅隆大学	音视频	结合语音识别、视频分析和文本检索等多种技术以支持音视频的检索
VoiceGraph	马里兰大学	音频	基于内容以及基于说话人的查询,能够检索已知主体所说的词语
3D Model Search Engine	普林斯顿大学	三维模型	支持二维、三维草图以及实例查询

案例 13-2　普林斯顿大学的三维模型检索系统。

美国普林斯顿大学的三维模型检索系统(http://shape.cs.princeton.edu/search.html)是一个多功能的三维模型检索系统,提供了多种用户检索接口,主要方式有以下 4 种:

(1) 通过关键字进行检索。如果对检索结果不满意,可以从检索结果集中再选择一个三维模型重新检索。

(2) 通过画出 3 个剖面的二维轮廓图进行检索。

(3) 利用 Teddy(根据二维图形的轮廓线构建三维模型的工具)创建一个三维模型的草图进行检索。

(4) 导入一个三维模型文件,对文件中的数据进行比较。

下面举两个简单的例子。利用第 2 种检索方式,用鼠标分别在 View1、View2 和 View3 中画出一个汽车模型的 3 个剖面,得到的检索结果如图 13-7 所示。利用第 3 种检索方式,用鼠标画出一个飞机模型草图,得到的检索结果如图 13-8 所示。

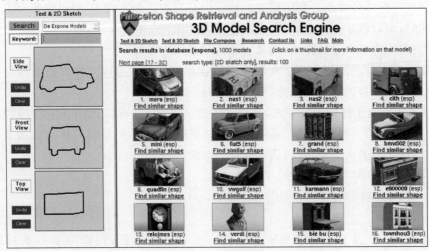

图 13-7　利用二维轮廓图检索的实例

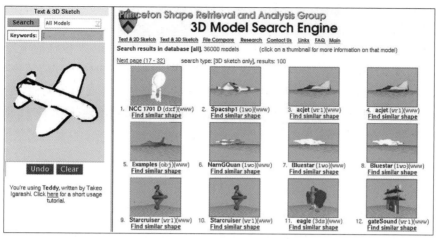

图 13-8 利用三维模型草图检索的实例

13.4 元数据技术

13.4.1 元数据概述

元数据(meta date)是关于数据的数据,或者说是描述数据的数据。建立元数据的目的是为了让计算机能够更好地管理各类媒体内容。例如,人们经常会使用数码相机拍照留念,然后将这些照片存放在计算机中。假如现在想查看某年夏天去长城游玩的照片。当照片比较少时,可能很容易找到;但当照片很多时,就有些困难了。这时,通过查找照片的创建日期,很容易找到所需的照片。如果把照片作为数据,那么创建日期就可以认为是照片的一个元数据。当然,对于照片的元数据内容远远不止创建日期一项,每张数码照片都会存在一个 EXIF 信息,它就是一种用来描述数码图片的元数据,这些元数据包括图像描述、作者、生产者、相机型号等。如果想详细地查看这些照片的元数据,可以通过查看每张照片属性的摘要来实现,如图 13-9 所示。

近年来,元数据在媒体内容的设计、创建、存储、管理、知识产权保护等领域得到应用,其研究与使用也不断深入。元数据是描述媒体文件背景、内容、结构及其整个管理过程并可为计算机及其网络系统自动辨析、分解、提取和分析归纳的数据,是一种关于媒体信息对象的结构化描述。其中,信息对象可以指各种数字媒体文件,如电子书、期刊文章、Word 文稿、学生注册信

图 13-9 照片元数据

息、图片、视频录像、网络课程等；结构化描述是指按照一定的规则对上述对象给予具体说明，如文档标题、文档类型、创建人、出版机构、创建日期、数据格式等。元数据的历史最早可以追溯到图书馆、档案馆、博物馆的卡片式文件管理系统。在传统的卡片式文件管理系统中，人们使用一定大小的纸质卡片来记录图书或卷宗的标题、作者、分类号、子标题等，并借此来定位、查找特定的内容。元数据的管理思想与此极为类似，随着 Web 的发展及数字媒体技术的不断进步，元数据的适用范围与功能迅速拓展，在日常工作与科学研究中发挥着越来越重要的作用。

13.4.2　元数据的分类

元数据按照其本身的描述方法和结构内容，可以分为以下 3 类：

（1）描述性元数据，主要描述信息对象的信息，这些信息主要包括文件的标题、作者、日期等。这类元数据非常重要，是进行媒体资源的定位、查找等操作的主要途径。另外，这类元数据对实现系统之间的互操作性也非常有用。

（2）结构性元数据，主要描述信息对象自身的属性信息，这些信息主要包括内容的章节、图示、视频段落、文件格式等。这些信息必须是可机读的，对媒体资产特定结构的识别与访问具有很大帮助作用。随着计算能力的增强，结构性元数据可以用来实现媒体内容的自动查找、关联等操作。

（3）管理性元数据，主要描述与信息对象管理相关的信息，用以支持媒体资产的短期或长期管理，其内容包括媒体资产的数据格式、压缩率、认证与安全、维护等相关说明。管理性元数据用来对媒体资产整个生命周期内的使用、功能、历史、产权保护等进行具体说明。

另外，对元数据还有其他的分类方法。例如，按照数据描述的层次，元数据可以分为技术层次元数据和语义层次元数据两类；按照可生成性，元数据分为可自动生成的元数据和手工生成的元数据两类；按照依赖性，元数据可以分为依赖领域知识的元数据和依赖媒体类型的元数据两类。

13.4.3　多媒体元数据的发展

为了使元数据能在被计算机系统读取、搜索和交换的同时还能够让人理解，元数据必须采用一种标准的方式来表达。早期的元数据一般都记录在表或者数据库中；随着网络的发展，元数据又利用 HTML 或者 XML 文档来表达。其中，XML 及相关技术（这些技术包括 XML Namespace、XML Query Language、XML Database 等）不仅解决了各类数据库的异构问题，而且可以用于开发元数据模式、海量元数据仓库和使用 XML 查询语言的搜索界面等。但 XML 有一个缺陷，就是无法解决不同应用领域、不同企业或组织之间的数据共享以及互操作问题。为了解决这个问题，W3C 提出了语义 Web 的概念。语义 Web 在语法上仍然采用 XML 技术，其数据描述采用资源描述框架（RDF）方式。RDF 的基本模型由资源、属性和属性值组成。资源可以是任意的网络资源，如网页、服务器等任何有 URI（Universal Resource Identifier，统一资源标识）的资源，甚至是其他元数据。

属性是资源指定的特性,属性值既可以是自动的(字符串、数字等),也可以是其他资源或元数据。RDF中的语句可以对应于自然语言的语句,资源对应于自然语言中的主语,属性类型对应于谓语,属性值对应于宾语,在RDF术语中,资源、属性和属性值分别称为主语、谓语和宾语。随着越来越多的专业组织开始开发元数据词表,数据共享和互操作问题有望得到有效解决。

元数据标准的建立可以有效解决信息对象的各类操作问题。但目前仍存在着一些问题:目前的元数据标准往往具有固定的描述属性并且只针对某一特定领域,这就需要一类新的标准。新标准不仅应集成不同应用领域的多种元数据标准,为多媒体数据的描述提供描述语言和丰富的元数据模型,而且应允许定义任意领域中的其他元数据描述方案,这种标准被认为是一种标准化的元数据框架。MPEG-21就是目前最新的MPEG元数据标准框架。MPEG-21的目标是建立一个交互的多媒体框架,最终目标是为多媒体信息用户提供透明而有效的电子交易和使用环境。

案例13-3　3个主要的元数据标准。

Dublin Core(DC)的全称是都柏林核心元素集(Dublin Core Element Set),该元数据标准发布于1995年,描述的对象是网络资源。DC最初是由美国OCLC公司发起的国际性合作项目Dublin Core Metadata Initiative。DC最初的应用目的是为了网络资源的著录与挖掘。由于DC元素简单易用,加之OCLC的大力推广和网络资源著录的巨大需求,DC不仅发展成为可用于任何媒体,而且应用非常广泛。DC的显著特点是简单的元素定义和设置,可以很方便地著录,但也有另外一个问题:对著录对象的描述深度不够,不能进行专指度较高的检索。根据1999年发布的DC 1.1版本,DC由15个元素组成,这15个元素依据其所描述内容的类别和范围可分为3组:对资源内容的描述、对知识产权的描述、对外部属性的描述,具体内容如表13-3所示。

表13-3　DC元数据标准元素

资源内容描述类	知识产权描述类	外部属性描述类
Title	Creator	Date
Subject	Publisher	Type
Description	Contributor	Format
Source	Rights	Identifier
Language		
Relation		
Coverage		

TEI(Text Encoding Initiative,文本编码倡议)元数据标准是以电子形式交换的文本编码标准,目前由TEI联盟(www.tei-c.org)负责。TEI标准规定了对电子文本的描述方法、标记定义、记录结构和文本编码方式。一般认为TEI是包含了元数据和内容数据两部分描述或标记方法的元数据标准。TEI适用于对电子形式的全文的编码和描述。TEI元数据标准同时也规定了可供数据交换的标准编码格式,使用SGML作为编码语言。TEI格式具有很高的灵活性、综合性和可扩展性,能支持对各种类型或特征的文档进行编码。TEI元数据标准可以对元数据(通常叫作书目信息部分)和内容数据进行描述。

MPEG-7 又称为多媒体内容描述接口（Multimedia Content Description Interface, MCDI）。它是一个用于描述多媒体内容特性的标准，制定于 1996 年，目的是用来描述各种类型的多媒体信息及它们之间的关系，以便更快、更有效地检索信息。这些媒体材料可包括静态图像、图形、三维模型、声音、语音、视频以及在多媒体演示中它们之间的组合关系。在某些情况下，数据类型还可包括面部特性和个人特性的表达。由于 MPEG-7 涵盖的视听内容非常广泛，这里只列举其中的音频特征作为参考，其可描述的音频特征有频率轮廓线、音频对象、音色、和声、频率特征、振幅包络、时间结构（包括节奏）、文本内容（语音或歌词）、声波近似值（通过哼唱一段旋律或发出一种声音效果来生成）、原型声音（用于示例查询）、空间结构（用于多通道声源，如立体声、5.1 通道等，每个声道有特定的映像）、声源及其特性（例如源对象、源时间、源属性、事件、事件属性和典型的关联场景）和模型（如 MPEG-4 SAOL）。

13.5　数字媒体公共库

在整个数字媒体产业链中，素材的创建需要耗费大量的时间，这就提高了产品的成本。另外，素材的创建往往需要专业人员来完成，而对于某些中小型企业来说，素材创建人员也是一笔很大的人力开销。数字媒体公共库的建立能够有效提高企业的创作效率，节约资源，降低成本。

由于建设数字媒体公共库需要大量的人力成本和费用，如何实现投入和回报的良性循环是制约数字媒体公共库建设的一个大问题。目前，负责建设数字媒体公共库的企业或机构，要么是国家投资建设的，以提供公共服务；要么就是利用素材标价出售的方式边回收资金边建设。

目前国内部分科研机构和企业已经开始着手建立数字媒体公共库，但发展比较缓慢。国家 863 软件专业孵化器——北京软件产业基地建成的数字媒体资源库在线检索服务平台（http://210.76.123.24/MediaSearchSysWeb/）提供了图像、音频和视频 3 类素材以及检索服务，但提供的资源数量和资源类目还比较少。

国外已经有多家公司和组织提供数字媒体在线素材库，用户交纳一定的费用就可以下载并使用库中的素材。提供三维素材的有 3DExport、3DKingdom 等网站，它们提供三维造型、材质、纹理、图片、视频等素材。

另外，随着互联网和搜索引擎的发展，一些大的搜索引擎公司也开始提供各类素材检索的功能，这也相当于一个大型的数字媒体公共库。比较典型的就是 Google 公司的三维模型库——Google 3D Warehouse。

案例 13-4　Google 三维模型库。

Google 三维模型库（http://sketchup.google.com/intl/zh-CN/product/3dwh.html）是一个可搜索的在线三维模型集合。由于该三维模型库包含了世界各地的三维爱好者和产品制造商提供的大量模型，所以用户在 Google 三维模型库中基本上都可以找到自己需要的模型。Google 三维模型库包含建筑、桥梁、小车、宇宙飞船和各种各样物品的三维模型，并且 Google 三维模型库是完全免费提供的。

图 13-10 是在 Google 三维模型库中通过检索"飞机"关键字得到的检索结果。

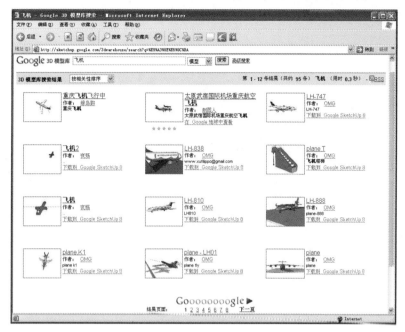

图 13-10　Google 三维模型库中的飞机模型

思考与练习

1. 填空题

（1）内容服务技术主要研究如何建立可扩展、定制、向上兼容的分类体系，以便形成由_____、_____、_____和_____等构成的数字内容支撑体系。

（2）视频转码主要分为_____、_____和_____三大类。

（3）_____是目前存在的一种典型的内容聚合技术。

（4）元数据是_____。

2. 简答题

（1）简述数字内容聚合的目的。

（2）基于内容的检索（CBR）与传统的检索方式有何不同？

3. 拓展题

经过一个学期的学习，每个同学都对数字媒体技术有了一些了解。数字媒体技术不仅发展得很快，而且与多种技术相互融合，形成了许多分支。表 13-4 列举了一些代表最新数字媒体发展方向的技术名词，请自己了解这些技术的基本含义并填表。

表 13-4　最新数字媒体发展方向

技术名词	基 本 含 义
互联网＋	
大数据	
云计算	
物联网	
增强现实	
全媒体	

附录 A 项目驱动案例

项目驱动学习是作者进行导论教学的课程改革之一,着重解决两个问题:一是数字媒体技术发展太快,而课本的知识更新速度慢;二是如何引导学生主动学习。项目实施的主要思想和内容如下。

1. 以学生为主体,引导学生分析问题

把学生放在主体地位,发挥学生的主观能动性,调动学生的学习积极性,让他们自己获取知识、分析问题。在此期间,教师发挥好主导作用,引导学生分析和解决问题。例如以下项目:

项目1:数字媒体技术应用领域发展现状调查。

主要目的:让学生了解当前国内数字媒体技术应用领域的发展现状。

该项目每年都会进行一次。项目布置后,第一周,各组组长向老师反馈调查情况,由老师帮助学生解决问题,并引导学生如何做好调查;第2周,由各组选取一名学生在课堂上汇报调查结果。第一次汇报时,结果很令人吃惊,学生不仅准备了精美的 PPT 演示课件,而且找到了非常丰富的领域资料。有些组增加了个人见解、领域就业现状等,还有一组展示了个人的数字媒体作品。我们随后了解到,每组学生几乎都是一有空闲时间就准备,而且他们之间也经常相互交流心得。

2. 加强课堂互动,启发学生思维

现代建构主义的学习理论认为,知识并不能简单地由教师或其他人传授给学生,而只能由每个学生依据自身已有的知识和经验主动地加以建构。在课堂上让学生有机会论述自己的思想,与同学进行充分交流,学会如何聆听别人的意见并作出适当的评价,有利于促进学生的自我意识和自我反省。教师在课堂上应该多与学生互动,让学生主动建构自己的知识体系,而教师应成为学生学习活动的促进者、启发者、质疑者和示范者。例如以下项目:

项目4:数字电影制作原理。

主要目的:让学生掌握数字电影的原理和基本制作流程。

有一学期作者布置的任务是观看影片《狄仁杰之通天帝国》,讨论议题是影片中的"通天浮屠"是如何拍摄的?课堂上讨论非常热烈,同学们有的说是电影特效,有的说是利用制作好的模型,还有的说是利用计算机合成技术等。教师根据学生的讨论结果,对学生讨论的方法一一进行分析,然后引出数字电影的制作过程,最后介绍一些视频编辑软件,并要求学生利用视频编辑软件制作一段视频。

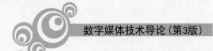

3. 安排自学，拓展学生的知识面

课外作业的布置不仅可以解决课堂课时紧张的问题，更重要的是能够培养学生的自学能力，在明确目标的情况下，学会合理安排时间来完成预定任务。在学生自学过程中，教师要注意两个问题。一是自学内容的指导。教师应该提供几个质量较高的学习资源，如主题网站、精品课程案件等。对于电子图书、音视频学习资源，最好由教师整理后放入专门网络平台供学生下载。二是自学内容的考核。自学部分不应该布置完就不管不问，应该建立一种考核机制，能够利用较短的时间掌握学生的自学状况。例如以下项目：

项目5：自学 DirectX 和 OpenGL。

主要目的：拓展学生的知识面，使学生了解数字游戏的制作技术。

该项目在任务布置一周后，在课堂上利用10～15min 时间抽查3～5 名学生，让他们介绍自己阅读的资料。这种方法一方面抽查了学生的自学效果，另一方面也激发了学生的表现欲和好胜心。实践证明，学生对教材以外的一些知识背景和应用资料很感兴趣，曾经有学生主动要求在课堂上介绍其查阅的资料。

下面是5 个项目的具体实施步骤。

A.1 项目1：数字媒体技术应用领域发展现状调查

1. 项目目的

（1）了解当前国内数字媒体技术应用领域的发展现状。

（2）学会利用网络进行调查。

2. 项目要求

目前，数字媒体技术的应用领域主要包括数字动画、数字电影、数字游戏、数字出版、数字学习和数字展示。本项目让学生对该六大领域之一实施网络调查，调查的基本内容如下：

（1）产业（包括该领域知名公司、国家政策、知名会议等）的现状。

（2）优秀作品（作品使用的技术、先进性、效果评价等）概况。

（3）该领域的就业情况。

（4）该领域在全国高校中的发展情况。

（5）其他领域感兴趣的情况。

另外，学生可以对上述基本内容进行扩展，例如：

（1）个人或团队的该领域作品。

（2）个人或团队对该领域发展情况的思考及心得。

3. 项目实施方法

（1）该项目由团队合作完成，将学生分为6 组，分别对一个领域的发展情况进行调查。

（2）项目基本实施周期为两周。具体实施过程为：项目布置后，在第一周，各组组长向老师反馈调查情况,由老师帮助学生解决问题,并引导学生如何做好调查;在第二周,由各组选取一名同学在课堂上汇报调查结果。

4. 项目评价方法

项目完成后,要求每组同学提交 PowerPoint 幻灯片,内容为展示该领域各方面的发展情况。

项目评价的主要依据是调查内容的深度和广度、调查内容的组织情况、幻灯片制作的质量情况等。

A.2 项目2:二维动画制作

1. 项目目的

(1)熟悉二维动画的基本原理。

(2)掌握二维动画软件 Flash 的基本操作。

2. 项目要求

本项目要求制作一个简单的二维动画,例如利用图 A-1 所示的素材制作一个花朵成长的动画。

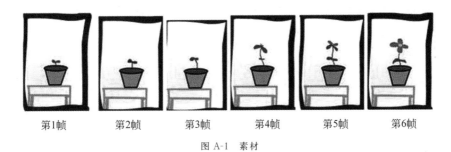

第1帧　　　第2帧　　　第3帧　　　第4帧　　　第5帧　　　第6帧

图 A-1　素材

对这个二维动画的基本要求如下:

(1)制作一段能动的动画。

(2)界面美观大方,素材可以从网上下载。

另外,学生还可以对本项目的内容进行扩展:

(1)自己动手进行素材制作。

(2)增加人机交互功能。

3. 项目实施方法

(1)该项目由个人独立完成。

(2)项目基本实施周期为一周。对于完成扩展任务的学生,时间不限。

4. 项目评价方法

项目完成后,要求每个学生提交 Flash 源程序。

项目评价的主要依据是程序的完成情况和实现思路。

A.3　项目3：游戏策划文档撰写

1. 项目目的

（1）学会撰写游戏策划文档。

（2）了解游戏开发过程。

2. 项目要求

本项目要求学生以分组的形式撰写游戏策划文档。游戏可以是原创游戏，也可以是已经存在的游戏，鼓励原创。

3. 项目实施方法

（1）该项目由小组合作完成。

（2）项目基本实施周期为两周，具体实施过程为：项目布置后，在第一周，各组组长向老师反馈游戏策划情况，由老师帮助学生解决问题，并引导学生如何写好游戏策划文档；在第二周，由各组选取一名同学在课堂上汇报文档撰写情况。

4. 项目评价方法

项目完成后，要求学生将最后的游戏策划文档以电子稿形式上交。

项目评价的主要依据是课堂前的准备情况、课堂的参与情况、讨论结果的心得体会等。

A.4　项目4：数字电影制作原理

1. 项目目的

（1）熟悉数字电影的制作原理。

（2）掌握如何利用网络进行问题求解。

2. 项目要求

本项目要求学生首先观看一部近期的有数字特效的电影，然后利用网络对电影中的数字特效制作原理进行分析。

3. 项目实施方法

（1）该项目由个人独立完成。

（2）项目提前一周布置，然后在课堂上讨论。

4. 项目评价方法

本项目要求在课堂讨论前，每个学生都要做好准备，即准备一份自己从网上获得的问题答案；课堂讨论后，在准备材料后附上讨论的心得，上交文档。

项目评价的主要依据是课堂前的准备情况、课堂的参与情况、讨论结果的心得体会等。

A.5 项目5：自学 DirectX 和 OpenGL

1. 项目目的

（1）拓展知识面，了解数字游戏的制作技术。

（2）掌握利用网络进行知识学习的方法。

2. 项目要求

本项目要求学生学习 DirectX 和 OpenGL 的基本知识，主要问题如下：

（1）DirectX 和 OpenGL 是什么？

（2）DirectX 和 OpenGL 能够做什么？

（3）DirectX 和 OpenGL 目前已经做出来的东西有哪些？

另外，学生可以对学习内容进行扩展：

（1）思考 DirectX 和 OpenGL 分别和什么语言结合紧密以及如何配置。

（2）用 DirectX 和 OpenGL 运行一个网上的案例。

（3）用 DirectX 和 OpenGL 制作一个简单的案例。

3. 项目实施方法

（1）该项目由个人独立完成。

（2）项目基本实施周期为一周。对于完成扩展任务的学生，时间不限。

（3）项目布置一周后，在课堂上利用 10～15min 对 3～5 名学生进行抽查，或者请感兴趣的同学进行心得交流。

4. 项目评价方法

项目完成后，要求每个学生提交学习心得。

项目评价的主要依据是学习心得的内容和课堂表现等。

参 考 文 献

[1] 彭圣华.大学计算机信息技术[M].北京:北京大学出版社,2009.

[2] 张福炎,孙志挥.大学计算机信息技术教程[M].5版.南京:南京大学出版社,2011.

[3] 王其良,高敬瑜.计算机网络安全技术[M].北京:北京大学出版社,2007.

[4] 谢希仁.计算机网络[M].4版.北京:电子工业出版社,2006.

[5] 李明.计算机技术未来发展趋势研究[J].硅谷,2011(9):30.

[6] 高巍,崔洪芳.计算机软件技术基础[M].北京:北京大学出版社,2007.

[7] 王昆仑,赵洪涌.计算机科学与技术导论[M].北京:中国林业出版社,北京大学出版社,2006.

[8] 周明德.微型计算机系统原理及应用[M].北京:清华大学出版社,2001.

[9] 爱科普网.计算机之父冯·诺依曼[EB/OL].[2011-8-12].http://www.ikepu.com/datebase/details/scientist/20st/J_v_Neumann_total.htm.

[10] 国家863信息技术领域专家组.2007中国数字媒体技术发展白皮书[R].北京:科技部,2007.

[11] 冯广超.数字媒体导论[M].北京:中国人民大学出版社,2004.

[12] 杨青,郑世珏.多媒体技术与应用教程[M].北京:清华大学出版社,2009.

[13] 马修军.多媒体数据库与内容检索[M].北京:北京大学出版社,2007.

[14] 郭晓俐.多媒体技术应用实验教程[M].北京:北京出版社,2008.

[15] Amazon. CIRES:Content-based Image REtrieval System[EB/OL].[2012-3-12].http://amazon.ece.utexas.edu/~qasim/research.htm.

[16] Jain A,Hong L,Pankanti S. Biometrics:Promising Frontiers for Emerging Identification Market[J].Communication ACM,2000(2):91-98.

[17] 俞银燕,汤帜.数字版权保护技术研究综述[J].计算机学报,2005(12):53-55.

[18] 林福宗.多媒体技术基础[M].3版.北京:清华大学出版社,2009.

[19] 张文俊.数字媒体技术基础[M].上海:上海大学出版社,2009.

[20] 王波涛.移动多媒体技术基础[M].北京:机械工业出版社,2009.

[21] 刘清堂,陈迪.数字媒体技术导论[M].北京:清华大学出版社,2008.

[22] 周孙煊.国内WebCT平台研究现状综述[J].兰州工业高等专科学校学报,2010(8):53-55.

[23] 郭晓俐.二维动画设计:Flash案例教程[M].北京:清华大学出版社,2011.

[24] 王毅敏.计算机动画制作与技术[M].北京:清华大学出版社,2010.

[25] 孙立军,贾云鹏.三维动画设计[M].北京:人民邮电出版社,2008.

[26] Angel E.交互式计算机图形学[M].4版.北京:清华大学出版社,2007.

[27] 百度百科.数字游戏[EB/OL].[2011-2-13].http://baike.baidu.com/view/348101.htm.

[28] 黄石,李志远,陈洪.游戏架构设计与策划基础[M].北京:清华大学出版社,2010.

[29] 黄石,丁肇辰,陈妍洁.数字游戏策划[M].北京:清华大学出版社,2008.

[30] Bethke E.游戏开发与制作[M].北京:清华大学出版社,2007.

[31] 百度文库.计算机硬件与游戏的发展[EB/OL].[2012-2-12].http://wenku.baidu.com/view/ec9fdd3383c4bb4cf7ecd134.html.

[32] 陈爽.基于OGRE的角色扮演游戏引擎的开发与研究[D].广州:广东工业大学,2010.

[33] 百度贴吧.游戏开发应该怎么学[EB/OL].[2012-2-13].http://tieba.baidu.com/f?kz=515045186.

[34] Shreiner D. OpenGL编程指南[M].6版.北京:机械工业出版社,2008.

[35] 刘柏栋.基于OGRE的3D网络游戏引擎设计与实现[D].广州:中山大学,2009.

[36] 唐娟.基于Symbian OS的手机游戏引擎的研究及应用[D].天津:天津工业大学,2008.

[37] 王乐.3D手机游戏引擎框架研究及关键技术实现[D].成都:电子科技大学,2007.

[38]　熊刚.基于 Android 的智能手机的设计与实现[D].武汉:武汉理工大学,2007.

[39]　李颜.基于 Windows Mobile 的智能手机 GUI 的研究与实现[D].广州:中山大学,2007.

[40]　百度文库.IOS 系统介绍[EB/OL].[2012-2-13].http://wenku.baidu.com/view/59c0dab8960590c69ec376f7.html.

[41]　百度百科.App Store[EB/OL].[2012-3-12].http://baike.baidu.com/view/2771827.htm.

[42]　卢官明,宗昉.数字电视原理[M].北京:机械工业出版社,2009.

[43]　Lewis R,Luciana.数字媒体导论[M].北京:清华大学出版社,2007.

[44]　张珂.数字媒体导论[M].北京:人民邮电出版社,2010.

[45]　徐嘉.AVS 与 MPEG-2 视频转码技术的研究与实现[D].成都:电子科技大学,2009.

[46]　郝振省.2010—2011 中国数字出版产业报告[R].北京:中国出版科学研究所,2011.

[47]　王威.数字化展示设计的创构[J].科技创新导报,2009(8):59.

[48]　张艳琳.RSS 的巨大作用[J].办公自动化,2005(7):58-58.

[49]　中文元数据标准研究项目组.国外元数据标准比较研究报告[R].2000.

[50]　郭斌,朱莉,黄波,等.基于软交换技术的下一代网络(NGN)研究[J].电脑知识与技术,2009(1):56-58.

[51]　范立锋.XML 实用教程[M].北京:人民邮电出版社,2009.

[52]　赵子忠.中国数字内容产业发展状况研究[R].北京:中国传媒大学广告学院,2008.http://www.chinabgao.com/freereports/25975.html.

[53]　姜秀华,张永辉.数字电视广播原理与应用[M].北京:人民邮电出版社,2007.

[54]　陈琳.数字影像技术[M].北京:高等教育出版社,2011.

[55]　百库文库.中国数字电视发展进程[EB/OL].[2012-3-12].http://wenku.baidu.com/view/b22f133467ec102de2bd8971.html.

[56]　百度百科.数字电影[EB/OL].[2012-3-14].http://baike.baidu.com/view/84937.htm.

[57]　百度百科.数字音乐[EB/OL].[2012-3-14].http://baike.baidu.com/view/343980.htm.

[58]　百度百科.数字出版[EB/OL].[2012-3-14].http://baike.baidu.com/view/504129.htm.

[59]　张立.数字出版与数字传媒[EB/OL].[2012-4-16].http://blog.sina.com.cn/blogzhangli.

[60]　周建国.Photoshop 平面设计实用教程[M].北京:人民邮电出版社,2008.

[61]　李克东.数字学习(上)——信息技术与课程整合的核心[J].电化教育研究,2001(8):46-49.

[62]　李克东.数字学习(下)——信息技术与课程整合的核心[J].电化教育研究,2001(9):18-22.

[63]　IBM.Learning Space[EB/OL].[2010-3-25].http://ibm.chinaitlab.com/tech/4069.html.

[64]　光纤[EB/OL].[2012-2-13].http://www.sensorchina.com.cn/wellstar-Article-30142/.

[65]　北京天文馆[EB/OL].[2011-12-11].http://www.bjp.org.cn/misc/index.htm.

[66]　网上中国 2010 年上海世博会[EB/OL].[2011-12-11].http://www.to3d.com/3donline/special/show-1.html.

[67]　网上虚拟圆明园[EB/OL].[2011-12-11].http://www.ymy3d.com/.

[68]　刘光然.虚拟现实技术[M].北京:清华大学出版社,2011.

[69]　徐嘉.AVS 与 MPEG-2 视频转码技术的研究与实现[D].成都:电子科技大学,2009.

[70]　李永峰.RSS 个性化内容聚合框架[D].上海:复旦大学,2007.

[71]　Princeton Shape Retrieval and Analysis Group 3D Model Search Engine[EB/OL].[2011-11-20].http://shape.cs.princeton.edu/search.html.

[72]　胡燕.元数据在多媒体电子文件管理中的应用研究[D].苏州:苏州大学,2008.

[73]　Google.Google 3D 模型库[EB/OL].[2011-12-1].http://sketchup.google.com/intl/zh-CN/product/3dwh.html.

图书资源支持

感谢您一直以来对清华版图书的支持和爱护。为了配合本书的使用，本书提供配套的资源，有需求的读者请扫描下方的"书圈"微信公众号二维码，在图书专区下载，也可以拨打电话或发送电子邮件咨询。

如果您在使用本书的过程中遇到了什么问题，或者有相关图书出版计划，也请您发邮件告诉我们，以便我们更好地为您服务。

我们的联系方式：

地　　址：北京市海淀区双清路学研大厦 A 座 714

邮　　编：100084

电　　话：010-83470236　　010-83470237

客服邮箱：2301891038@qq.com

QQ：2301891038（请写明您的单位和姓名）

资源下载：关注公众号"书圈"下载配套资源。

资源下载、样书申请

书圈

获取最新书目

观看课程直播